SCHRIFTENREIHE FÜR GEOLOGISCHE WISSENSCHAFTEN

HEFT 12

HERAUSGEGEBEN VOM VORSTAND DER GESELLSCHAFT
FÜR GEOLOGISCHE WISSENSCHAFTEN DER DDR (GGW)

MIT DER HERAUSGABE BEAUFTRAGT PROF. DR. SC. NAT. R. LAUTERBACH
(KARL-MARX-UNIVERSITÄT, LEIPZIG)

21. Geophysikalisches Symposium der sozialistischen Länder

Leipzig, 14. bis 17. September 1976

Mit 96 Abbildungen und 2 Tabellen

AKADEMIE-VERLAG · BERLIN

Schriftenr. geol. Wiss. · Berlin · 12 (1978) · S. 1—180

Die „Schriftenreihe für Geologische Wissenschaften" erscheint in Ergänzung zur „Zeitschrift für Geologische Wissenschaften".

Die Hefte werden in zwangloser Folge herausgegeben und jeweils einem Themenkomplex gewidmet. In ihnen können sowohl umfangreichere Einzelarbeiten als auch Arbeiten mehrerer Autoren zu vielseitig interessierenden Themen veröffentlicht werden. So ergänzen sich beide Publikationsorgane sinnvoll.

Die Themen und Reihenfolge der Hefte der Schriftenreihe werden von Verlag und Herausgeber festgelegt.

Herausgeber ist der Vorstand der Gesellschaft für Geologische Wissenschaften der DDR (GGW)

— Vorsitzender der GGW: Prof. Dr. sc. nat. Rudolf Daber, Museum für Naturkunde an der Humboldt-Universität zu Berlin, DDR - 104 Berlin, Invalidenstraße 43,

— Wissenschaftlicher Sekretär der GGW: Dipl.-Min. Joachim Lamprecht

— Das Sekretariat der Gesellschaft für Geologische Wissenschaften der DDR hat seinen Sitz in DDR - 104 Berlin, Invalidenstraße 43, Fernsprecher 2 82 64 90/2 82 64 60

— Mit der Herausgabe der Schriftenreihe beauftragt: Prof. Dr. sc. nat. Robert Lauterbach, Karl-Marx-Universität Leipzig, DDR - 701 Leipzig, Talstraße 35, Fernsprecher 71 65 364

Redaktion der Schriftenreihe für Geologische Wissenschaften: DDR - 1055 Berlin, Dimitroffstraße 171, Fernsprecher 4 36 54 41

Redaktionelle Betreuung der Schriftenreihe: Dipl.-Geol. Erika Bielefeldt und Dipl.-Geol. Irmgard Fuhrmann.

Manuskripte und Korrespondenz erbeten an die Anschrift der Redaktion

Redaktionsschluß: 23. Mai 1977

Erschienen im Akademie-Verlag, DDR - 108 Berlin, Leipziger Straße 3—4

Lizenznummer: 202 · 100/545/78
Gesamtherstellung: VEB Druckhaus „Maxim Gorki", DDR - 74 Altenburg
Bestellnummer: 762 580 9 (2170/12) · LSV 1445
Printed in GDR
DDR 36,— M

INHALT

СОДЕРЖАНИЕ

CONTENTS

Vorwort

Das vorliegende Heft enthält die Vorträge zum 21. Geophysikalischen Symposium sozialistischer Länder (Leipzig, 14. bis 17. September 1976), die von Angehörigen des VEB Geophysik Leipzig gehalten wurden.

Das Symposium, das über 450 Vertreter der geologischen Wissenschaften zusammenführte, stand zugleich im Zeichen des 25jährigen Bestehens des VEB Geophysik Leipzig. Die aus diesem Anlaß in diesem Band vorgestellten Beiträge stellen einen Ausschnitt aus den vielfältigen Aufgabenstellungen dar, an deren Lösung der VEB Geophysik in den letzten Jahren gearbeitet hat. Sie spiegeln den erreichten hohen Leistungsstand wider, den die Erkundungsgeophysik in der Deutschen Demokratischen Republik mit aktiver und freundschaftlicher Unterstützung durch eine große Anzahl sowjetischer Spezialisten erreichen konnte.

Die Beiträge dokumentieren zugleich die vertrauensvolle Zusammenarbeit zwischen dem VEB Geophysik und der Gesellschaft für Geologische Wissenschaften der DDR als dem Hauptveranstalter dieses Symposiums.

Der in den hier gebotenen Arbeiten zum Ausdruck kommende Kenntnis- und Leistungsstand ist das Resultat der vor allem im letzten Jahrzehnt in engem Zusammenwirken mit der Sowjetunion und anderen sozialistischen Bruderländern intensivierten Forschungs- und Erkundungsarbeiten. Es ist das Ziel aller Angehörigen des VEB Geophysik, diesen Stand auch in der Zukunft ständig auf höchstem Niveau zu halten, um den vom IX. Parteitag der SED gestellten Forderungen zur Sicherung der Roh- und Brennstoffbilanz unserer Volkswirtschaft nicht zuletzt von geophysikalischer Seite voll gerecht zu werden.

Dipl.-Min. D. Körner
Betriebsdirektor des VEB Geophysik

Schriftenr. geol. Wiss. · Berlin 12 (1978) · S. 9–16

25 Jahre VEB Geophysik Leipzig – ein Vierteljahrhundert erfolgreicher Entwicklung der geophysikalischen Forschung und Erkundung in der DDR*

Das 21. Geophysikalische Symposium steht unter dem Motto:

> „Methodische und technisch-technologische Aufgaben der Geophysik und Geologie im Zeitraum 1976–1980 und Wege zu ihrer Lösung."

Damit ergibt sich eine direkte Verbindung zwischen diesem Symposium als wissenschaftlichem Forum der Geophysiker der sozialistischen Länder einerseits und den auf den Parteitagen der sozialistischen Bruderländer beschlossenen Direktiven zur Entwicklung der Volkswirtschaft dieser Länder für den Zeitraum von 1976 bis 1980 andererseits. Zugleich ziehen wir jedoch eine direkte Verbindung zwischen dem 21. Geophysikalischen Symposium und den im Juli 1976 gefaßten Beschlüssen der XXX. Tagung des Rates für gegenseitige Wirtschaftshilfe über langfristige Zielprogramme zur perspektiven Lösung der Roh-, Brennstoff- und Energieprobleme der RGW-Länder.

Im Jahr des 21. Geophysikalischen Symposiums beging der VEB Geophysik Leipzig ein bedeutendes Jubiläum – den 25. Jahrestag seines Bestehens.

Wenn auf dem IX. Parteitag der SED durch den Generalsekretär, Gen. Erich Honecker, festgestellt werden konnte, daß die gute Erfüllung der Aufgaben in der geologischen Industrie, im Bergbau sowie in der Kali- und Baustoffindustrie in hohem Maße dazu beigetragen haben, daß wir am Beginn des neuen Fünfjahrplans über eine leistungsfähige Rohstoffbasis verfügen, so ist auch der VEB Geophysik daran beteiligt. Hat es doch der VEB Geophysik in den 25 Jahren seines Bestehens immer besser verstanden,

- die Erkundungstiefe sowie die Qualität und Aussagesicherheit zu erhöhen,
- neue Anwendungsgebiete zu erschließen,
- wesentlich zur Rationalisierung des Erkundungs- und Abbauprozesses von Rohstoffen beizutragen.

Auf der Grundlage einer leistungsfähigen technischen Basis, die unter anderem gekennzeichnet ist durch generelle Anwendung der Digitaltechnik in der Seismik, durch Nutzung von Geräten mit hoher Genauigkeit in der Gravimetrie, Magnetik und anderen Meßverfahren, durch den Einsatz eines modernen Verfahrenskomplexes in der Bohrlochmessung, wurde ein international anerkannter Stand bei der rationellen Durchführung geophysikalischer Meßarbeiten sowie bei der Bearbeitung und Interpretation der Meßergebnisse erreicht.

Die Entwicklung, die der VEB Geophysik in den 25 Jahren seines Bestehens genommen hat, ist integrierender Bestandteil der erfolgreichen sozialistischen Entwicklung in der DDR.

Bereits vom ersten Jahr des Bestehens unserer Republik an wandten die SED und die Regierung der DDR ihre Aufmerksamkeit der geologischen Erkundung unseres Territoriums zu. Mit realistischem Weitblick wurden der unmittelbare Zusammenhang zwischen dem Aufbau einer sozialistischen Wirtschaft und der Entwicklung einer geologischen Industrie erkannt und entsprechende Aktivitäten eingeleitet.

---

* Festvortrag auf dem 21. Geophysikalischen Symposium, Leipzig, 14. bis 17. September 1976. Erarbeitet von einem Autorenkollektiv des VEB Geophysik, Leipzig

Wie die erfolgreiche Entwicklung der DDR insgesamt, so ist die 25jährige Entwicklung des VEB Geophysik ebenfalls auf das engste verbunden mit der Hilfe und Unterstützung durch die Sowjetunion, die bereits in den fünfziger Jahren mit der Lieferung von Geräten und Ausrüstungen, mit der Ausbildung von Fachkadern an sowjetischen Hochschulen sowie mit der Entsendung von Konsultanten und Spezialisten begann. Ab 1960 arbeitete erstmals ein sowjetischer Meßtrupp in der DDR und in den folgenden Jahren wurde die gemeinsame Lösung aller Forschungs- und Erkundungsaufgaben — vor allem in der Seismik — immer mehr zur Selbstverständlichkeit. Zahlreiche sowjetische Geophysiker, Geologen und Techniker arbeiteten jahrelang als Spezialisten bei der Leitung der Erkundungsaufgaben, in den Meßtrupps, in der Interpretation und in der Forschung mit und übermittelten ihren Kollegen in der DDR umfangreiche und wertvolle Erfahrungen. Dabei entstanden zahlreiche freundschaftliche Bindungen, die noch heute wirksam sind. Die Erfolge der letzten Jahre bei der gemeinsamen Lösung von anspruchsvollen Forschungs- und Erkundungsaufgaben sind das Ergebnis dieser fruchtbaren Zusammenarbeit.

Wir möchten an dieser Stelle noch einmal allen sowjetischen Genossen für die Hilfe und Unterstützung unseren Dank aussprechen.

Wie die erfolgreiche Entwicklung der DDR, so ist auch die Entwicklung des VEB Geophysik eng verbunden mit der sozialistischen ökonomischen Integration im RGW. Insbesondere seit Annahme des Komplexprogramms des RGW im Jahre 1971 konnten auf dem Gebiet der Geophysik die Kooperationsbeziehungen wesentlich vertieft und effektiver gestaltet werden. Hauptsächlich im Rahmen der Ständigen Kommissionen für Erdöl-Erdgas und für Geologie des Rates für Gegenseitige Wirtschaftshilfe wurde die internationale Zusammenarbeit durch Abstimmung der geophysikalischen Geräteentwicklung, die Ausarbeitung gemeinsamer Instruktionen für die Anfertigung großräumiger geophysikalischer Karten und auf zahlreichen anderen technischen und geophysikalischen Gebieten wirksam. Genannt sei hier noch der direkte Anschluß geophysikalischer Messungen an die unserer Nachbarländer, der ČSSR und der VR Polen.

Die Zusammenarbeit mit den geophysikalischen Institutionen der sozialistischen Bruderländer, der VR Bulgarien, der Ungarischen VR, der VR Polen, der SR Rumänien, der UdSSR und der ČSSR hat sich zunehmend vertieft. Sie hat sich immer mehr vom Erfahrungsaustausch und der Koordinierung von Arbeiten zur arbeitsteiligen Lösung gemeinsamer Aufgaben entwickelt. Die gemeinsame arbeitsteilige Bearbeitung von Problemen im Rahmen der genannten Ständigen Kommissionen des RGW, die errichteten Koordinierungszentren für die marine Erkundung, für die Vermessung übertiefer Bohrungen und für die automatisierte Bearbeitung von Daten der Erdölgeophysik und nicht zuletzt die Vielzahl von Aktivitäten im Rahmen der Pläne der direkten Zusammenarbeit haben wesentlichen Anteil an den erreichten Erfolgen.

Undenkbar wäre die Entwicklung der angewandten Geophysik der DDR und insbesondere des VEB Geophysik ohne die Wechselbeziehungen zu den Einrichtungen des Hochschulwesens, der Akademie der Wissenschaften der DDR und der Gesellschaft für Geologische Wissenschaften der DDR. Die Bergakademie Freiberg und die Karl-Marx-Universität Leipzig haben in dem letzten Vierteljahrhundert eine große Anzahl von Fachkadern ausgebildet, die heute in der volkseigenen Industrie, in der Lehre und in der Forschung erfolgreich tätig sind. Die Forschungsarbeiten der Akademie- und Hochschulinstitute haben vor allem auf den Gebieten Geomagnetik, Magnetotellurik, Seismik, Radiometrie, Geothermie, Petrophysik, Bergbau- und Ingenieurgeophysik die praktische Erkundung nachhaltig beeinflußt, und umgekehrt erhielten durch die Forderungen und Erfahrungen der Praxis die Entwicklungsarbeiten der Akademie und der Hochschulen wertvolle Impulse.

Maßgeblich beteiligt an der Entwicklung der geophysikalischen Meß- und Ausrüstungstechnik sind außerdem solche Betriebe wie VEB Gerätebau Brieselang und VEB Kabelwerk Plauen.

Wesentlichen Anteil an der Entwicklung der Zusammenarbeit zwischen dem VEB Geophysik und den Partnerinstitutionen der Industrie sowie den Akademie- und Hochschulinstituten hat die Gesellschaft für Geologische Wissenschaften der DDR. Insbesondere seit der Gründung des Fachverbandes Geophysik im Jahre 1960 wurde die GGW zu einer Stätte des Erfahrungsaustauschs und der Diskussion zwischen Geologen und Geophysikern, zwischen „angewandter" und „allgemeiner" Geophysik. Nicht zuletzt durch problemorientierte Tagungen und Kolloquien wurde ein wichtiger Beitrag für die Weiterbildung der in der Praxis tätigen Geophysiker und Geologen geleistet, und es wurden neue Erkundungsmethoden und Erkundungsergebnisse an die Kollegen der geowissenschaftlichen Nachbarbereiche vermittelt. Damit wurde die zielgerichtete interdisziplinäre Zusammenarbeit bei der Lösung volkswirtschaftlicher Schwerpunktaufgaben gefördert.

Bei der Entwicklung des internationalen Erfahrungsaustauschs und der internationalen Wissenschaftskooperation spielten die geophysikalischen Symposien eine hervorragende Rolle. Der bedeutende Wert der jährlichen geophysikalischen Symposien liegt vor allem darin, daß der Austausch und die Diskussion von Erfahrungen bei der Lösung häufig gleichartiger Probleme mit unterschiedlichen Mitteln und Methoden sowie die vielfältigen persönlichen Begegnungen der Wissenschaftler aus den sozialistischen Staaten den Erkenntnisfortschritt in allen Teilnehmerländern voranzubringen, helfen.

Wir möchten an dieser Stelle allen Partnern des VEB Geophysik, allen Institutionen, die an der Entwicklung der angewandten Geophysik in der DDR beteiligt waren, unseren Dank aussprechen.

Es folgen nun einige Ausführungen zur Entwicklung der Leistungsfähigkeit des VEB Geophysik in den 25 Jahren seines Bestehens.

Bei der Entwicklung der sozialistischen Volkswirtschaft der DDR ergaben sich in den einzelnen Zeitabschnitten seit Gründung der DDR sehr unterschiedliche und vielfältige Anforderungen an die geologische Forschung und Erkundung und damit auch an die Geophysik hinsichtlich der Erkundung von Lagerstätten fester, flüssiger und gasförmiger Rohstoffe, der Einschätzung der Höffigkeit des Territoriums der DDR an bestimmten Rohstoffen, der Schaffung von Voraussetzungen für die untertägige Gasspeicherung, der Durchführung hydro-, ingenieur- und bodengeologischer Untersuchungen sowie anderer Arbeiten.

In den ersten Nachkriegsjahren stand nur eine kleine Gruppe von Geologen und Geophysikern für den Neubeginn zur Verfügung. Die ersten geoelektrischen und magnetischen Erkundungsarbeiten waren von den Forderungen des Tages bestimmt. Nach und nach wurden ein Drehwaage-, ein Gravimeter- und ein refraktionsseismischer Meßtrupp tätig.

Eine zunehmende Anzahl von Mitarbeitern und Meßtrupps nahm seither die Erkundungsarbeiten in Angriff. 3,5 seismischen Meßtrupps im Jahr 1951 standen z. B. acht in den Jahren 1953—1957 und 20 im Jahr 1960 gegenüber. Eine ähnliche Entwicklung trifft zu für die Gravimetrie/Magnetik und die Bohrlochmessung. Die technische Ausrüstung, anfangs auf sehr unterschiedlichem Niveau, wurde mit Hilfe umfangreicher Investitionen von vielen Millionen Mark modernisiert und erweitert. Die Hochschulinstitute in Freiberg und Leipzig bildeten junge Kader aus, die sich mit Elan und Leistungsbereitschaft in den Erkundungsprozeß einreihten.

Außerdem wurden an diesen Institutionen von Mitarbeitern und Studenten Forschungsarbeiten durchgeführt, als deren Ergebnis der VEB Geophysik neue Verfahren in die Produktion überleiten konnte. Es sei erwähnt, daß sich diese Kooperation Forschung—Lehre—Praxis bis in die Gegenwart bewährt und in Zukunft bei der Weiterentwicklung moderner Bearbeitungsverfahren für die Struktur- und Substanzaussage fernerhin genutzt werden wird.

In den fünfziger Jahren wurden vorrangig Regional- und Übersichtsmessungen realisiert, deren Ergebnisse für die geologische Erkundung des Mesozoikums benötigt wurden. Dabei dienten die gravimetrischen, magnetischen und refraktionsseismischen Regionalmessungen als Grundlage für die Durchführung reflexionsseismischer Messungen.

Das vorhandene Bohrnetz war sehr locker und auf wenige Gebiete konzentriert, so daß große Deutungsunsicherheiten und Ungenauigkeiten in den Tiefenangaben anfangs nicht zu vermeiden waren. Trotzdem gelang es, die Erkundung auf das Zechstein-Subsalinar — anfangs in Thüringen, im Subherzyn und in der Lausitz, später dann im Norden der DDR — auszudehnen und die Genauigkeit zu erhöhen.

Einige erste Auslandsaufträge sind seit 1956 durchgeführt worden: Refraktionsseismische Grundwassersuche im Sudan, Chromiterkundung in Nordalbanien, geoelektrische, magnetische, radiometrische und gravimetrische Messungen in Rumänien.

Bereits Ende der fünfziger Jahre machte sich, bedingt durch eine forcierte Prospektion auf Erdöl-Erdgas auf dem Territorium der DDR, eine Erweiterung des VEB Geophysik erforderlich; dabei stieg die seismische Meßkapazität auf das Vierfache an.

Mit dieser Kapazitätserweiterung setzte gleichzeitig eine Entwicklung auf gerätetechnischem und methodisch-technologischem Gebiet ein. Kennzeichnend für diese Periode ist eine spürbare Entwicklung des Bewußtseins und des Qualifikationsgrades der Geophysiker, Ingenieure und Arbeiter des Betriebes.

Die wichtigsten Ergebnisse dieser Entwicklung sind unter anderem folgende:

- Einführung der mechanischen Bohrgeräte URB-2A zum Abteufen von Schußbohrungen und damit Beseitigung der körperlich schweren Arbeit;
- Einführung moderner seismischer Meßapparaturen (Eigenentwicklungen, Importe aus der UdSSR, der Ungarischen VR) und damit wesentliche Verbesserung der Qualität des seismischen Primärmaterials;
- Einführung leichter Geophone und tragbarer Kabelbäume als technische Voraussetzung für die Anwendung effektiver Interferenzsysteme im Feldbetrieb zur Unterdrückung von Störwellen;
- Systematische bohrloch- und reflexionsseismische Geschwindigkeitsbestimmungen; daraus resultierend eine Erhöhung der Genauigkeit der reflexionsseismischen Tiefenbestimmungen um den Faktor 5;
- Einführung der Magnetbandregistrierung in der Seismik Anfang der sechziger Jahre als wesentliche Voraussetzung für die zunächst analoge maschinelle Bearbeitung und Rationalisierung der Interpretation seismischer Ergebnisse.

Im Jahre 1959 wurde die klassische refraktionsseismische Übersichtsvermessung abgeschlossen und mit dem Isochronenplan des Nordteils der DDR eine über viele Jahre wirksame Strukturinventarisierung des oberen Deckgebirges als wichtige Arbeitsgrundlage für die reflexionsseismische Erkundung des Mesozoikums geschaffen.

Nach mehrjährigen Versuchsmessungen wurde die durch sowjetische Geophysiker weiterentwickelte refraktionsseismische Methode (KMgW) von 1963—1967 zur tiefenseismischen Regionalerkundung der nördlichen DDR angewendet.

Die reflexionsseismische Erkundung war anfangs vorwiegend auf das Mesozoikum orientiert. Bis etwa zur Mitte der sechziger Jahre konnte in großen Teilen des Nordens der DDR ein allgemeiner Überblick über die Lagerungsverhältnisse des suprasalinaren Deckgebirges erreicht werden. In den Jahren 1966/1967 wurden diese Ergebnisse erstmalig in einem regionalen Kartenwerk in den Maßstäben 1 : 100000 und 1 : 500000 zusammengefaßt und später mehrmals ergänzt und präzisiert. Parallel dazu begann bereits die Kartierung des subsalinaren Teilstockwerks.

Andere geophysikalische Methoden wurden in diesem Zeitraum ebenfalls wesentlich weiterentwickelt und trugen so zur Vervollständigung des geologischen Kenntnisstandes bei. So entstand durch den Einsatz moderner Gravimeter sowie einer verbesserten Meß- und Auswertemethodik unter Nutzung der elektronischen Datenverarbeitung bis 1967 ein neues regionalgravimetrisches Kartenwerk. In den Jahren 1963/1964 erfolgte mit sowjetischer Unterstützung eine aeromagnetische ΔT-Vermessung des Nordteils der DDR und im Jahr 1966 wurde die magnetische Regionalvermessung zu einem vorläufigen Abschluß gebracht. In den Jahren 1966/1967 schließlich wurde mit sowjetischer Unterstützung — mittels magnetotellurischer Tiefensondierungen und Messungen nach der Feldaufbaumethode sowie durch Vermessung eines engmaschigen Netzes von Profilen nach der Semlja-Methode — ein wesentlicher Beitrag zur Klärung der Lagerungsverhältnisse im tieferen Untergrund geleistet.

Von den zahlreichen und umfassenden Spezialmessungen zur Erkundung fester Minerale sowie zur Lösung anderer Aufgaben seien hier als Beispiele nur die gravimetrischen Arbeiten für die Braunkohlen- und Zinnerkundung und die magnetischen Arbeiten zur Erkundung von Erzlagerstätten, ferner von Steinen und Erden genannt.

Zur Erkundung von Erzgängen und tektonischen Störungen, von Grundwasservorkommen, Tonlagerstätten, im Bergbau, für die Baugrunduntersuchung und bei der Vorbereitung und Überwachung von Großbauten wurden geoelektrische Meßverfahren mit Erfolg angewandt.

Auf dem Gebiet der Bohrlochmessung war die technische Hilfe der Sowjetunion durch Lieferung von umfangreichen Meßausrüstungen besonders wirksam. Nachdem die Messungen zur stratigraphischen Korrelation bereits in den fünfziger Jahren zu gut funktionierenden Routineprogrammen ausgebaut waren, zeichneten sich die sechziger Jahre durch eine erfolgreiche Entwicklung quantitativer Interpretationsverfahren in der Erdöl/Erdgas-, Kali-, Erz- und Braunkohlenerkundung aus.

In den sechziger Jahren verstärkte sich die qualitative Verknüpfung der Ergebnisse der verschiedenen geophysikalischen Meßmethoden.

Wesentliche Beiträge dazu lieferten unsere petrophysikalischen Labors, in denen eine Vielzahl gesteinsphysikalischer Parameter — zum Teil mit eigenentwickelten Verfahren und Geräten — bestimmt wurden.

Mit der weiteren Entwicklung der sozialistischen Gesellschaft in der DDR machte sich die verstärkte Erweiterung der Energie- und Rohstoffbasis erforderlich. Ab 1967 erfolgte daher eine weitere Aktivierung der geologischen Forschungs-, Such- und Erkundungsarbeiten auf Erdöl und Erdgas. Neben der Intensivierung der Arbeiten im Zechstein begann die systematische Untersuchung tieferer Bereiche, insbesondere des Rotliegenden, mit dem Ziel, im Jahr 1969 eine Einschätzung der Perspektivität des Territoriums der DDR vornehmen zu können. Daraus erwuchsen der Geophysik neue, höhere Anforderungen.

Neben einer Kapazitätserweiterung mußten vor allem neue methodische Aufgaben gelöst werden. So galt es z. B., den strukturellen Bau an der Zechsteinbasis exakt zu erfassen sowie Strukturen mit zumeist geringer Amplitude unter vielfach komplizierten seismogeologischen Bedingungen nachzuweisen und zu untersuchen. Darüber hinaus erwuchs immer dringender die Notwendigkeit zum Nachweis von Grenzen unterhalb des Zechsteins. Neben einer Vielzahl methodischer Arbeiten zur Verbesserung der Ergebnisse wurden mit sowjetischer Unterstützung die Vertikalprofilierung und die RNP-Methode in die Erkundungspraxis eingeführt.

Vor der Bohrlochmessung stand Ende der sechziger Jahre die Aufgabe, neben der Bewältigung der zunehmenden Teufen einen modernen Verfahrenskomplex zur quantitativen Bewertung der Speicher im Zechstein und Rotliegenden zum Einsatz zu bringen. Es wurden Laterolog-Apparaturen aus der UdSSR eingeführt und Akustiklog-Apparaturen im VEB Geophysik entwickelt und zum Einsatz gebracht.

Der Nachweis bedeutender Erdgaslagerstätten im Rotliegenden stimulierte die Entwicklung der Geophysik. In kurzer Zeit wurde die generelle Ausrüstung der Bohrlochmessung in der Erdöl-Erdgas-Erkundung mit schweren Bohrlochmeßapparaturen aus der Ungarischen VR und einem modernen Verfahrenskomplex bei gleichzeitiger wesentlicher Erhöhung der Produktivität der Meßzüge abgeschlossen.

Zunehmend setzte sich die Erkenntnis durch, daß eine neue Qualität der Ergebnisse der Seismik zur Lösung der geologischen Aufgaben notwendig wurde, die nur mit dem Einsatz der Digitaltechnik erreicht werden konnte.

Dieser entscheidende Schritt wurde in den Jahren 1969/1970 mit der generellen Umrüstung der Reflexionsseismik auf Digitalregistrierung und dem Einsatz eines leistungsfähigen Rechners mit einer bevorzugt für die Seismik ausgelegten Peripherie getan.

Das erforderte die Anwendung prinzipiell neuer Technologien und Organisationsformen sowohl im Feld als auch bei der Interpretation. In diesem Zusammenhang galt es, ein umfangreiches Vorbereitungs- und Qualifizierungsprogramm zu erfüllen; es wurde gemeinsam mit den im Betrieb tätigen sowjetischen Spezialisten kurzfristig realisiert. Große Unterstützung erhielten wir bei der Qualifizierung der Geophysiker durch die Karl-Marx-Universität Leipzig und die Bergakademie Freiberg.

Mit der neuen Technik wurde eine wesentliche Verbesserung der Genauigkeit der seismischen Ergebnisse erreicht. Darüber hinaus eröffnete die Beherrschung der Digitaltechnik prinzipiell neue Möglichkeiten zur Weiterentwicklung der Methodik und zur Verbesserung der Ergebnisse sowohl in der Seismik als auch auf anderen Gebieten.

Der VIII. und ebenso der IX. Parteitag der SED stellten der geologischen Industrie in der DDR die Aufgabe, weitere Voraussetzungen für die verstärkte Nutzung einheimischer mineralischer Rohstoffe zu schaffen. Das hieß vor allem, eine stabile Erdgasförderung durch Erweiterung der Vorratsbasis zu sichern sowie zielgerichtete Forschungs-, Such- und Erkundungsarbeiten zum Nachweis fester mineralischer Rohstoffe durchzuführen.

Bei der Realisierung dieser Aufgaben wurden durch die in der Geophysik tätigen Arbeiter und Wissenschaftler vielfältige Initiativen entwickelt. So wurde die Etappe seit dem VIII. Parteitag für die Geophysik ebenso wie für die gesamte Volkswirtschaft der DDR die erfolgreichste in ihrer bisherigen Entwicklung überhaupt. Ausdruck dessen ist nicht zuletzt die Herausbildung sozialistischer Persönlichkeiten unter den Wissenschaftlern, Technikern und Mitarbeitern des Betriebes. Die erreichten Erfolge und Ergebnisse waren nicht ohne das gewachsene Bewußtsein und die hohe Einsatzbereitschaft aller Geophysiker, Geologen und der anderen Mitarbeiter unter Führung der Partei der Arbeiterklasse, der SED, möglich.

So gelang es z. B. in relativ kurzer Zeit, eine Methodik zum seismischen Nachweis von Schichtgrenzen im Präzechstein zu entwickeln und zum Einsatz zu bringen, mit der wertvolle Ergebnisse für die Erkundung des Präperm erreicht werden konnten. Im Zusammenhang mit der Erkundung tieferer Beckenbereiche des Rotliegenden wurde diese Methodik speziell für den Nachweis von Schichtgrenzen innerhalb des Rotliegenden weiterentwickelt und lieferte bereits in einigen Gebieten erste Ergebnisse bei der Klärung des inneren Baus des Rotliegenden.

Gleichzeitig wurde an der Schaffung einer eigenen technischen Basis für die digitale Meßtechnik gearbeitet. Gemeinsam mit dem ELGI Budapest wurde die digitalseismische Meßapparatur SD-10 entwickelt und in mehreren Exemplaren zum Einsatz gebracht. In diesen Jahren meisterte die Bohrlochmessung die Vermessung von Bohrungen mit Teufen bis über 7000 m, z. B. in den Bohrungen Parchim 1, Loissin 1.

Von der Bohrlochmessung wurde in Zusammenarbeit mit dem VNII-Gas Moskau ein Verfahrenskomplex zur Überwachung von Gaslagerstätten unter hohem Druck zum Einsatz gebracht. In Zusammenarbeit mit dem VNII Geofizika Moskau und dem ELGI Budapest wurden und werden methodische und technische Voraussetzungen für die Einführung der Digitaltechnik bei der Registrierung und Interpretation von Bohrlochmessungen geschaffen.

Eine bedeutende Erweiterung erfuhren die Arbeiten bei der Erkundung von festen mineralischen Rohstoffen. So wurden Komplexmethoden für die Erkundung von Grundwasser und Massenrohstoffen sowie Verfahren zur Anwendung der Transversalwellenseismik und der Vibrationsseismik in der Braunkohlenerkundung erarbeitet, die sich im Stadium der erfolgreichen Einführung in die Erkundungspraxis befinden. Das Vorhandensein der technischen Voraussetzungen in Form leistungsfähiger elektronischer Rechenanlagen im eigenen Betrieb wirkte sich stimulierend auf die methodische Weiterentwicklung bei der Interpretation von Meßergebnissen der Potentialmethoden und der Komplexinterpretation mehrerer Meßverfahren aus.

Aufbauend auf dem seit Mitte der sechziger Jahre erarbeiteten hohen Entwicklungsstand konnte das Spektrum der verfügbaren Bearbeitungs- und Interpretationsprogramme wesentlich erweitert werden. Gegenwärtig verfügt der VEB Geophysik über ein leistungsfähiges Programmpaket zur Bearbeitung sämtlicher geophysikalischer Meßverfahren.

Umfangreiche Arbeiten wurden in den letzten Jahren zur marinen geophysikalischen Forschung ausgeführt.

Der im betrachteten Zeitraum erreichte technische und vor allem methodische Fortschritt wurde in zunehmendem Maße für die Lösung geologischer Aufgaben wirksam. Voraussetzung dafür war die Entwicklung einer engen und vertrauensvollen Zusammenarbeit mit dem Forschungsinstitut für die Erkundung und Förderung von Erdöl und Erdgas, Gommern, dem Zentralen Geologischen Institut, Berlin, und den Betrieben des Industriezweigs Geologie.

Eine konstruktive Zusammenarbeit zwischen Geologen und Geophysikern hat sich vor allem bei der Lösung von Erkundungsaufgaben herausgebildet.

Sie ist gekennzeichnet durch die gemeinsame Erarbeitung von Aufgabenstellungen, durch die Nutzung geologischer Modellvorstellungen bei der Interpretation geophysikalischer Meßergebnisse und durch eine teilweise gemeinsame geologisch-geophysikalische Komplexinterpretation.

Die Ergebnisse der Vergangenheit einschätzen bedeutet jedoch zugleich die Frage beantworten, inwieweit die Geophysik der DDR für die künftigen Aufgaben gerüstet ist, die der IX. Parteitag der geologischen Industrie gestellt hat.

In der vom IX. Parteitag beschlossenen Direktive zum Fünfjahrplan heißt es unter anderem dazu:

> „Um den Bedarf der Volkswirtschaft an solchen wichtigen einheimischen Rohstoffen, wie Rohbraunkohle, Kali, Zinn, Kupfer, Kaolin, Tone, Spate, Glassand, Baurohstoffe und Wasser langfristig zu sichern, muß die geologische Industrie ihre Anstrengungen besonders auf die Forcierung der Forschungs- und Erkundungsprozesse zum Nachweis neuer Lagerstätten und Grundwasservorkommen richten."

So wird sich für die DDR im Zeitraum bis 1990 selbst bei sparsamstem Verbrauch der Rohstoffbedarf gegenüber 1970 mindestens verdoppeln. In Anbetracht ihrer Bedeutung steht die Lösung des Rohstoffproblems im Mittelpunkt des Komplexprogramms des RGW und der entsprechenden langfristigen Zielprogramme der RGW-Länder für den Zeitraum bis 1990. Daraus leiten sich hohe Anforderungen an die Geophysik in unseren Ländern ab. Gilt es doch, unter weitaus schwierigeren Bedingungen als bisher meßbare Beiträge für die Lösung des Rohstoffproblems zu leisten und die Geophysik als wesentlichen Intensivierungs- und Rationalisierungsfaktor bei der Erkundung und dem Abbau von Rohstoffen wirksam werden zu lassen.

Die von Mitarbeitern des VEB Geophysik sowie anderen Einrichtungen der DDR auf diesem Symposium dargebotenen Vorträge zeugen von den Bemühungen unserer

Geophysiker, konstruktive Beiträge zur Lösung dieses Problems zu leisten.
Jetzt kommt es darauf an,

- die Voraussetzungen für eine kontinuierliche Erdgasförderung aus dem Rotliegenden zu schaffen und neue Lagerstätten zu erschließen. Dabei sind Schichtgrenzen und nichtstrukturelle Fallen im Rotliegenden und Präperm nachzuweisen;
- trotz zunehmender Lagerungstiefe und komplizierterer tektonischer Situation in den Braunkohlefeldern eine stabile Produktion zu gewährleisten. Die entwickelten geophysikalischen Erkundungsverfahren sind weiter zu vervollkommnen und umfassend einzusetzen;
- die Untergrundspeicherung flüssiger und gasförmiger Stoffe weiter zu vervollkommnen; entsprechende oberflächen- und bohrlochgeophysikalische Verfahrenskomplexe sind zu entwickeln und einzusetzen;
- geophysikalische Verfahren für eine effektive Erkundung von Erzen und anderen Rohstoffen zu entwickeln und einzusetzen;
- den Einsatz der Geophysik zu verstärken, um den Wasserbedarf der DDR maximal zu befriedigen.

Die daraus abzuleitenden Aufgaben für die Geophysik machen es erforderlich,

- die Kooperation im Rahmen der sozialistischen ökonomischen Integration weiter zu vertiefen und noch effektiver zu gestalten;
- die Zusammenarbeit und Kooperation zwischen den geophysikalischen Institutionen der sozialistischen Bruderländer zu erweitern;
- alle verfügbaren wissenschaftlichen Potenzen auf nationaler Ebene, wie die Hochschulen, Akademieinstitute und andere in die Lösung dieser Aufgabenstellung einzubeziehen.

Dafür haben wir in der Vergangenheit günstige Voraussetzungen geschaffen, und es besteht kein Zweifel, daß wir diese schwierigen, aber verantwortungsvollen Aufgaben auch in Zukunft gemeinsam lösen werden. Dafür ist in der 25jährigen Entwicklung des VEB Geophysik eine neue Generation von geowissenschaftlichen Kadern, von bewußten Arbeitern und Ingenieuren, qualifiziert und erzogen worden.

So begrüßen wir alle Teilnehmer, alle Organisationen, Institute und Betriebe, die zu diesem Symposium ihre Wissenschaftler, Ingenieure und Mitarbeiter delegiert haben, auf das herzlichste und wünschen unserem Erfahrungsaustausch einen großen Erfolg.

Schriftenr. geol. Wiss. · Berlin 12 (1978) · S. 17–25

Neue seismische Feldsysteme zur Berücksichtigung der dreidimensionalen Wellenausbreitung

Von JÜRGEN PERACH; BERND THOMAS; KARL WRUCK; Leipzig

Mit 6 Abbildungen

Bedingt durch die komplizierter werdenden Erkundungsaufgaben und das gleichzeitige Erkennen der Grenzen der zweidimensionalen Prospektion wurden in den letzten Jahren Anstrengungen unternommen, die dreidimensionale Betrachtungsweise theoretisch und praktisch verstärkt zu entwickeln.

Die Anwendung von Punktquellen bzw. von Interferenzsystemen mit relativ kleinen Ausmaßen bewirkt eine Wellenausbreitung nach allen Richtungen des Halbraums. Das führt dazu, daß unter bestimmten Bedingungen bei der linienhaften Profilierung Wellen registriert werden, die von außerhalb der vertikalen Profilebene stammen. Bereits bei allen Profilen, die nicht senkrecht zum Streichen von Reflexionshorizonten verlaufen, ist dies der Fall; ganz abgesehen von steilgeneigten, reflektierenden Grenzen, wie Verwerfungsflächen, Aufschleppungszonen oder anderen Inhomogenitäten, die parallel oder schiefwinklig zum seismischen Profil verlaufen. Alle diese Wellen werden infolge fehlender Informationen der vertikalen Profilebene zugeordnet. Dies führt zu einigen Unzulänglichkeiten bei der Interpretation seismischer Materialien. So kann z. B. die Natur bestimmter Wellen nicht eindeutig geklärt und der strukturelle Bau des Untergrundes nur unvollständig abgebildet werden. Es besteht also ein Widerspruch zwischen dreidimensionaler Wellenausbreitung und zweidimensionaler Interpretation.

Auch durch Anwendung herkömmlicher Interferenzsysteme der Energieanregung und -aufnahme kann dieser Widerspruch nicht beseitigt werden, da diese Systeme keine selektive Wirkung gegenüber Raumwellen aufweisen. Im folgenden soll erläutert werden, welche Möglichkeiten bestehen, die dritte Dimension bei der Wellenausbreitung auszuschalten oder gezielt zu nutzen.

Betrachten wir zunächst die Reduzierung des Einflusses der dritten Dimension des unteren Halbraums. Ähnlich wie in der Antennentechnik und technischen Akustik kann das durch scharfgerichtete Abstrahlung und Aufnahme erreicht werden. Eine spürbare Richtwirkung wird erst dann erzielt, wenn die Basis des Interferenzsystems größer ist als die Wellenlänge der interessierenden Wellen. Da die Wellenlängen in der Seismik bereits in mittleren Tiefen auf 100 m und mehr anwachsen, werden scharfgerichtete Interferenzsysteme durch relativ große Ausmaße charakterisiert.

Die theoretischen Grundlagen feldseitiger scharfgerichteter Systeme wurden von uns in einem Vortrag auf dem XVIII. Geophysikalischen Symposium in Budapest 1975 dargelegt (NOMOKONOV, WRUCK). Deshalb wird hier nur kurz auf einige Besonderheiten dieser Systeme eingegangen.

Die Schärfe und Orientierung der Richtwirkung scharfgerichteter Systeme soll mit der Abb. 1 demonstriert werden. Als Maß für die Richtwirkungsschärfe gilt der Öffnungswinkel φ der Abstrahlungszone. Die Abstrahlungszone wird durch Flächen begrenzt, auf denen der Energiefluß auf die Hälfte seines Maximalwerts abgeklungen ist. Die maximale Abstrahlung erfolgt in der vertikalen Ebene senkrecht zur Gruppierungsbasis. Um diese Ebene mit der vertikalen Profilebene zu vereinigen, ist es notwendig, lange lineare Gruppen symmetrisch und senkrecht zum seismischen Profil anzuordnen. Die Richtwirkungscharakteristiken für diese Interferenzsysteme werden nach bekannten Ver-

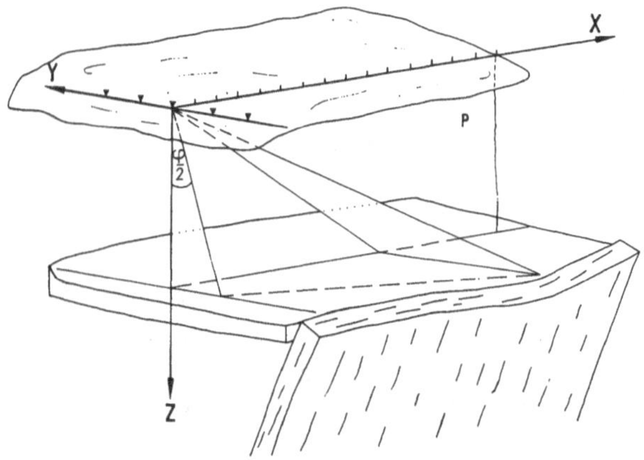

Abb. 1. Räumliche Darstellung der Richtwirkung der scharfgerichteten Energieanregung

X, Y, Z – kartesisches Koordinatensystem; X – Richtung des seismischen Profils; P – vertikale Profilebene; φ – Öffnungswinkel der Abstrahlungszone; ▼ Schußbohrung

fahren auf der Grundlage der Theorie des Interferenzempfangs berechnet. Obwohl einige Randbedingungen, wie Neigungsverhältnisse im Untergrund, Verzerrung der Nutzsignale und technologische Faktoren die Basis des Interferenzsystems begrenzen, können bei der Erkundung größerer Tiefen noch Abstrahlungswinkel bis etwa 20° erreicht werden.

Bei konstantem Winkel φ werden mit wachsendem Strahlenweg immer größere Flächeneinheiten von der Abstrahlungszone überstrichen. Soll also der Einfluß von seitlichen Inhomogenitäten mit Reflexionswirkung auf das seismische Profil abgeschwächt werden, so ist zu beachten, daß sich diese Inhomogenitäten mindestens bei der Hälfte der maximalen Aufstellungsweite außerhalb der Abstrahlungszone befinden. Daraus resultieren Beschränkungen für die anzuwendende maximale Aufstellungsweite oder für den Profilabstand von der Inhomogenität.

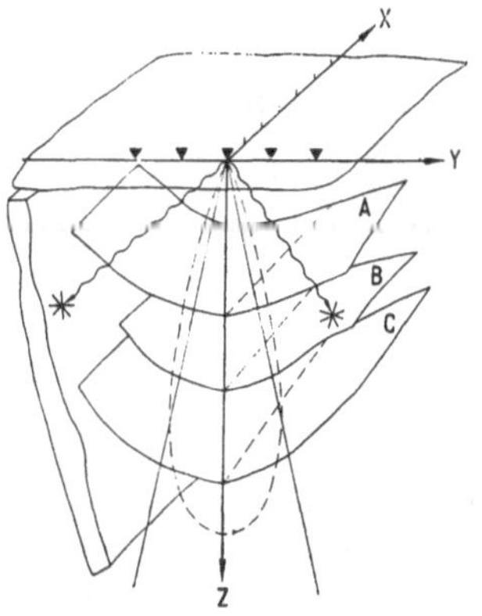

Abb. 2. Schematische Darstellung des geologischen Modells und der räumlichen Richtwirkung

X, Y, Z – kartesisches Koordinatensystem; X – Richtung des seismischen Profils; ✳ – laterale Inhomogenitäten; ▼ – Schußbohrung; ⊥ – Geophon

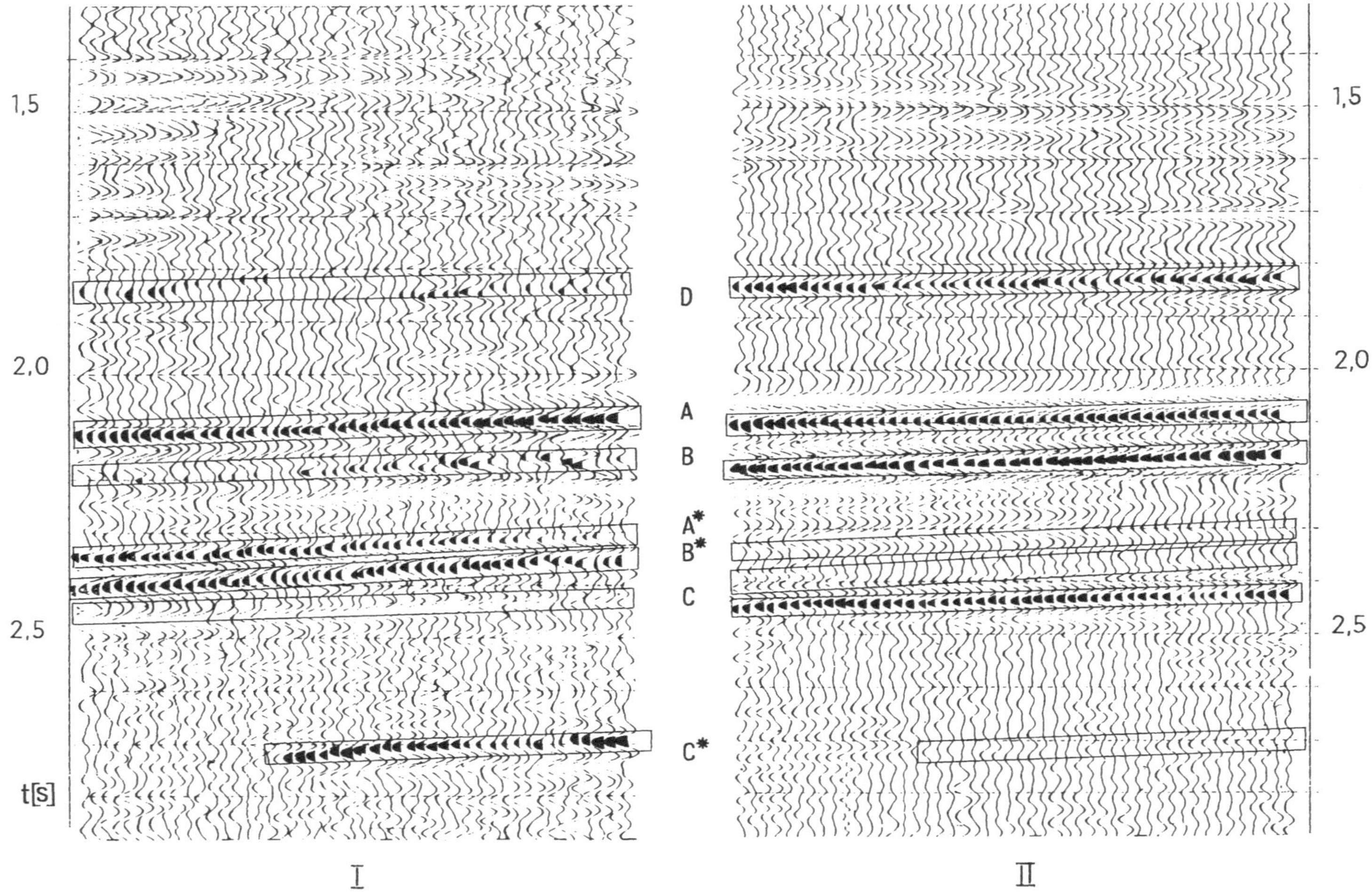

Abb. 3. Ausschnitte aus CDP-Zeitschnitten mit 12facher Überdeckung

I – ohne Richtwirkung gegenüber Raumwellen; II – mit Richtwirkung gegenüber Raumwellen; *A*, *B*, *C* – Reflexionen aus der vertikalen Profilebene; *A**, *B**, *C** – Seitenreflexionen

Zur Effektivitätseinschätzung des Verfahrens der scharfgerichteten Abstrahlung und Aufnahme wurden in einigen Gebieten der DDR spezielle Versuchsmessungen durchgeführt. Betrachten wir diese Versuche aus einem Bereich etwas genauer. Das Profil verläuft in Streichrichtung einer Mulde zwischen einer Störungszone und einer Salzachse (Abb. 2). Die Reflexionshorizonte weisen relativ kleine und veränderliche Krümmungsradien auf. In Abhängigkeit von Profilverlauf, Geschwindigkeitsverteilung, Tiefenlage und Krümmungsradien der seismischen Grenzen kommt es zu Fokussierungserscheinungen, Welleninterferenzen und zum Auftreten von zusätzlichen Phasenachsen, die eine Interpretation stark erschweren bzw. unmöglich machen. Diese seitlichen Störeinflüsse werden in den Abb. 2 und 3 durch „Sterne" markiert. Neigungs- und Tiefenänderungen in der Mulde bewirken außerdem, daß sich das Interferenzwellenfeld entlang des Profils stark ändert. Durch Bearbeitungsprozesse ist eine Unterdrückung der Seiteneffekte praktisch unmöglich, da die kinematischen und dynamischen Parameter der Seitenwellen und der aus dem Bereich des Muldentiefsten stammenden Reflexionen sehr ähnlich sind.

Die Abschwächung der lateralen irregulären und regulären Störeinflüsse ist allein durch die Anwendung scharfgerichteter Systeme möglich. Dazu wurde folgendes Feldsystem gewählt:

Anregung: 5fache Gruppierung, symmetrisch quer zum Profil auf einer Basis von 200 m.
Aufnahme: 24fache Bündelung, symmetrisch quer zum Profil auf einer Basis von 184 m.

Ein Schnitt durch die räumliche Richtwirkungscharakteristik für dieses Interferenzsystem ist ebenfalls in Abb. 2 dargestellt.

Zum Vergleich lagen die Ergebnisse einer früheren Vermessung desselben Profils mit Interferenzsystemen ohne räumliche Richtwirkung vor. Außer den zu testenden Parametern der Interferenzsysteme waren alle anderen feldseitigen Kenngrößen bei beiden Vermessungen identisch.

In Abb. 3 sind Ausschnitte aus den CDP-Zeitschnitten beider Meßvarianten dargestellt. Der Zeitschnitt ohne Richtwirkung zeigt ein stark wechselndes Wellenbild mit ausgeprägten Interferenzzonen, z. B. im Bereich der Reflexionen C und D, und aufgelöste intensive Seitenwellen, z. B. die Einsätze A*, B* und C*. Im Gegensatz dazu wird der Zeitschnitt mit Richtwirkung durch dynamisch stabile, gut zu verfolgende Nutzwellen gekennzeichnet. So sind einerseits die aufgelösten Seitenwellen A*, B* und C* stark gedämpft bzw. ganz ausgelöscht. Andererseits gelang es durch den Ausschluß lateraler Effekte und die damit verbundene Erhöhung der Signal-Stör-Verhältnisse, den wichtigen Erkundungshorizont C sicher zu verfolgen. Eine quantitative Analyse bestätigt die visuelle Einschätzung. So weist das Profil mit Richtwirkung bei allen reellen Reflexionen stets höhere Signal-Stör-Verhältnisse auf.

Die Wirksamkeit der angewendeten Interferenzsysteme hinsichtlich der Dämpfung von Seiteneinflüssen wird durch das Amplitudenverhältnis zwischen der Reflexion aus der vertikalen Profilebene und der Seitenreflexion von derselben Grenzfläche charakterisiert. Dieses Verhältnis konnte von durchschnittlich 1,5 bei ungerichteten Systemen auf 3,1 bei scharfgerichteten Systemen, d. h. um mehr als 100%, gesteigert werden.

Im Frequenzbereich läßt sich die Qualitätsverbesserung ebenfalls nachweisen. In Abb. 4 sind von den Reflexionen A, B und C die Vorzugsfrequenzen und ihre mittleren quadratischen Abweichungen für gerichtete und ungerichtete Systeme dargestellt. Bedingt durch die Ausschaltung der Seitenwellen liegen bei gerichteten Systemen die Vorzugsfrequenzen um 2—12 Hz höher als bei ungerichteten. Die mittleren quadratischen Abweichungen verringern sich erheblich.

Außer den beschriebenen Messungen seien die Ergebnisse weiterer Anwendungsbeispiele dargelegt, für die ebenfalls Vergleiche mit ungerichteten Systemen vorliegen. Nach der CDP-Stapelung mit dem jeweils gleichen Stapelgrad wurden die Signal-Stör-

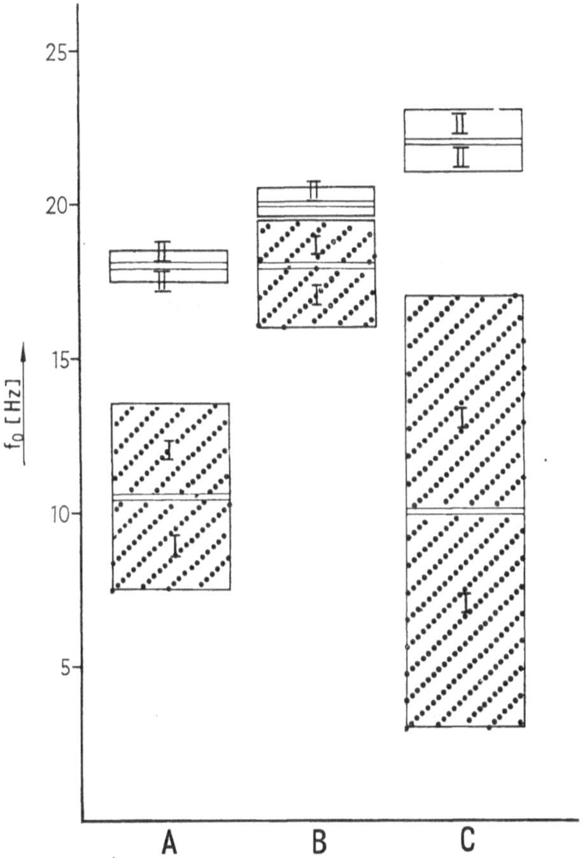

Abb. 4. Vorzugsfrequenzen f_0 und mittlere quadratische Abweichungen für die Reflexionen A, B und C

I – konventionelle Interferenzsysteme; II – scharfgerichtete Interferenzsysteme

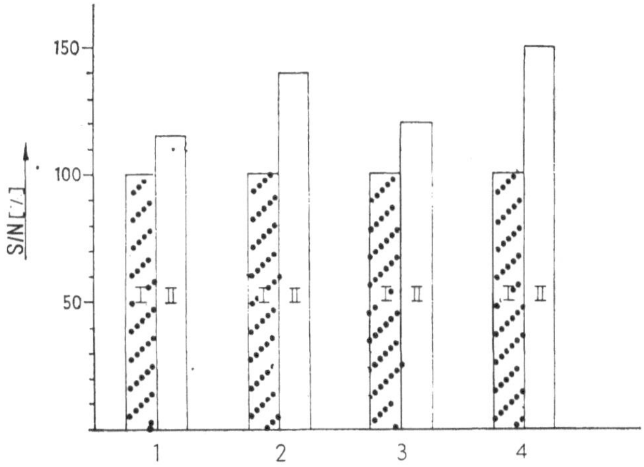

Abb. 5. Signal-Stör-Verhältnisse aus vier verschiedenen Meßgebieten

S/N – Signal-Stör-Verhältnis; 1, 2, 3, 4 – Meßgebiete; I – konventionelle Interferenzsysteme; II – scharfgerichtete Interferenzsysteme

Verhältnisse an mehreren Reflexionen berechnet. In Abb. 5 wurden die mit ungerichteten Systemen erhaltenen Signal-Stör-Verhältnisse gleich 100% gesetzt. Die mit scharfgerichteten Systemen erzielte Steigerung beträgt 15—50%.

Nach den positiven Ergebnissen der Anwendungstests wurde das Verfahren der scharfgerichteten Abstrahlung und Aufnahme für die Routineanwendung vorbereitet.

Die Wahl der optimalen Meßvariante erfolgt nach verschiedenen Kriterien. Die erforderliche Richtwirkung muß an Hand des seismogeologischen Modells ermittelt werden. Allerdings kann die so abgeleitete Richtwirkung nicht das einzige Kriterium bei der Wahl der optimalen Meßvariante sein. Es müssen außerdem die Oberflächenbedingungen berücksichtigt werden, weil die Realisierbarkeit der querorientierten Interferenzsysteme entscheidend von den Geländebedingungen abhängt.

Die Darlegungen zeigen, zu welchen Ergebnissen die bewußte feldseitige Verringerung des Einflusses der dritten Dimension durch die Anwendung scharfgerichteter Systeme führt. Das Verfahren erreicht vor allem dort eine hohe Effektivität, wo es notwendig ist, laterale Störeinflüsse zu eliminieren. Im Gegensatz dazu wird man flächenhafte Beobachtungssysteme anwenden, wenn die Erkundungssituation die Einbeziehung der räumlichen Information erfordert.

Bei der Vielfalt der möglichen flächenhaften Beobachtungssysteme ist es zweckmäßig, zwei Verfahrensrichtungen zu unterscheiden:

— flächenhafte Sondierung und
— flächenhafte Profilierung.

Je nach erforderlichem Signal-Stör-Verhältnis werden beide Varianten wahlweise mit Einfach- oder Mehrfachüberdeckung angewendet. Es existieren zahlreiche Beobachtungssysteme, die auf der Grundlage der konkreten Aufgabenstellung und nach dem Prinzip der Vertauschbarkeit von Quellen und Empfängern konzipiert werden können.

Entsprechend den verfügbaren technologischen Möglichkeiten werden zur Zeit Feldanordnungen bevorzugt, die durch eine linienhafte Auslage der Empfänger und eine flächenhafte Anordnung der Quellen charakterisiert sind. Mit zunehmendem Einsatz hochkanaliger Apparaturen werden solche Systeme die Oberhand gewinnen, die den Aufwand bei der Energieanregung auf Kosten einer flächenhaften Anordnung der Empfänger reduziert. Unabhängig davon, ob man feldseitig regelmäßige Verteilungen von Quellen und Empfängern realisieren kann, oder ob die Oberflächensituation zu unregelmäßigen Anordnungen zwingt, besteht das Ziel der rechentechnischen Bearbeitung darin, Streifen von Tiefenpunkten parallel zu einer zentralen Linie zu erzeugen.

Ist die Möglichkeit der Realisierung von regelmäßigen Beobachtungssystemen gegeben, so werden die Anregungspunkte bevorzugt auf schräg zur Empfängerlinie verlaufende Geraden angeordnet. Die so erreichte quasihomogene Verteilung der Anregungspunkte wirkt sich vorteilhaft auf die Bestimmung statischer Korrekturen und auf die Multiplendämpfung aus.

Die flächenhafte Ausdehnung der Feldanordnung ist so zu wählen, daß die lateralen Neigungsgradienten des Untergrunds sicher bestimmt und im Trend auf eine größere Reflektorfläche extrapoliert werden können. Ihre Begrenzung muß allerdings auch aus der Sicht der Bestimmung der kinematischen Korrekturen gesehen werden. Die durch Geschwindigkeitsanalysen auf dem Zentralprofil erhaltenen kinematischen Korrekturen können bei größerer Streifenbreite und Reflektorneigung nicht fehlerfrei auf die Seismogramme von den seitlichen Quellen übertragen werden. Unsere Untersuchungen führten zu dem Ergebnis, daß solche Fehler bei Erkundungstiefen größer als 4 km und bei Neigungswinkeln bis zu 20° für seitliche Schußpunktentfernungen bis 600 m vernachlässigt werden können. Neigungseinflüsse sind aber bei geringeren Reflektortiefen und kleinen Durchschnittsgeschwindigkeiten zu beachten und entsprechend zu korrigieren.

Die rechentechnische Bearbeitung flächenhafter Beobachtungssysteme erfolgt etwa in folgenden Komplexen:

- statische und kinematische Korrekturen unter Berücksichtigung der lateralen Schußpunktheraussetzungen;
- CDP-Stapelung in den einzelnen Streifen;
- dreidimensionale Migration;
- Ermittlung der totalen Neigungsgradienten und ihre vektorielle Darstellung;
- Herstellung einer totalen Stapelung unter Einbeziehung sämtlicher paralleler CDP-Streifen bei Berücksichtigung der lateralen Neigungsgradienten;
- Konstruktionen von Isochronen- und Isobathenkarten für den erfaßten Reflektorausschnitt.

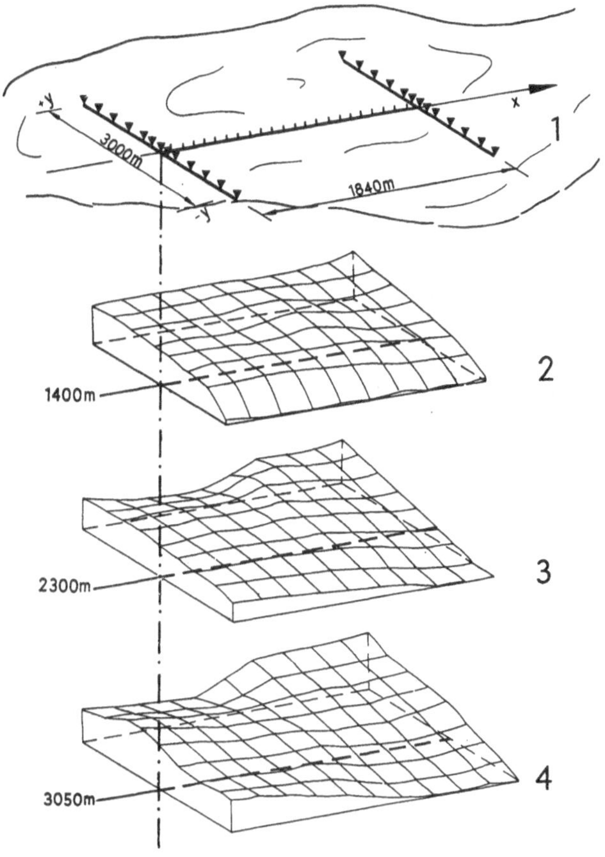

Abb. 6. Flächenhafte Sondierung

1 – kreuzförmiges Beobachtungssystem; 2, 3, 4 – perspektivische Darstellung ausgewählter Reflexionshorizonte mit Angabe der Bezugstiefe; *X* – Empfangslinie; *Y* – Schußpunktlinien; ▼ – Schußbohrung; ⊥ – Geophon

Betrachten wir nun in Abb. 6 die Feldanordnung und die Ergebnisse einer flächenhaften Sondierung an einem Beispiel. Ausreichende Signal-Stör-Verhältnisse der interessierenden Reflexionen gestatteten die Konzipierung einer kreuzförmigen Beobachtung mit Einfachüberdeckung. Das Beobachtungssystem besteht aus einem Profil X mit der Empfängeranordnung. Der Geophongruppenabstand beträgt 80 m. Am Anfang und am Ende dieser Empfängeraufstellung befinden sich jeweils orthogonale Schußpunktlinien mit einer Länge von je 1500 m nach beiden Seiten und je 13 Schußpunkten.

Nach Anbringung statischer und kinematischer Korrekturen und anschließender Zeit-Tiefen-Transformation erhält man das Relief der untersuchten Reflektorflächen. Die Tiefen sind in Form von Blockbildern dargestellt und umfassen Flächen von jeweils 1,5 km × 1,8 km. Die perspektivische Darstellung ist so gehalten, daß der Betrachter von vorn links schräg nach unten auf die Reflexionshorizonte blickt. Auf Abb. 6 sind drei Reflexionsgrenzen gezeigt. Man erkennt deutlich die Welligkeit der einzelnen Grenzflächen. Voraussetzung für eine genaue Reflektordarstellung und eine sichere Interpretation ist die Kenntnis der Geschwindigkeitsverteilung im Sondierungsbereich.

Die beschriebene Variante einer flächenhaften Sondierung eignet sich besonders zur genaueren Untersuchung von Störungen, zur detaillierten Erfassung des Reflektorreliefs im Bereich von Bohrungen sowie zur Erkundung von Wall- und Riffstrukturen.

Abschließend ist zu sagen:

Es besteht ein Widerspruch zwischen der dreidimensionalen Wellenausbreitung und der zweidimensionalen Interpretation, der zu Komplikationen bei der Wellenerkennung und -aussonderung und bei der räumlichen Abbildung der Reflexionsgrenzen führt. In Abhängigkeit von der seismogeologischen Situation und von der Aufgabenstellung können zwei Wege beschritten werden, um die Schwierigkeiten zu beseitigen.

Durch die Anwendung scharfgerichteter Systeme wird der Einfluß der dritten Dimension bereits feldseitig reduziert. Man erhält ein weitgehend interferenzfreies Primärseismogramm mit stabilen dynamischen Eigenschaften der Reflexionswellen und mit größeren Signal-Stör-Verhältnissen als beim Einsatz konventioneller Interferenzsysteme.

Die Anwendung flächenhafter Beobachtungssysteme ermöglicht es, mit Hilfe von Bearbeitungsprozessen die Natur der Wellen besser erkennen und die räumliche Beschaffenheit der Reflexionsgrenzen genauer abbilden zu können. Beide Verfahrensvarianten werden im VEB Geophysik zur Lösung bestimmter Aufgaben genutzt.

Zusammenfassung

Die Anwendung von punktförmigen Quellen und Empfängern oder von kleindimensionierten Anregungs- und Aufnahmegruppen auf den reflexionsseismischen Profilen führt zu einigen Komplikationen bei der Wellenerkennung und -aussonderung sowie bei der räumlichen Abbildung der Reflexionsgrenzen. Zur Überwindung der Schwierigkeiten wurden zwei Verfahrensvarianten abgeleitet, deren Einsatz sich aus der konkreten seismogeologischen Situation und aus der Aufgabenstellung ergibt.

Zur Reduzierung des Einflusses der dritten Dimension wurde das Verfahren der scharfgerichteten Anregung und Aufnahme seismischer Wellen entwickelt. An Hand von theoretischen Abschätzungen und von Anwendungsbeispielen wird die Effektivität dieses im VEB Geophysik Leipzig ausgearbeiteten Verfahrens im Vergleich zu herkömmlichen Interferenzsystemen nachgewiesen.

Die zweite Variante bezieht die dritte Dimension durch die Anwendung flächenhafter Beobachtungssysteme ein. Mit Hilfe von Bearbeitungsprozessen ermöglichen solche Systeme, die Natur der Wellen besser zu erkennen und die räumliche Beschaffenheit der Reflexionsgrenzen genauer abbilden zu können als dies bei Profilmessungen der Fall ist. An einem Beispiel werden die Feldanordnungen einer flächenhaften Sondierung und die nach digitaler Bearbeitung erhaltenen flächenhaften Darstellungen der Reflexionshorizonte erläutert.

Резюме

Примение на профилях МОВ точечных источников и приемников или групп возбуждения и приема малых размеров приведет к некоторой сложности при распознавании и выделении волн, а также при пространственном изображении отражающих границ. Для преодоления этих трудностей рассмотрены два приема, применение которых выбирается в зависимости от определенной геологической ситуации и от постановки задачи.

С целью ослабления третьей размерности, разработан способ остронаправленного возбуждения и приема сейсмических волн. По теоретическим оценкам и на практических примерах доказывается эффективность этих способов, разработанных в НП Геофизика, по сравнению с обычными интерференционными системами.

Второй вариант включает третью размерность в полезную информацию при применении площадных систем наблюдений. С помощью обрабатывающих процессов такие системы позволяют лучше распознавать природу волн и точнее изобразить пространственное строение отражающих границ, чем при обычных профильных наблюдениях. На практическом примере рассмотрена полевая расстановка площадного зондирования и получены после цифровой обработки площадные изображения отражающих горизонтов.

Summary

The application of point-like sources and receivers or small-sized respective groups on reflection seismic lines leads to some complications both in wave recognition and wave selection, and in the three-dimensional display of reflecting interfaces as well. To overcome these difficulties two approaches are discussed which may be used depending on the specific seismogeologic situation and the given problem.

To reduce the effects of the third dimension in wave propagation, the technique of sharply directional emission and reception of seismic energy was developed by VEB Geophysik. Based on theoretical estimations and practical tests, the effectiveness of this technique is proven comparing it with conventional array systems.

The second approach takes into account the third dimension by applying two-dimensional arrays. Using special processing procedures, such systems enable both a better wave nature recognition and a more reliable spatial representation of reflecting interfaces than profile measurements with linear arrays. By means of an example the field layout of a two-dimensional sounding and the following three-dimensional design of reflective horizons after digital processing is discussed.

Manuskripteingang: 2. Februar 1977

Anschrift der Autoren:
J. PERACH, B. THOMAS, K. WRUCK, VEB Geophysik
DDR - 701 Leipzig, Schließfach 370

Schriftenr. geol. Wiss. · Berlin 12 (1978) · S. 27–38

Zur Anwendung der Reflexionsseismik für den Nachweis substantieller Änderungen

Von STEFAN PRÖHL; ULRICH PATZER; HELMUT REGENSBURGER; BERND LEISSRING; Leipzig

Mit 6 Abbildungen

1. Einleitung

Die weltweit erkennbare Steigerung des Energiebedarfs unterstreicht die Notwendigkeit, einerseits neue Energieträger wirtschaftlich nutzbar zu machen und andererseits vorhandene Reserven, insbesondere an Erdöl- und Erdgas, intensiver als bisher zu erkunden und abzubauen. In vielen Gebieten sind strukturelle Kohlenwasserstofflagerstätten in günstigen Erkundungstiefen nur noch in begrenztem Umfang vorhanden. Dies zwingt dazu, sowohl ständig tiefere Lagerstätten zu erkunden als auch die Erkundung nichtstruktureller Fallen in Angriff zu nehmen. Beides ist mit erhöhten Aufschlußkosten verbunden und stellt die geophysikalische, insbesondere die reflexionsseismische Erkundung, vor neue und schwierige Aufgaben. Neben der Erhöhung von Genauigkeit und Tiefenreichweite reflexionsseismischer Verfahren steht vor allem die Aufgabe, Methoden zu entwickeln, die über strukturelle Angaben hinausgehend Informationen über die Substanz, d. h. über die lithologische Ausbildung von Gesteinsschichten und über deren Porenfüllung, ermöglichen. An der Lösung dieser äußerst komplizierten Aufgabe wird in vielen Ländern mit großer Intensität gearbeitet, wobei eine umfassende Lösung des Problems bislang weder gelungen ist noch in Aussicht gestellt werden kann. Die Ursachen hierfür sind darin zu suchen, daß die durch substantielle Änderungen hervorgerufenen Meßeffekte meist sehr gering sind und darüber hinaus von einer Vielzahl von Störeffekten überlagert werden, die oft nur teilweise (und häufig mit beträchtlichem Aufwand) eliminiert werden können. Sie tragen zu einer Mehrdeutigkeit der aufgefundenen Anomalien bei. Aus diesem Grund ist eine substantielle Interpretation reflexionsseismischer Meßergebnisse meist nur dann möglich, wenn mehrere Parameter (z. B. Geschwindigkeit, Absorption, spezielle dynamische Kenngrößen) bestimmt werden und in die Deutung alle verfügbaren Daten (wie geologische Vorstellungen, petrophysikalische Daten, bohrlochgeophysikalische Meßergebnisse usw.) aus einem Meßgebiet einfließen.

Versuche zur Substanzaussage mit Hilfe reflexionsseismischer Verfahren werden bereits seit längerer Zeit durchgeführt. In der Sowjetunion befaßt man sich schon seit den fünfziger Jahren mit dem Direktnachweis von Erdöl- und Erdgaslagerstätten (z. B. MIRČINK u. a. 1961). In den USA dominierten zunächst Untersuchungen zum reflexionsseismischen Nachweis lithologischer Änderungen (RUMMERFIELD 1954; SAVIT 1960; MUSGRAVE & HICKS 1966).

Eine entscheidende Voraussetzung für eine Intensivierung und qualitative Verbesserung der Arbeiten wurde mit der Einführung der Digitalseismik erreicht. Die digitale Registriertechnik bedeutet einen ganz erheblichen Qualitätssprung, da sie einerseits einen wesentlich höheren Dynamikumfang sowie eine größere Aufnahmegenauigkeit ermöglicht und zum anderen bestimmte, für die Substanzaussage bedeutsame Rechenoperationen (z. B. Wiederherstellung wahrer Amplituden, Berechnung von Spektren, Absorption und Geschwindigkeit) überhaupt erst bei ökonomisch vertretbarem Aufwand mit der erforderlichen Genauigkeit zuläßt.

In den folgenden Ausführungen soll ein Überblick über gegenwärtig vorhandene methodische Möglichkeiten eines reflexionsseismischen Nachweises substantieller Änderungen gegeben und an einem praktischen Beispiel demonstriert werden.

2. Derzeitige Möglichkeiten

Zu den Verfahren, bei denen durch die digitale seismische Datenbearbeitung eine völlig neue Qualität der Aussage ermöglicht wird, zählt vor allem die Erfassung von *KW-Lagerstättenreflexionen*. Das Besondere dieser Bearbeitungstechnik besteht darin, daß nicht wie bei der konventionellen Bearbeitung für jede Spur ein separater Amplitudenausgleich vorgenommen wird, sondern die Seismogrammspuren mit ihren wahren Amplitudenwerten behandelt werden. Auf so gewonnenen Zeitschnitten lassen sich nun durch entsprechende spezifizierte Analyse der Intensität und Neigung von Reflexionseinsätzen unter geeigneten Bedingungen Reflexionen von Lagerstättengrenzen aushalten.

Bei der Interpretation der Meßergebnisse unterscheidet man zwischen

— „bright spots“ oder „hot spots“, als örtliche starke Überhöhung der Reflexionsamplitude von lithologisch bedingten Schallhärtegrenzen im Bereich von Kohlenwasserstofflagerstätten, und zwar insbesondere bei Gasspeichern; z. B. LINDSEY (1974),
— „dim spots“ bzw. „blank spots“, als Bereiche verringerter Reflexionsamplituden bzw. gänzlich ausfallender Reflexionseinsätze von lithologischen Grenzen, an denen die Schallhärtedifferenz im Bereich der Lagerstätte abnimmt; z. B. QUARLES (1973),
— „flat spots“, als Reflexionen von den gravitativ bedingten Lagerstättengrenzen (Gas/Wasser-, Gas/Öl- oder Öl/Wasser-Kontakt) innerhalb des Speicherhorizonts (BACKUS & CHEN 1975).

In relativ großem Umfang scheinen im westlichen Ausland besonders seeseismische Messungen bereits routinemäßig einer solchen Datenbearbeitung nach wahren Amplituden unterzogen zu werden. Das außerordentliche Interesse an dieser Bright-Spot-Technik dürfte maßgeblich durch entsprechende positive Anwendungsbeispiele stimuliert worden sein. Es darf jedoch nicht übersehen werden, daß bei dieser Methodik die Gefahr der Fehlinterpretation recht groß ist. So können beispielsweise bereits geringe (und damit unwirtschaftliche) Gassättigungen Bright Spots erzeugen oder aber konstruktive bzw. destruktive Interferenzen der Reflexionseinsätze mit anderen Wellen als Lagerstättenreflexionen angesprochen werden (McNABB 1974).

Die Sicherheit der Aussage läßt sich durch Einbeziehung anderer Verfahren zum Nachweis substantieller Anomalien wesentlich verbessern (BARRY & SHUGART 1974; ZOERB 1974). Hierzu zählt z. B. die Ermittlung der seismisch meßbaren Stoffkenngrößen Geschwindigkeit und Absorption.

Bei der Nutzung der *Geschwindigkeitsanalyse* für diese Aufgabenstellung werden besonders hohe Anforderungen an die Genauigkeit gestellt. Nach SCHNEIDER (1971) darf für die Gewinnung detaillierter stofflicher Aussagen der Fehler bei der Bestimmung der Intervallgeschwindigkeit nicht größer als etwa 3% sein. Dies bedeutet, daß die Effektivgeschwindigkeiten mit einer um annähernd eine Größenordnung höheren Genauigkeit bestimmt werden müssen, als dies zur Bestimmung kinematischer Korrekturwerte für die CDP-Stapelung erforderlich ist. Entscheidende Voraussetzung hierfür ist eine sehr gute Qualität des seismischen Primärmaterials.

Aus der internationalen Literatur zeichnet sich ein breites Spektrum bereits genutzter bzw. potentieller Anwendungsbereiche der Geschwindigkeitsanalyse für die Substanzaussage ab, wie beispielsweise

- Direktnachweis von Kohlenwasserstoffakkumulationen,
- Indikation von Riffkörpern,
- Aussagen über Faziesänderungen, wie z. B. Bestimmung des Sand/Ton-Verhältnisses,
- Nachweis von Zonen erhöhter Schichtdrücke.

Neben der Ausbreitungsgeschwindigkeit stellt die Absorption der seismischen Wellen im Untergrund die wichtigste mit seismischen Methoden bestimmbare petrophysikalische Kenngröße dar. Mehr als zehn verschiedene in der neueren Literatur vorgestellte Varianten zur Absorptionsbestimmung (Danckwardt u. a. 1977) belegen das große Interesse, das weltweit dieser Aufgabenstellung entgegengebracht wird.

Die Hauptschwierigkeiten liegen bei der häufig unzureichenden Genauigkeit der Verfahren. Überzeugende praktische Beispiele für die Absorptionsbestimmung sind deshalb bisher recht selten. Bei weiterer Verfeinerung der aussichtsreichsten Verfahren ist jedoch in Zukunft mit einer wesentlichen Erweiterung des Anwendungsbereichs der Absorptionsbestimmung zu rechnen.

Schließlich ist auf die breite Palette der in der Literatur empfohlenen Nutzungsmöglichkeiten dynamischer Kenngrößen zu stofflichen Aussagen hinzuweisen. Hierzu zählen:

- Untersuchungen der Energierelationen von Leitreflexionen oder auch von größeren Laufzeitabschnitten,
- verschiedene Verfahren der Frequenzanalyse von Einzelreflexionen oder größeren Zeitfenstern,
- Analysen spezieller Signalkenngrößen von Reflexionseinsätzen.

Auf die praktische Brauchbarkeit der einzelnen Verfahren kann an dieser Stelle nicht ausführlicher eingegangen werden; nähere Ausführungen hierzu finden sich bei Patzer & Pröhl (1977).

Für die Interpretation der Meßergebnisse existiert eine Vielzahl statistischer Verfahren, die bereits mit mehr oder weniger großem Erfolg bei praktischen Untersuchungen herangezogen wurden. Dabei handelt es sich vor allem um verschiedene Varianten zur Hervorhebung von Nutzanomalien durch spezielle Filterverfahren (Nikitin 1970) und zur Abgrenzung von Bereichen unterschiedlicher stofflicher Ausbildung (Rayonierung) an Hand verschiedener möglichst unabhängiger Kenngrößen des Meßobjekts (Waters & Rice 1975). Zukünftig ist mit einem verstärkten Einsatz derartiger Methoden bei der Substanzaussage zu rechnen.

3. Anwendungsbeispiel

Die Möglichkeit des praktischen Einsatzes reflexionsseismischer Verfahren zur Erfassung substantieller Änderungen wurden versuchsweise unter anderem in einem Gebiet erprobt, in dem in der dort verhältnismäßig mächtigen Oberkreide ein charakteristischer lithologischer Wechsel (Änderung des Kalkgehalts) stattfindet. Der Bereich der Oberkreide wird von zwei Reflexionshorizonten guter bis mittlerer Qualität (I und II, s. Abb. 6) begrenzt. Zum Nachweis dieser lithologischen Änderung sind insgesamt sechs Profile bearbeitet worden, deren Lage in den Abb. 1—5 enthalten ist. Die Vermessung der Profile erfolgte in konventioneller Weise (CDP-Methodik, 12fach-Überdeckung). Im Rahmen der Spezialbearbeitung dieser Profile wurden Intervallgeschwindigkeit, Absorptionsverteilung und Frequenzänderung bestimmt.

Kenntnis über die lithologischen Verhältnisse der Oberkreide mußten aus den Ergebnissen von bohrlochgeophysikalischen Messungen gewonnen werden. Von Dorn wurde unter Annahme eines Zweikomponentensystems der Ton- bzw. Kalkgehalt der einzelnen Abschnitte der Oberkreide für die im Meßgebiet vorhandenen Tiefbohrungen

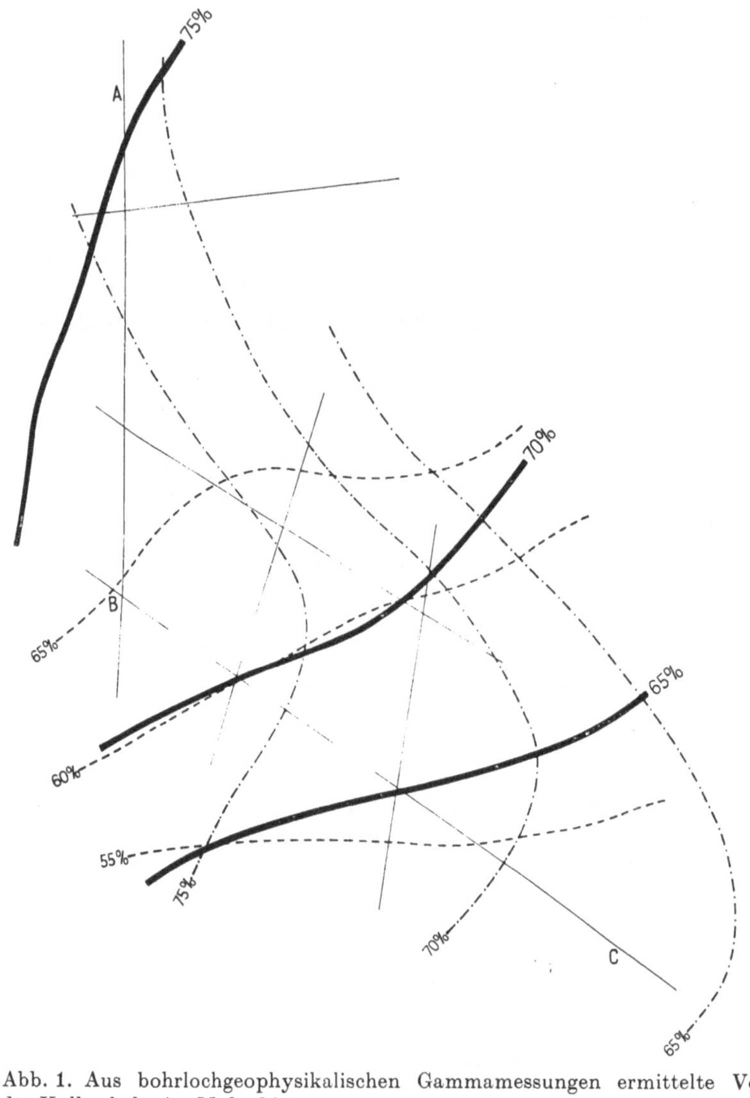

Abb. 1. Aus bohrlochgeophysikalischen Gammamessungen ermittelte Verteilung des Kalkgehalts im Meßgebiet

▬ 70% – Linie gleichen Kalkgehalts für den Gesamtbereich der Oberkreide; – – – – 55% – Linie gleichen Kalkanteils im Coniac und Santon; –·–·– 70% – Linie gleichen Kalkanteils im Campan; —— – Verlauf der reflexionsseismischen Profile

bestimmt. Die Ergebnisse sind in Form von Linien gleichen Kalkgehalts in Abb. 1 zusammengestellt.

Für die einzelnen Stufen der Oberkreide wurden folgende Ergebnisse erzielt (Kalkgehalt in Prozent):

Campan	62–79	Alb	35–38
Coniac und Santon	53–68	Oberkreide (gesamt)	62–76
Cenoman und Turon	80–84		

Man erkennt, daß der Kalkgehalt in den unteren Abschnitten der Oberkreide nur geringfügig schwankt und die größten Änderungen im Coniac und Santon sowie im

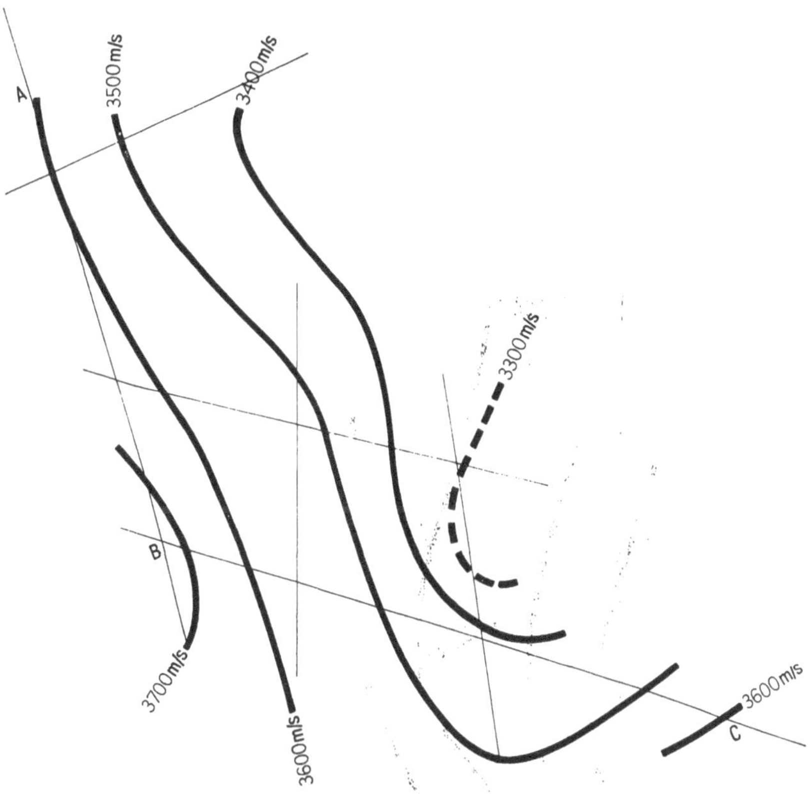

Abb. 2. Verteilung der Intervallgeschwindigkeit in der Oberkreide

Campan auftreten. Für den gesamten interessierenden Bereich der Oberkreide ist (s. Abb. 1) ein deutlicher, etwa NW—SE gerichteter Gradient des Kalkgehalts erkennbar.

Diese von Dorn quantitativ erfaßten substantiellen Änderungen in der Oberkreide gestatten jedoch noch keine Aussage über deren physikalische Wirkung. Verschiedene Faktoren, die wesentlichen Einfluß auf die petroakustischen Parameter besitzen (z. B. Porosität, Zementation und Teufenlage) bleiben dabei unberücksichtigt. In der Oberkreide sind sowohl lockere (vorwiegend im Campan) als auch dichte Kalksteine (Turon, Cenoman) vorhanden, die sich durch wahrscheinlich unterschiedliche petrophysikalische Eigenschaften auszeichnen. Die Kenntnisse über das geologische Modell sind somit unvollkommen.

Zur Gewinnung der Intervallgeschwindigkeit stand ein leistungsfähiges Programmpaket zur Verfügung, das die Durchführung der folgenden Operationen gestattet:

- Berechnung der Effektivgeschwindigkeiten,
- Glättung der Effektivgeschwindigkeiten,
- Berechnung der Intervallgeschwindigkeit,
- Ermittlung von horizontalen Gradienten der Intervallgeschwindigkeit.

Diese maschinellen Bearbeitungsschritte wurden teilweise durch manuelle Operationen ergänzt. Die für den Bereich der Oberkreide ermittelten Intervallgeschwindigkeiten sind in Abb. 2 dargestellt. An den Profilkreuzungen ergab sich eine mittlere quadratische Differenz von ± 60 m/s, für die geglätteten Werte der Effektivgeschwindigkeiten betrug dieser Wert ±45 m/s. Durch einen Vergleich mit bohrlochseismischen Geschwindigkeitsdaten kann abgeschätzt werden, daß der Fehler der reflexionsseismisch ermittelten Intervallgeschwindigkeit den Wert von ±100 m/s nicht übersteigt.

Zur notwendigen Teufenkorrektur der reflexionsseismisch ermittelten Intervallgeschwindigkeit wurde für die einzelnen Profile zusätzlich die Intervallgeschwindigkeit

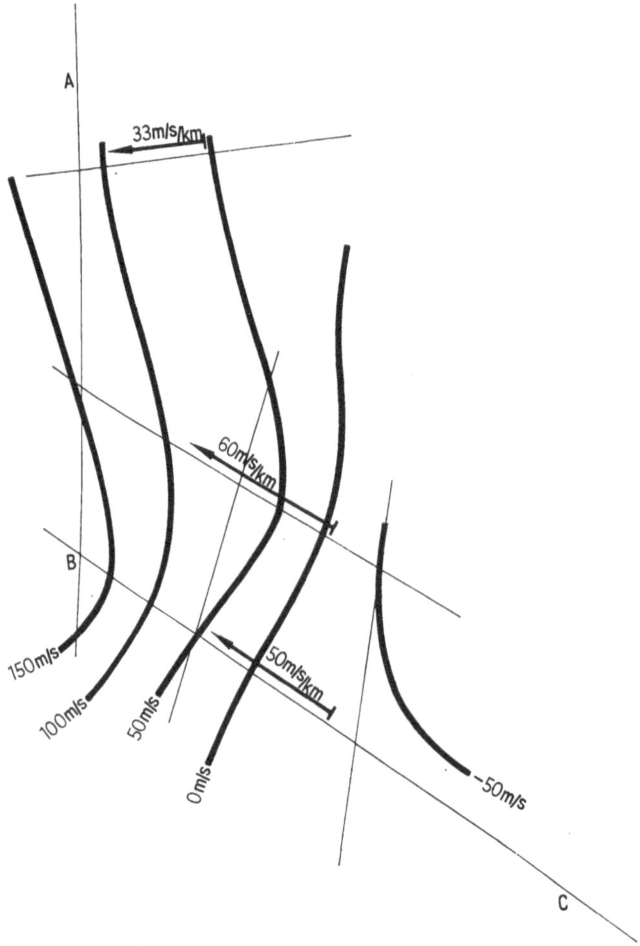

Abb. 3. Teufenkorrigierte horizontale Änderung der Intervallgeschwindigkeit in der Oberkreide

▬ 50 m/s – Linie gleicher Differenz der Intervallgeschwindigkeit aus Reflexionsmessungen und dem regional gültigen Geschwindigkeitsansatz; → 50 m/s/km – horizontaler Geschwindigkeitsgradient entlang eines Meßprofils

aus dem regional gültigen Geschwindigkeitsansatz errechnet und die Differenz zwischen beiden Geschwindigkeitswerten gebildet. Das Ergebnis ist in Abb. 3 dargestellt. Diese Abbildung enthält außerdem die mit Hilfe eines speziellen Rechenprogramms ermittelten horizontalen Gradienten der Intervallgeschwindigkeit für das jeweils parallel zu ihnen verlaufende Profil. Aus Abb. 3 ist ein etwa WNW—ESE gerichteter Gradient der teufenkorrigierten horizontalen Änderung der Intervallgeschwindigkeit zu erkennen.

Einen breiten Raum bei den durchgeführten Arbeiten nahm die Bestimmung der

Absorption ein. Dafür stehen zwei verschiedene Verfahren bzw. Rechenprogramme zur Verfügung, die diesen Parameter einerseits aus der Folge der (wahren) Maximalamplituden, andererseits aus den Quotienten von Leistungsspektren von Seismogrammspuren ermitteln. Die Grundlagen dieser Verfahren sind ausführlich in der Arbeit von DANCKWARDT u. a. (1977) dargestellt. Die Absorption wurde mit beiden Methoden für ein Zeitfenster von 0,6—1,4 s bestimmt, die erhaltenen Werte ebenso wie bei der

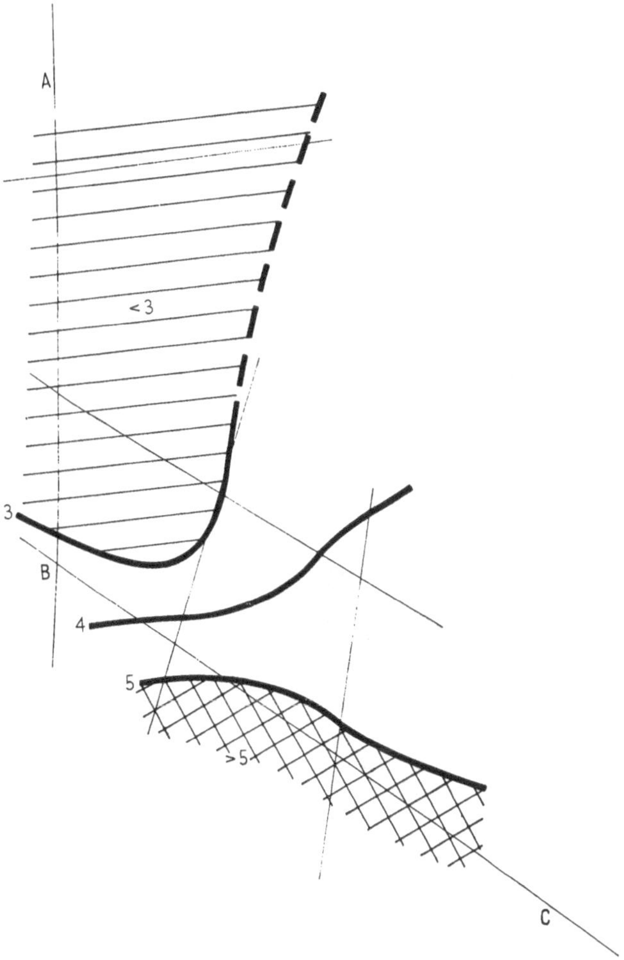

Abb. 4. Schematische Darstellung der Absorptionsverteilung (in 10^{-6} s/m) für den Laufzeitabschnitt 0,6—1,4 s

Bestimmung der Intervallgeschwindigkeit geglättet sowie zusätzlich eine Mittelung der Meßwerte beider Verfahren vorgenommen. Das Ergebnis dieser Bearbeitung ist als Schema in Abb. 4 dargestellt. Diesem Schema ist eine generelle Zunahme der Absorption in Richtung NW—SE zu entnehmen.

Neben der Bestimmung der gesteinsphysikalischen Kenngrößen Geschwindigkeit und Absorption wurde untersucht, ob die stofflichen Variationen in der Oberkreide Auswirkungen auf den seismischen Parameter mittlere Periodenlänge innerhalb eines 0,6 s langen, den interessierenden Laufzeitabschnitt repräsentierenden Zeitfensters haben. Um Oberflächeneffekte auszuschalten erfolgte dabei eine Normierung der er-

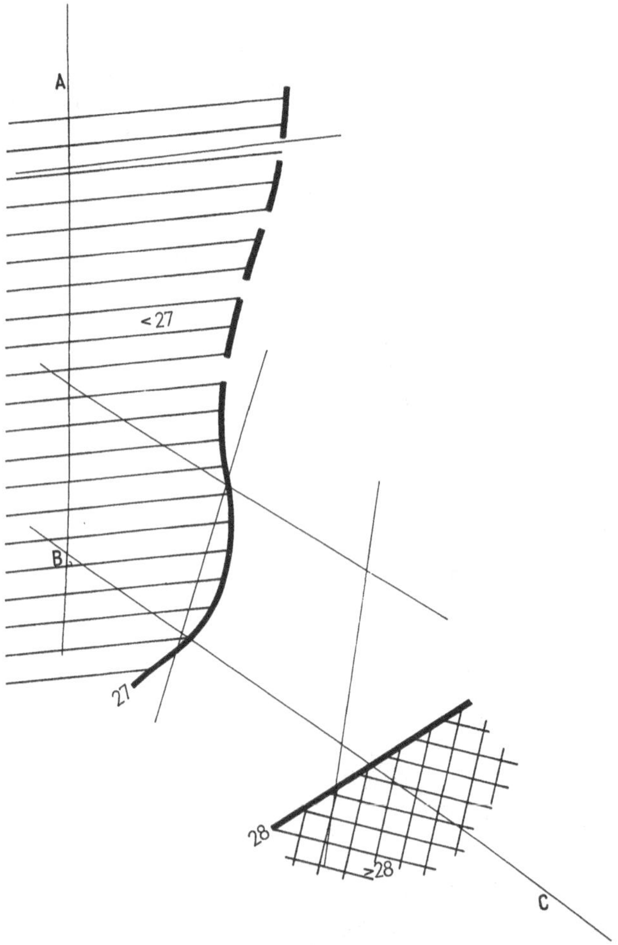

Abb. 5. Schematische Darstellung der mittleren normierten Periodenlänge (in ms) für das Laufzeitintervall 0,6 – 1,2 s

mittelten Werte auf eine spurspezifische Periodenverteilung. Darüber hinaus wurden nur Periodenlängen des Nutzfrequenzbandes (16 – 40 ms bzw. 25 – 62 Hz) in die Berechnung einbezogen. Aus der generalisierten Darstellung der so gewonnenen Periodenverteilung (Abb. 5) ist ersichtlich, daß bei relativ geringer Änderung der Meßwerte eine Verringerung der Perioden in nordwestlicher Richtung signifikant ist.

In Abb. 6 ist ein Zeitschnitt aus dem Meßgebiet mit den entsprechenden Meßkurven der beschriebenen Parameter dargestellt. Das diesem Zeitschnitt entsprechende Profil liegt zwischen den in den Abb. 1 – 5 mit A, B und C bezeichneten Punkten. Die gerissen bzw. gepunktet gezeichneten Meßkurven der Absorption entsprechen den mit den beiden Verfahren erzielten Absorptionswerten. Die dick eingezeichnete Linie entspricht dem arithmetischen Mittel aus beiden Meßkurven.

Um einen Bezug der ermittelten Parameter zu den lithologischen Verhältnissen herstellen zu können, muß man trotz der Unvollständigkeit des geologischen Modells von der Annahme ausgehen, daß die in Abb. 1 dargestellte Verteilung des Kalkgehalts innerhalb gewisser Fehlergrenzen gültig ist.

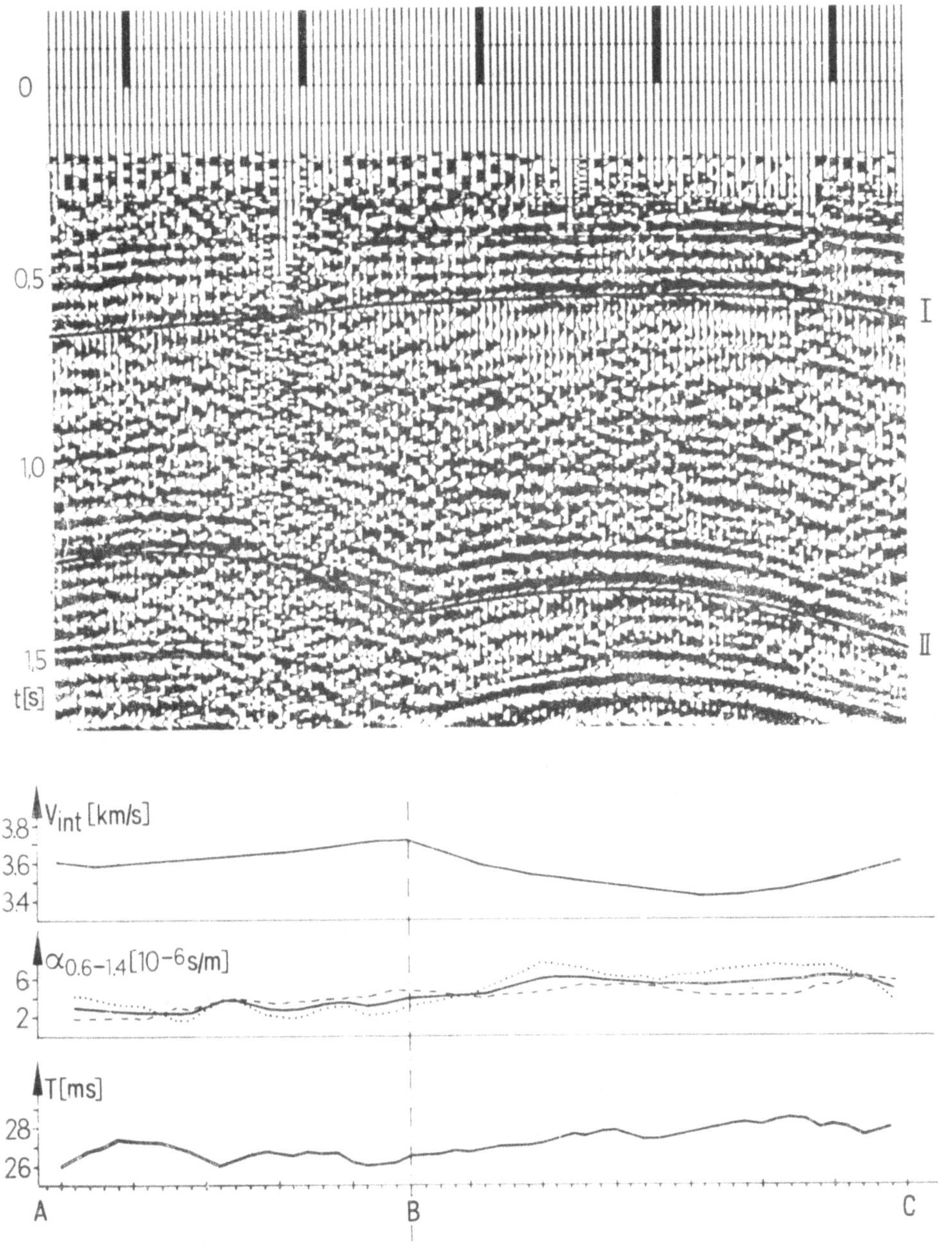

Abb. 6. Ergebnisse der Bestimmung von Intervallgeschwindigkeit v_{int}, Absorption α und Periodenlänge T entlang eines reflexionsseismischen Profils im Meßgebiet

Aus einer Betrachtung der Abb. 4 und 5 bzw. der Meßkurven in Abb. 6 ist eine generell gute Übereinstimmung von Absorption und Periodenverteilung erkennbar. Dieser Befund läßt die Annahme zu, daß die Änderung der Periodenverteilung in erster Linie eine Folge der substantiell bedingten Änderung der Absorption im Untersuchungsgebiet ist.

Vergleicht man die Verteilungen von Absorption und Periode mit der reflexionsseismisch ermittelten Intervallgeschwindigkeit, so ist für das ausgewählte Profil (Abb. 6) ein etwa inverser Verlauf erkennbar, der jedoch nicht für das gesamte Meßgebiet Gültigkeit hat (Abb. 2, 4, 5). Besonders im Südteil sind Abweichungen vorhanden. Grundsätzlich ist festzustellen, daß bei einem Vergleich zwischen Geschwindigkeit und Absorption (bzw. Periodenverteilung) die folgenden Aspekte beachtet werden müssen:

- Die Bestimmung beider Parameter erfolgt mit unterschiedlichen Genauigkeiten, wobei die Genauigkeit der Absorptionsbestimmung derzeit (und angewendet auf das vorliegende Beispiel) um fast eine Größenordnung unter der der Geschwindigkeitsbestimmung liegt.
- Die Art der Abhängigkeit zwischen Absorption und Geschwindigkeit wird von zahlreichen, im einzelnen gegenwärtig quantitative nicht erfaßbaren Faktoren bestimmt.

Die Unterschiede in der Verteilung beider Parameter verringern sich nicht unerheblich, wenn anstelle der Intervallgeschwindigkeit (Abb. 2) die teufenkorrigierte horizontale Änderung der Intervallgeschwindigkeit und die dazugehörigen horizontalen Geschwindigkeitsgradienten (Abb. 3) betrachtet werden.

Eine überraschend gute Übereinstimmung ergibt sich, wenn man die Verteilung von Absorption (Abb. 4), Periode (Abb. 5) und Gradient der Intervallgeschwindigkeit (Abb. 3) mit der des Kalkgehalts (Abb. 1), ermittelt für den Gesamtbereich der Oberkreide, vergleicht. So zeigt sich, daß ein Kalkgehalt von $> 70\%$ mit niedrigen Absorptionswerten (ca. $< 4 \cdot 10^{-6}$ s/m) verbunden ist. Ein etwa ähnliches Bild vermittelt die Periodenverteilung. Hier fallen mittlere Periodenlängen von < 27 ms mit einem Gebiet hohen Kalkgehalts zusammen.

Alle genannten Parameter lassen ebenso wie der Kalkgehalt einen deutlichen, etwa NW—SE gerichteten Gradienten erkennen.

Es kann festgestellt werden, daß sich der im Meßgebiet vorhandene lithologische Wechsel in der Oberkreide in charakteristischen Änderungen der Parameter Intervallgeschwindigkeit, Absorption und Periodenverteilung widerspiegelt und sich damit durch Ermittlung dieser Parameter reflexionsseismisch nachweisen ließ. Das gewonnene Ergebnis unterstreicht, daß die Sicherheit der Aussage durch Anwendung verschiedener, voneinander unabhängiger Verfahren erhöht werden kann. Es muß jedoch deutlich hervorgehoben werden, daß die erzielten Ergebnisse für relativ günstige seismogeologische Bedingungen erhalten wurden und in Hinblick auf die Erarbeitung einer Methodik zum Nachweis substantieller Änderungen (bzw. nichtstruktureller Fallen) unter komplizierten Verhältnissen nur einen ersten Beitrag darstellen. Es ist eine intensive methodische Weiterentwicklung insbesondere bezüglich der Erhöhung der Genauigkeit der genannten Verfahren und der Anwendung anderer Parameter sowie der Erarbeitung einer komplexen Methodik zur Interpretation der gewonnenen Ergebnisse erforderlich.

Zusammenfassung

Es wird ein Überblick über den derzeitigen Stand reflexionsseismischer Verfahren zum Nachweis substantieller Änderungen gegeben. Die in Frage kommenden Möglichkeiten (z. B. Erfassung von Lagerstättenreflexionen, Bestimmung von Geschwindigkeit, Absorption sowie von dynamischen Parametern) werden diskutiert. In einem Gebiet mit charakteristischen lithologischen Änderungen in der Oberkreide (Wechsel des Kalk-/Ton-Verhältnisses) wurden Intervallgeschwindigkeit, Absorption und die mittlere Periodenverteilung bestimmt, wobei sich ein deutlicher Zusammenhang zwischen dem Verlauf dieser Parameter und der Änderung des Kalkgehalts ergab.

Резюме

Разработка геофизических методов, особенно метода отраженных волн с целью обнаружения вещественных изменений в геологической среде, получает особое народно-хозяйственное значение в связи с необходимостью разведки углеводородных месторождений во всё более сложных геологических условиях. Обнаружение вещественных аномалий становится возможным, например, с помощью прослеживания волн, отраженных от поверхности месторождения, определения скорости и поглощения, а также определения динамических характеристик сейсмической записи. Особый интерес проявляется в последнее время к волнам, отраженным от поверхности месторождения. Все этим способам свойственно, что интерпретация, в общем, только возможна по определению нескольких параметров и желательна по комплексной обработке данных.

На практическом примере (характерное литологическое чередование в верхнем мелу) демонстрируется пригодность специальных способов (определение интервальной скорости, поглощения и распределения периодов) к установлению вещественного состава, причем доказывается тесная связь между распределением этих параметров и содержанием извести. Этот в принципе положительный результат можно рассматривать как первый шаг на пути ик разработке способов для обнаружения вещественных изменений (неструктурных ловушек) в сложных геологических условиях.

Summary

The elaboration of geophysical and particularly seismic techniques for the detection of lithofacial changes in the subsurface is of great economic importance with respect to the detection of hydrocarbon deposits under increasingly complicated conditions. Possibilities for the proof of lithofacial anomalies are, for instance, the detection of reflections from the boundaries of oil and gas pools and the determination of velocity and attenuation as well as of dynamic parameters. Especially the above-mentioned reflections gained much interest in recent years. For all these techniques it is common that a useful interpretation is possible only by estimating several parameters and evaluating them together.

The capability of some special techniques (determination of interval velocity, attenuation, and period distribution) is demonstrated by a practical example (characteristic lithologic variation in the Upper Cretaceous). A close connection could be proved between the distribution of these parameters and the lime content. This principally positive result may be considered as a first step with regard to the elaboration of techniques for the detection of lithofacial variations (stratigraphic traps) under complicated geologic conditions.

Literatur

Backus, M. M.; Chen, R. L.: Flat spot exploration. — Geophys. prosp., Den Haag **23** (1975) 3, S. 533—577.

Barry, K. M.; Shugart, T. R.: Seismic hydrocarbon indicators and models. — 6th Ann. offshore techn. conf., Houston, Prepr., Dallas 1 (1974), S. 659—672.

Danckwardt, E.; Leissring, B.; Patzer, U.: Attenuation determination from reflection seismic data. — Vortrag 22. Intern. geophys. Symp. Prag, Praha 1977.

Lindsey, J. P.: Bright spot: a progress report and look ahead. — World Oil, Houston **178** (1974) 5, S. 81—83.

McNabb, D.: Bright spot warning: ist's not infallible. — Oil and gas j., **72** (1974) 34, S. 50—51.

Mirčink, M. F. u. a.: Einschätzung der Möglichkeit einer Anwendung der seismischen Erkundung für die direkte Suche nach Erdölfeldern. — Izv. Akad. nauk SSSR, Moskva (1961), (russ.).

Musgrave, A. W.; Hicks, W. G.: Outlining of shale masses by geophysical methods. — Geophysics, Tulsa (Okla.) **31** (1966) 4, S. 711—725.

Nikitin, A. A.: Aussonderung schwacher geophysikalischer Anomalien bei detaillierten flächenhaften Messungen. — Prikl. geofiz., Moskva **59** (1970), S. 164—174, (russ.).

Patzer, U.; Pröhl, S.: Möglichkeiten und Verfahren zur substantiellen Interpretation reflexionsseismischer Meßergebnisse. — Geophys. Geol., 3. Ser., Berlin **1** (1977) 3, S. 87—107.

Quarles, M.: Correlation of Extracted Seismic Properties (ESP) with known oil and gas deposits. — Firmenschr. Petty-Ray Geophysical, Inc. (1973).

Rummerfield, B. F.: Reflection quality, a fourth dimension. — Geophysics, Tulsa (Okla.) **19** (1954) 4, S. 684—694.

Savit, C. H.: A stratigraphic seismogram. — Geophysics, Tulsa (Okla.) **25** (1960) 2, S. 312—321.

Schneider, W. A.: Developments in seismic data processing and analysis (1968—1970). — Geophysics, Tulsa (Okla.) **36** (1971) 6, S. 1043—1073.

Waters, K. H.; Rice, G. W.: Some statistical and probabilistic techniques to optimize the search for stratigraphic traps on seismic data. — Prepr. proc. 9th World Petrol. Congr., Tokyo (1975), PD9(1), 15 S.

Zoerb, R. M.: Sedimentary provinces, lithologic parameters and direct hydrocarbon finding technique. — 6th Ann. offshore techn. conf., Houston, Prepr., Dallas 2 (1974), S. 1015—1027.

Manuskripteingang: 2. Februar 1977

Anschrift der Autoren:

Dr. rer. nat. S. Pröhl, Dipl.-Geophys. U. Patzer, Dipl.-Geophys. H. Regensburger, B. Leissring, VEB Geophysik DDR - 701 Leipzig, Schließfach 370

Schriftenr. geol. Wiss. · Berlin 12 (1978) · S. 39–49

Automatisierte Verfahren zur Wellenanalyse und Erfahrungen bei ihrer Anwendung

Von WALTER BUDIG; PETER FABIANEK; WERNER MEYER; ULRICH STANDKE; Leipzig

Mit 3 Abbildungen

1. Vorbemerkungen

Das durch die CDP-Summierung gewonnene Wellenfeld enthält neben den Nutzreflexionen oft einen großen Anteil von multiplen Reflexionen (Multiple).

Bei Zunahme der Erkundungsteufe in Bereiche, in denen im allgemeinen durchgehende Nutzreflexionen nicht mehr zu verfolgen sind, wächst der störende Einfluß dieser Multiplen auf die geologische Interpretation. Deshalb wurden Verfahren zur Unterscheidung von Nutzreflexionen und Multiplen entwickelt. Die Trennung der Wellen basiert auf den unterschiedlichen Effektivgeschwindigkeiten bzw. auf den Restmoveoutzeiten bei maximaler Beobachtungsentfernung für Nutzreflexionen und Multiple.

Diese hier beschriebene Methode wird als Wellenanalyse bezeichnet.

2. Automatisierte Verfahren der Wellenanalyse

In den vergangenen Jahren sind drei voneinander unabhängig arbeitende Verfahren zur Wellenanalyse entwickelt worden. Jedes dieser drei Verfahren eliminiert aus dem zu untersuchenden CDP-Zeitschnitt die Multiplen und liefert ein Reellenrestfeld dieses Zeitschnitts.

Um die Sicherheit der Wellenanalysenergebnisse zu erhöhen, erfolgt eine Kombination der drei Einzelergebnisse zu einem Gesamtergebnis. Die drei Verfahren sind in einem Programmkomplex enthalten, in dem auch die Kombination der Einzelergebnisse realisiert wird. Das Gesamtresultat der Wellenanalyse wird über Plotter oder Tracer dargestellt.

Ausgangsmaterialien für die automatische Wellenanalyse bilden CDP-Zeitschnitte, korrigiert mit dynamischen Korrekturen für Nutzreflexionen, für vier Beobachtungsabschnitte:

1. Stapelung aller Spuren über die gesamte Beobachtungsbasis — Gesamtstapelung,
2. Stapelung der schußpunktnahen Spuren bis zur halben Beobachtungsbasis — Nahstapelung,
3. Stapelung der schußpunktfernen Spuren von der halben bis zur maximalen Beobachtungsbasis — Fernstapelung und
4. ein Zeitschnitt einer Stapelung aller Spuren (über die gesamte Beobachtungsbasis), der mit konstant $\Delta t_{max} = 30$ ms größeren dynamischen Korrekturen als bei der Gesamtstapelung korrigiert wurde — Gesamtstapelung mit Hilfsansatz.

Um die für die Wellenanalyseverfahren notwendigen Parameter für die einzelnen Reflexionen der Stapelzeitschnitte zu erhalten, werden diese vier Zeitschnitte einer Wellenselektion, entsprechend dem RNP-Verfahren, unterzogen. Dabei werden sämtliche Amplituden über eine festgelegte Anzahl von Spuren — der Basis — in verschiedenen Richtungen summiert.

Die bei bestimmter Laufzeit t_0 und Neigung δ_t erhaltenen maximalen Amplitudenwerte werden der mittleren Spur der Basis zugeordnet und als „Welle“ bezeichnet, die sich über die Spuren der Basis erstreckt und durch folgende Wellenparameter charakterisiert wird:

1. Laufzeit,
2. Neigung,
3. Amplitude,
4. Scheinfrequenz.

Durch Vorgabe von Amplituden- und Streuungsschranken kann ein gewisser Anteil von irregulären Störwellen bereits in diesem Stadium eliminiert werden.

Im Ergebnis dieser Wellenselektion werden Wellenfelder erhalten: das sogenannte Hauptwellenfeld aus dem Zeitschnitt der Gesamtstapelung und sogenannte Hilfswellenfelder aus den Zeitschnitten der Nah-, Fern- und Gesamtstapelung mit Hilfsansatz.

Um vor der eigentlichen Wellenanalyse einen noch größeren Anteil von Störwellen aus dem zu untersuchenden Hauptwellenfeld der Gesamtstapelung zu beseitigen, erfolgt von diesem Feld eine automatische Korrelation über zwei benachbarte Wellen. Dabei werden nichtkorrelate Wellen, die im allgemeinen irreguläre Störwellen sind, eliminiert.

Zur Durchführung der Wellenanalyse mit Hilfe des angeführten Programmkomplexes ist eine Zuordnung jeder Welle des zu untersuchenden Hauptwellenfeldes ihr genau entsprechenden Welle jedes Hilfswellenfeldes notwendig. So wird eine Welle des Hilfswellenfeldes nur dann einer Welle des Hauptwellenfeldes zugeordnet, wenn die Laufzeit-, Neigungs- und Scheinfrequenzdifferenzen zwischen diesen beiden Wellen bestimmte vorgegebene Schranken nicht überschreiten.

Wird zu einer Welle im Hauptwellenfeld in keinem der drei Hilfswellenfelder die ihr entsprechende Welle gefunden, so wird sie als Störwelle aus dem Hauptwellenfeld eliminiert.

Die eigentliche Wellenanalyse des zu untersuchenden Hauptwellenfeldes erfolgt über den Parameter Amplitude; d. h. es werden die Amplitudenquotienten aus der Amplitude der Welle des Hauptwellenfeldes und der Amplitude der zugeordneten Welle der Hilfswellenfelder gebildet. Die drei verschiedenen Verfahren zur Wellenanalyse berechnen folgende Amplitudenquotienten:

1. $\dfrac{\text{Amplitude der Welle des Hauptwellenfeldes}}{\text{Amplitude der Welle des Hilfswellenfeldes der Nahstapelung}}$

2. $\dfrac{\text{Amplitude der Welle des Hauptwellenfeldes}}{\text{Amplitude der Welle des Hilfswellenfeldes der Fernstapelung}}$

3. $\dfrac{\text{Amplitude der Welle des Hauptwellenfeldes}}{\text{Amplitude der Welle des Hilfswellenfeldes der Gesamtstapelung mit Hilfsansatz}}$

Entsprechend der Größe des nach einem Verfahren ermittelten Amplitudenquotienten wird die zu untersuchende Welle als Reelle, als unsichere Reelle oder als Multiple identifiziert. Jedes der drei Verfahren liefert für sich ein Reellenrestfeld des Hauptwellenfeldes, in dem nur die als sicher und unsicher erkannten Reellen enthalten sind. Auf diese Weise wird jede Welle des Hauptwellenfeldes nach maximal drei Algorithmen untersucht. Wird die Welle nach einem Einzelverfahren als Reelle identifiziert, so erhält sie in Abhängigkeit von der Sicherheit ihrer Identifizierung ein Sicherheitsgewicht. Die nach den Einzelverfahren erhaltenen Sicherheitsgewichte (maximal drei) werden zum Gesamtergebnis kombiniert. Dieses Gesamtergebnis der Wellenanalyse besteht in dem nach drei Verfahren erhaltenen Reellenrestfeld des untersuchten CDP-Zeitschnitts, d. h. aus seinem Wellenfeld ist ein wesentlicher Anteil von Multiplen eliminiert worden.

Es wird in einer Plotter- und in einer Tracervariante dargestellt. In der Plottervariante werden die sicheren und unsicheren Reellen mit unterschiedlicher Signatur (durchgezogen bzw. gestrichelt) wiedergegeben. Grundlage der Tracervariante bildet der Zeitabschnitt der Gesamtstapelung; lediglich die sicheren und unsicheren Elemente des Reellenfeldes werden gegenüber den bei der Wellenanalyse eliminierten Störwellen mit überhöhter Amplitude dargestellt.

Im durch die Wellenanalyse erhaltenen Reellenrestfeld befindet sich im allgemeinen noch ein Rest von Multiplen, irregulären und regulären Störwellen.

Unter bestimmten Bedingungen (Interferenzen mit regulären und irregulären Wellen) können Multiple großen Restmoveouts (> 20 ms bei maximaler Beobachtungsentfernung) mit vorwiegend unsicherer Signatur im Reellenrestfeld dargestellt sein. In Abhängigkeit vom Fehler der dynamischen Korrektur bei der CDP-Stapelung und dem auf der Gesamtstapelung für diese Reflexion zu beobachtendem N/S-Verhältnis können diese Multiplen noch mit unterschiedlicher Sicherheit erkannt werden. Folgende Kriterien gelten für eine Entscheidung über die Multiplen-Wahrscheinlichkeit:

Fehler der dynamischen Korrektur $\|\Delta(\Delta t)$	N/S-Verhältnis	Entscheidung über Multiplen-Wahrscheinlichkeit
$\leqq$ 10 ms	$\geqq$ 1,0	sehr wahrscheinlich Multiple mit RMO > 20 ms bei $x_{\max}$
$\leqq$ 10 ms	< 1,0	vermutlich Multiple (daß es sich trotzdem um eine schwache Nutzreflexion handeln kann, ist nicht sicher auszuschließen)
> 10 ms	beliebig	keine Entscheidung möglich, ob Nutzreflexion oder Multiple

Ist der Fehler der dynamischen Korrektur < 10 ms, handelt es sich bei mit unsicherer Signatur dargestellten Wellen mit großem N/S-Verhältnis sehr wahrscheinlich um Multiple; bei niedrigem N/S-Verhältnis besteht die Möglichkeit, daß schwache Nutzreflexionen mit erfaßt worden sind.

Ist der Fehler der dynamischen Korrektur > 10 ms, so kann keine Entscheidung über die Natur der mit unsicherer Signatur dargestellten Welle des Reellenrestfeldes getroffen werden.

Ein sehr geringer Anteil von Multiplen mit großem Restmoveout (> 20 ms bei maximaler Beobachtungsentfernung) kann infolge von Interferenzen zwischen diesen Multiplen und regulären Wellen bzw. irregulären Störwellen fälschlich als sichere Reelle identifiziert werden.

Multiple mit kleinen Restmoveoutwerten (< 20 ms bei maximaler Beobachtungsentfernung) lassen sich im (nach dem Programmkomplex SWA 1) erhaltenen Reellenrestfeld des CDP-Zeitabschnitts von Nutzreflexionen nicht mehr unterscheiden. Sie werden wie die Nutzreflexionen vorwiegend mit sicherer Signatur im Reellenrestfeld wiedergegeben. Um diese Wellen richtig identifizieren zu können, müssen zusätzliche — aufwendige — Laufzeit-, Neigungs-, Intensitäts- und Effektivgeschwindigkeitsuntersuchungen durchgeführt werden, auf die hier nicht näher eingegangen werden soll.

Das gilt besonders dann, wenn das Reellenrestfeld aus nur über kurzen Abschnitten korrelierenden schwachen Wellen mit einem N/S-Verhältnis < 1 besteht. Dann ist es möglich, daß sich darunter ein nicht unwesentlicher Anteil von irregulären Störwellen verbirgt. Diese Wellen verhalten sich nach dem beschriebenen Prinzip der Wellenanalyse wie Nutzreflexionen und können das Ergebnis der geologischen Interpretation verfälschen. Falls reguläre Störwellen, wie z. B. Diffraktionswellen oder reflektierte Refraktionen im CDP-Zeitschnitt auftreten und sich nach ihren Effektivgeschwindigkeiten von Nutzreflexionen nicht unterscheiden, erfolgt durch die Wellenanalyse ihre Identifizierung als reelle Wellen.

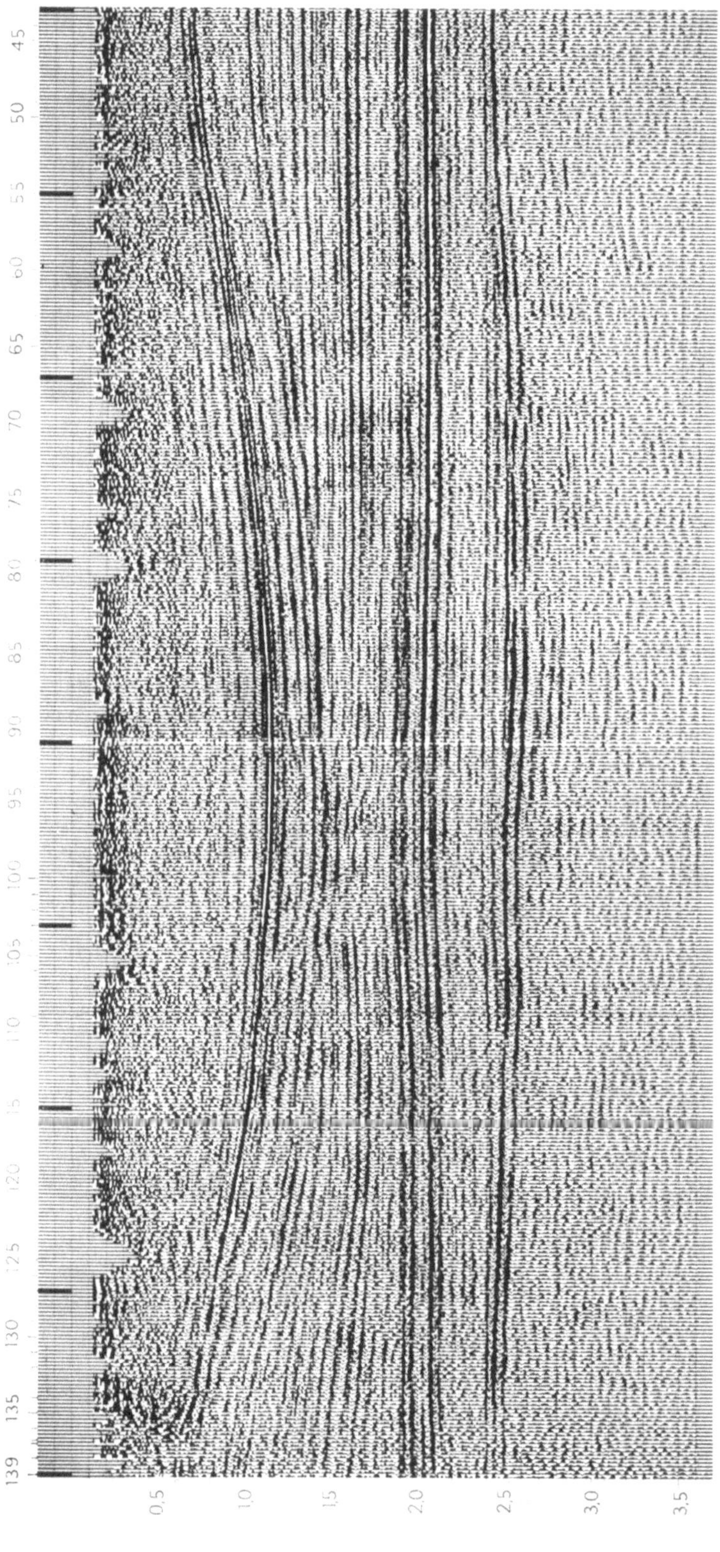
45
50
55
60
65
70
75
80
85
90
95
100
105
110
115
120
125
130
135
139
0,5
1,0
1,5
2,0
2,5
3,0
3,5

Abb. 1 a.

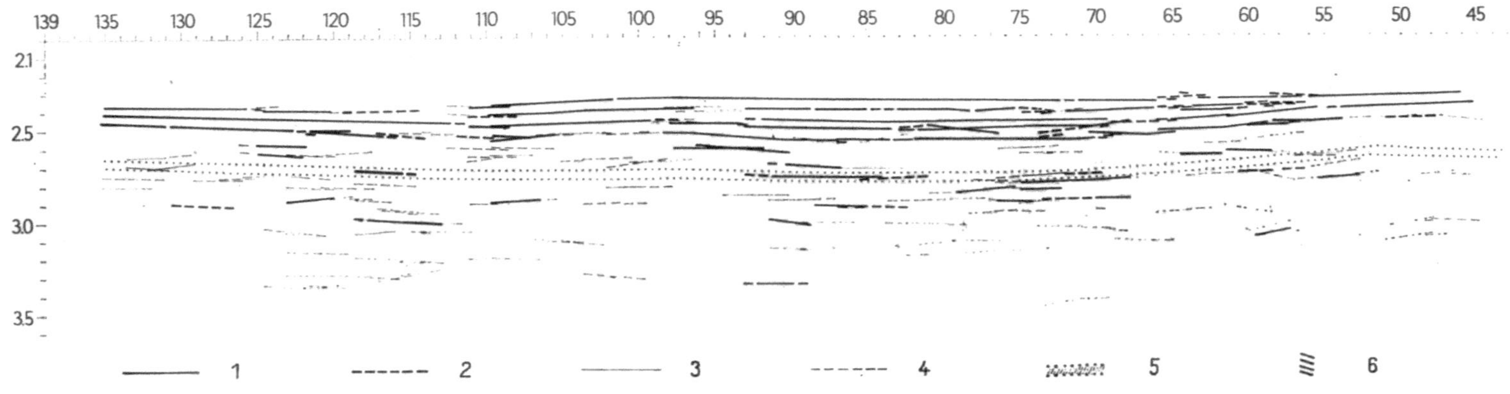

Abb. 1 b

Abb. 1 a: Zeitschnitt der Gesamtstapelung von Profil A; 1 b: Reellenrestfeld von Profil A (Plotterwiedergabe)

Ergebnisse der automatischen Wellenanalyse: 1 — sichere Reelle mit hoher Amplitude; 2 — sichere Reelle mit niedriger Amplitude; 3 — unsichere Reelle mit hoher Amplitude; 4 — unsichere Reelle mit niedriger Amplitude. Interpretationsergebnisse: 5 — angenommene geologische Grenze; 6 — Störung

Diese irrtümlicherweise als Reelle benannten regulären Störwellen können ebenso wie die fälschlich als Reelle identifizierten Multiplen und irregulären Störwellen zu Widersprüchen in der geologischen Aussage führen. Ein solcher Widerspruch könnte z. B. das Auftreten unterschiedlicher Richtungsfelder von Reflexionen auf benachbarten Profilen sein.

Widersprüche und Vieldeutigkeiten dieser Art sind durch die Einbeziehung geologischer Modelle und die flächenhafte Interpretation an Hand eines möglichst dichten Profilnetzes einzuschränken. Dabei ist es wichtig, auf benachbarten — möglichst parallel verlaufenden — Profilen ähnliche Tendenzen im Verlauf der Reflexionen zu finden und zu interpretieren.

3. Anwendungsbeispiele

Mittels der bereits vorgestellten Beispiele sollen das Verfahren und die erzielten Ergebnisse demonstriert werden.

Dabei sind Grundlagen für die geologische Interpretation der Zeitschnitte der Gesamtstapelung und die als Plotterwiedergabe dargestellten Ergebnisse der Wellenanalyse. Nach Vergleich der Plotterwiedergabe mit dem CDP-Zeitschnitt wurden solche Wellen entfernt, die vorwiegend mit unsicherer Signatur dargestellt und ein N/S-Verhältnis $> 1{,}0$ haben.

Profil A

Im Gegensatz zu den zahlreichen, gut verfolgbaren Reflexionshorizonten im Hangenden sind im interessierenden Bereich erwartungsgemäß nur wenige und über geringe Entfernungen aushaltende Reflexionen erkennbar (Abb. 1a).

Das Ergebnis der Wellenanalyse zeigt einige sichere reelle und eine relativ große Anzahl unsicherer reeller Wellen (Abb. 1b). Dabei ist wegen des geringen N/S-Verhältnisses der als unsicher dargestellten Wellen (N/S $< 1{,}0$) keine eindeutige Aussage möglich, ob es sich bei diesen in Wirklichkeit um Nutzreflexionen oder Multiple bzw. andere Störwellen handelt.

In diesem Falle muß versucht werden, durch verstärkten Einsatz geologischer Modelle und bei Vorliegen eines verhältnismäßig dichten Profilnetzes ein aussagekräftiges Ergebnis zu erzielen.

Das Ergebnis einer solchen Interpretation ist die Darstellung geologischer Grenzen in der Abb. 1b.

Profil B

Die Gesamtstapelung des Profils B zeigt wegen der für die reflexionsseismische Erkundung günstigeren petrophysikalischen Verhältnisse ein größeres Wellenangebot in dem entsprechenden Laufzeitbereich (Abb. 2a).

Das im Ergebnis der Wellenanalyse erhaltene Reellenrestfeld enthält einen großen Anteil von sicheren Reellen. Dadurch gelingt in diesem Gebiet der sichere Nachweis geologischer Grenzen (Abb. 2b).

Profil C

Der Stapelzeitschnitt des Profils C läßt auf den ersten Blick erkennen, daß gehäuft Reflexionen auftreten, deren Neigung sich deutlich von der möglicher Multipler unterscheidet; es sind daneben Reflexionen vorhanden, deren Neigung der möglicher Multipler entspricht (Abb. 3a).

Bei Betrachtung des Reellenrestfeldes im Ergebnis der Wellenanalyse fällt auf, daß ein großer Teil der horizontal verfolgbaren Wellen (die möglichen Multiplen) eliminiert

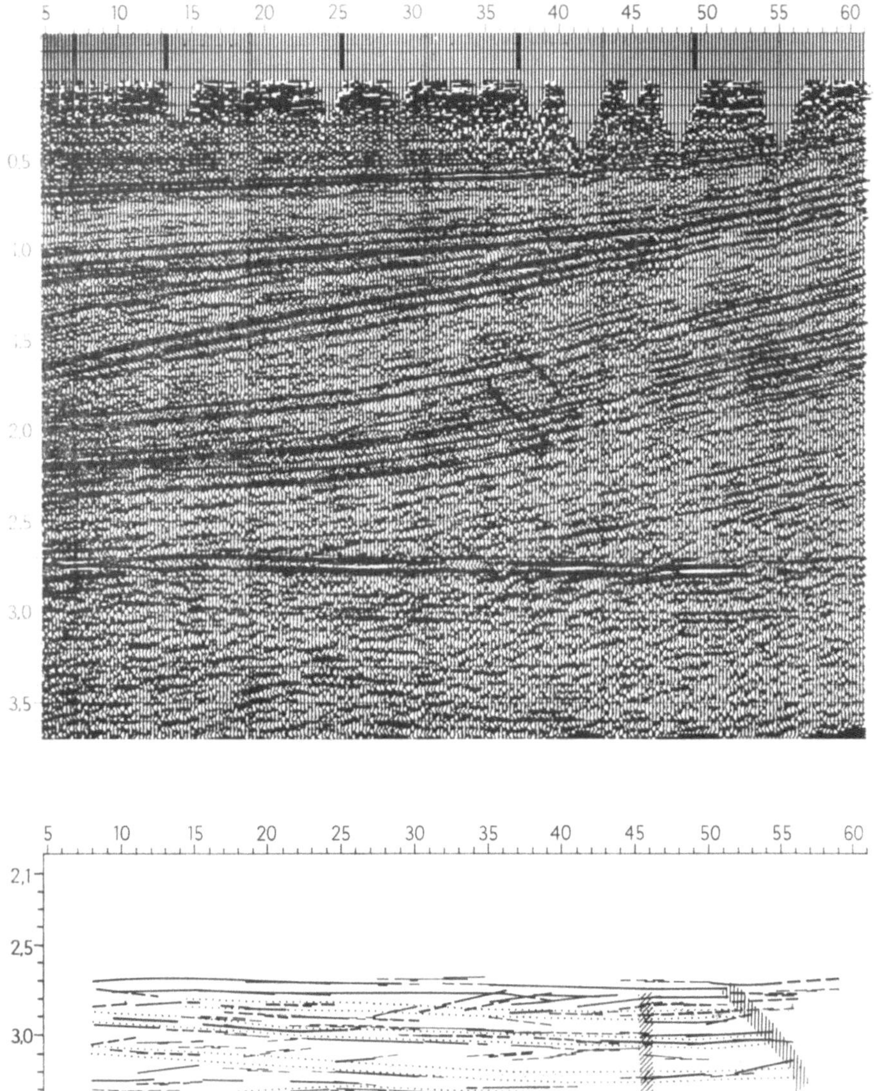

(Abb. 2. a) Zeitschnitt der Gesamtstapelung von Profil B; b) Reellenrestfeld von Profil B Plotterwiedergabe)

Legende s. Abb. 1

wurde (Abb. 3b). Die stark geneigten Reflexionsbänder spiegeln die Lage geologischer Grenzen wider. Damit sind gleichzeitig Aussagen zum Schollenbau des tieferen Untergrunds möglich. Nach den derzeitigen geologischen Modellen sind hier die horizontal verfolgbaren Wellen im Laufzeitbereich von 2,8–3,0 s nicht als Nutzreflexionen zu denken. Es könnte sich dabei um reguläre Störwellen handeln, deren Entstehungsort nicht in der Profilebene liegt.

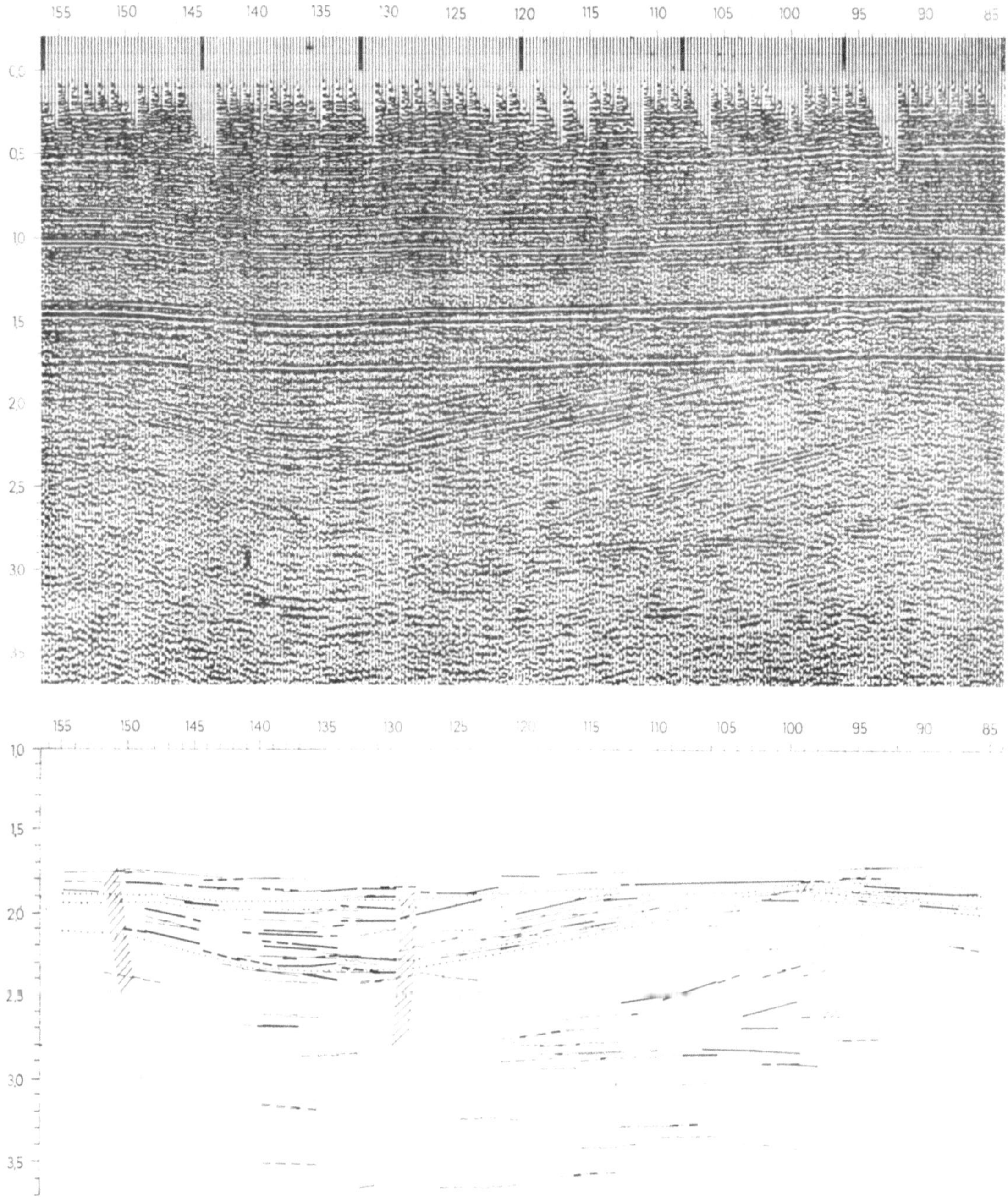

Abb. 3a. oben: Zeitschnitt der Gesamtstapelung von Profil C; Abb. 3b. unten: Reellenrestfeld von Profil C (Plotterwiedergabe)

Legende s. Abb. 1

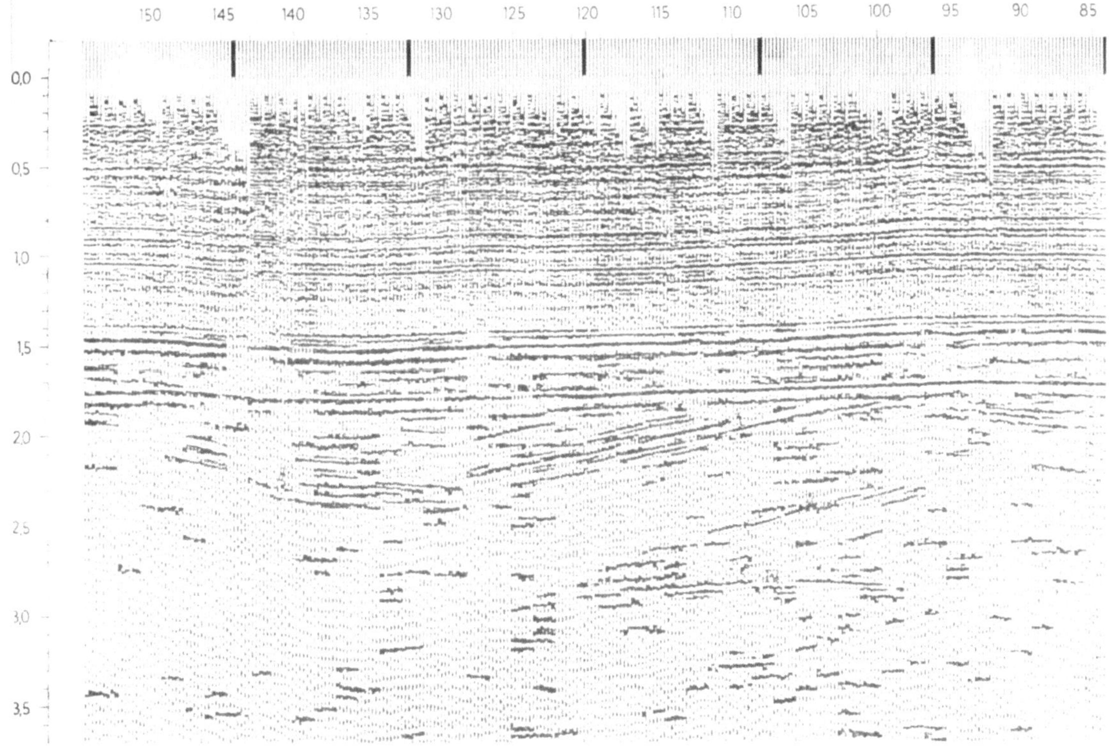

Abb. 3c. Tracerdarstellung des Profils C

Ein Beispiel für die Ergebnisdarstellung der Wellenanalyse mit Hilfe des Tracers zeigt Abb. 3b. Diese Tracerdarstellung ermöglicht eine auf dem Zeitschnitt beruhende Korrelation und sichere Zeitzuordnung der Reflexion des gesamten Zeitbereichs für Transformationsarbeiten.

4. Ausblick

Die Beispiele zeigen, daß es mit Hilfe der automatisierten Wellenanalyse möglich ist, aus solchen Laufzeitbereichen geologisch interpretierbare Ergebnisse zu erhalten, die bisher einer effektiven reflexionsseismischen Erkundung verschlossen blieben. Selbst die unter ungünstigeren geologisch-geophysikalischen Voraussetzungen erhaltenen Ergebnisse erlauben Aussagen über die Lagerungsverhältnisse der Schichten unterhalb des durch reflexionsseismische Leithorizonte repräsentierten Deckgebirges. In Abhängigkeit von der geologisch-geophysikalischen Situation des Erkundungsgebiets ist ein größerer oder geringerer Aufwand von geologischen Modellen als Interpretationshilfe notwendig.

Weiterentwicklungen der Wellenanalyse werden den Anteil der zur Deutung notwendigen geologischen Modellvorstellungen verringern und die Objektivität der Aussage über die Wellennatur erhöhen. Schwerpunkt dieser methodischen Weiterentwicklung der automatisierten Wellenanalyse ist deshalb vor allem die Erhöhung der Aussagesicherheit.

Es sind Verbesserungen vorgesehen, um den Einfluß fehlerhafter statischer und dynamischer Korrekturen auf das Ergebnis der Wellenanalyse zu beseitigen und die Eliminierung Multipler kleiner Restmoveouts (10—20 ms bei maximaler Beobachtungsentfernung) zu erreichen. Dieses soll auf der Basis der Eichung der Untersuchungsergebnisse an entsprechenden Ergebnissen von Nutzreflexionen geschehen. Durch Anwendung von Mehrkanalfilterverfahren und durch Verbesserung der Korrelationsalgorithmen innerhalb der Wellenanalyse soll eine vollständigere Eliminierung der Multiplen erreicht werden.

Untersuchungen der Streuung der Maximalamplituden um den Amplitudenmittelwert der Wellen des Hauptwellenfeldes sollen es ermöglichen, schwache Nutzreflexionen besser von irregulären Störwellen zu trennen.

Zusammenfassung

Mit Vergrößerung der Erkundungstiefe in Bereiche, in denen keine durchgehenden Nutzreflexionen mehr zu verfolgen sind, wächst der störende Einfluß von multiplen Reflexionen auf die geologische Interpretation. Es wird ein Verfahren beschrieben, das auf der Basis der zwischen Nutzreflexionen und Multiplen unterschiedlichen Effektivgeschwindigkeiten eine Analyse der im CDP-Zeitschnitt enthaltenen Reflexionen vornimmt.

Voraussetzung für diese „automatische Wellenanalyse" ist die Aufbereitung des CDP-Zeitschnitts und weiterer bestimmter Stapelvarianten (Nah-, Fern- und Gesamtstapelung mit dynamischen Korrekturen um 30 ms größer als für Nutzreflexionen) mit Hilfe einer Wellenselektion entsprechend dem RNP-Verfahren. Die auf dieser Grundlage durchgeführten Amplitudenvergleiche sämtlicher Wellen aus den verschiedenen Ausgangsmaterialien erlauben eine Unterscheidung des Wellenangebots in sichere Reelle, unsichere Reelle und Multiple. Die als sichere und unsichere Reelle identifizierten Wellen werden über den Plotter (mit unterschiedlicher Signatur) oder über den Tracer (zusammen mit sämtlichen Wellen des CDP-Zeitschnitts als Hintergrund) dargestellt.

Die Sicherheit der damit erzielbaren Ergebnisse wird diskutiert. Eine Auswahl von drei Profilen aus typischen Erkundungssituationen der DDR veranschaulichen die auf der Grundlage der Anwendung der automatisierten Wellenanalyse erhaltenen geologischen Ergebnisse.

In einem Ausblick werden Ziele und Möglichkeiten einer weiteren Vervollkommnung der Wellenanalyse angegeben.

Резюме

С увеличением глубины разведки до глубин, в которых уже не прослеживаются непрерывные оси синфазности полезных отраженных волн, растет мешающее влияние многократных отражений на геологическую интерпретацию. Описывается способ, по которому на основе разности эффективных скоростей между полезными и многократными отражениями проводится анализ отражающих горизонтов на временном срезе ОГТ.

Предпосылкой этого „автоматического волнового анализа" является подготовка временного среза ОГТ и других определенных вариантов накопления исходных трасс (накопление ближних, дальних и всей совокупности трасс, с введением кинематических поправок на 30 мс больше, чем это необходимо для поправки полезных волн) с помощью способа селекции волн, аналогичного методу РНП. Проведенные на этой основе оценки амплитуд всех волн, по разным исходным материалам, позволяют выделить три класса волн: уверенно полезные волны, неуверенно полезные волны и многократные волны. Уверенно и неуверенно полезные волны выдаются на графопостроитель (с разным обозначением) или на копирующее устройство (совместно со всеми волнами временного разреза ОГТ, в качестве фона).

Обсуждается надежность полученных результатов. Подбор трех разрезов с типичной для ГДР ситуацией разведки иллюстрирует полученные на основе применения автоматизированного волнового анализа геологические результаты. В конце дается оценка возможностей и рассматривается цель дальнейшего усовершенствования волновогоанализа.

Summary

Increasing the exploration depth to formation where no primary reflections are detectable which are to correlate over long distances, the troublesome influence of multiple reflections also increases and renders more difficult the geologic interpretation. Some techniques are discussed, by the aid of which an analysis is accomplished of reflections contained in the velocities of primary reflections and multiples respectively.

The preparation of the CDP time section and further special stacking variants (near stack, far stack, and total stack with dynamic corrections which are 30 msec greater than for the primary reflections) are a supposition for this „automatic wave analysis". This analysis is implemented by means of wave selection according to the RNP technique (controlled directional reception).

The comparison of the amplitudes of all waves observed on the different seismograms permits to discriminate between sure primary waves, uncertain ones, and multiples. The waves identified as sure and uncertain ones are represented as a plotter display (with different signature) or as a tracer produced plot (together with all waves of the CDP time section as background).

The reliability of the results is discussed which is achievable by these techniques. A choice of three seismic lines with typical exploration situations from the GDR demonstrates the obtained geologic results by applying the automatic wave analysis.

In an outlook the aims and possibilities are explained for a further improvement of the wave analysis.

Manuskripteingang: 2. Februar 1977

Anschrift der Autoren:

Dipl.-Geophys. W. Budig, Dipl.-Geophys. P. Fabianek, Dipl.-Geophys. W. Meyer,
Dipl.-Geophys. U. Standke, VEB Geophysik
DDR - 701 Leipzig, Schließfach 370

Schriftenr. geol. Wiss. · Berlin 12 (1978) · S. 51–61

Zur Methodik der Vibrationsseismik im Nahbereich

Von BERNHARD FORKMANN; RAIMUND SEITZ; Leipzig

Mit 10 Abbildungen

Die Notwendigkeit, die reflexionsseismische Methode für Aufgaben der Naherkundung mit Erkundungstiefen zwischen 30–300 m einzusetzen, ist erst in jüngster Zeit aktuell geworden. Bislang ist die ökonomische Anwendbarkeit dieser Methode im Nahbereich vor allem wegen des geringen Meßfortschritts im Vergleich zur refraktionsseismischen Methode umstritten gewesen. Seit einigen Jahren sind nun aber bei der Erkundung von Braunkohle, Wasser und Erz sowie bei Baugrunduntersuchungen wesentlich kompliziertere Aufgaben zu lösen. Das refraktionsseismische Verfahren versagt hier prinzipiell, so daß der ökonomische Aspekt zwangsläufig geringeres Gewicht bekommt. Es ist jedoch nicht zu übersehen, daß einer einfachen Übertragung der Methodik für größere Tiefen auf den Nahbereich andersartige Systembedingungen im Wege stehen. Im

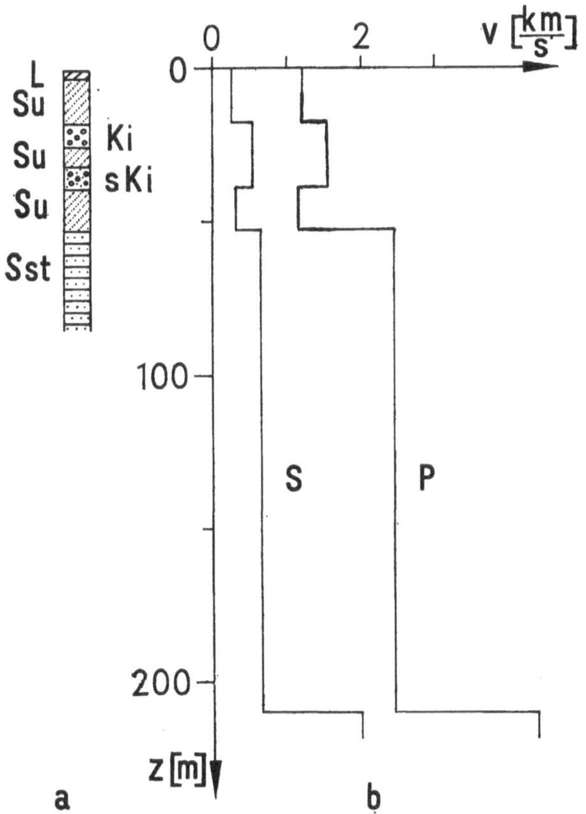

Abb. 1. a) Petrographisches Profil eines Pleistozän-Beckens; b) Generalisierte Geschwindigkeitsprofile für die S- und P-Welle

folgenden soll die Spezifik dieser Systembedingungen unter besonderer Berücksichtigung des vibrationsseismischen Korrelationsortungsverfahrens näher betrachtet werden.

Im Unterschied zur Prospektion auf Öl sind die seismogeologischen Bedingungen im Nahbereich durch eine stärkere Heterogenität der Lagerungsstruktur, einen geringeren Verfestigungsgrad sowie durch räumliche und zeitliche Schwankungen in der Wasserführung gekennzeichnet. Diese besonderen Strukturmerkmale lassen im Vergleich zur Ölprospektion Abweichungen hinsichtlich der Vorgänge der Wellenausbreitung erwarten.

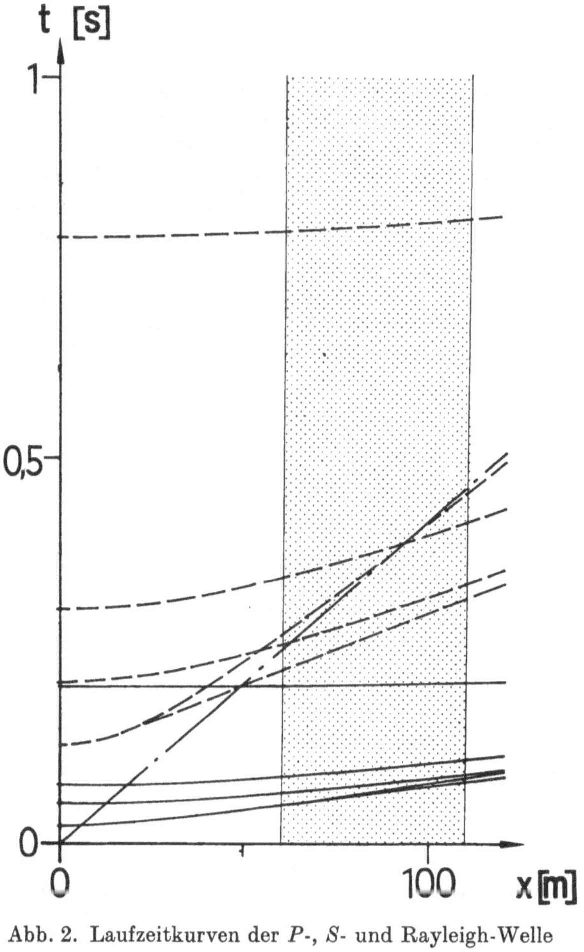

Abb. 2. Laufzeitkurven der *P*-, *S*- und Rayleigh-Welle

ausgezogene Linien — *P*-Wellen; unterbrochene Linien — *S*-Wellen; strichpunktierte Linie — Rayleigh-Welle

Für eine genauere Kennzeichnung dieser Abweichungen sind die vorhandenen Meßdaten bislang unzureichend. Einfache Modellberechnungen zeigen jedoch, daß der Auswahl eines interferenzfreien Beobachtungsintervalls sehr enge Grenzen gesetzt sind. Diese Einschränkung verlangt daher größte Sorgfalt bei den Projektierungsarbeiten.

Ein weiterer wesentlicher Unterschied zur Ölprospektion besteht in den veränderten geometrischen Dimensionen. Während bei der Erkundung größerer Tiefen selten Abstrahlwinkel $> 20°$ auftreten, müssen im Nahbereich teilweise Winkel $> 45°$ genutzt werden. Der Grund hierfür liegt in der genannten Beschränkung bei der Auswahl eines weitgehendst interferenzfreien Beobachtungsintervalls, aber auch in der Forderung nach einem möglichst hohen Meßfortschritt.

Ein Beispiel soll diese Besonderheiten illustrieren. Abbildung 1a zeigt das petrographische Profil im Bereich eines Pleistozänbeckens mit ca. 50 m Lockersedimentbedeckung über Buntsandstein von etwa 160 m Mächtigkeit. In Abb. 1b ist das generalisierte Geschwindigkeitsprofil der *S*- und der *P*-Welle dargestellt. Die Ausgangsdaten entstammen der seismischen Vertikalprofilierung einer 85 m tiefen Bohrung. Die Geschwindigkeitswerte unterhalb der Bohrlochsohle sind extrapoliert bzw. nach Literaturangaben [Reinhardt (1967) und in Spravočnik geofizika 1966] ergänzt worden. Abbildung 2 zeigt die zugehörigen Laufzeitkurven für die vier Geschwindigkeitsgrenzen.

In der Darstellung wurde die Laufzeitkurve der Rayleigh-Welle mit 240 ms^{-1} mit aufgenommen. Die Auswahl eines günstigen Beobachtungsintervalls gelingt nicht, ohne einen Kompromiß einzugehen. Bei Anregung des seismischen Wellenfelds mit Hilfe eines vertikalschwingenden Vibrators werden prinzipiell alle drei dargestellten Wellenarten erzeugt. Die Intensitätsverhältnisse hängen von der Frequenz und der Beobachtungsentfernung ab. Da auf die Rayleigh-Welle $^2/_3$ der Primärenergie des Vibrators entfallen, muß das Beobachtungsintervall auf jeden Fall außerhalb des Interferenzbereichs zwischen Rayleigh-Welle und Nutzwelle liegen. Um überhaupt eine ausreichende Dämpfung der Rayleigh-Welle zu erzielen, ist mit einem Offset von wenigstens 30 m zu registrieren (Forkmann 1974). Für die Beobachtung der *S*-Welleneinsätze existiert praktisch kein interferenzfreies Intervall. Die *P*-Wellenreflexionen sind etwa ab 50 m Entfernung vom Anregungspunkt interferenzfrei. Praktikabel erscheint das Intervall zwischen 60—110 m, trotz möglicher Interferenz zwischen *P*- und *S*-Wellen im linken Teil dieses Beobachtungsintervalls. Das läßt sich unter Beachtung der Richtfaktoren des Meßsystems stichhaltig begründen. Kritisch bleibt die Auflösbarkeit zwischen den *P*-Welleneinsätzen des ersten Reflektors und den Einsätzen der Kopfwelle, die sich ab 50 m von der Reflexionshyperbel abzulösen beginnt.

Zur optimalen Dämpfung der energiestarken Oberflächenwelle ist neben der Einhaltung eines Mindest-Offsets von 30 m die Anwendung eines effektiven Interferenzempfangssystems erforderlich. Abbildung 3 zeigt zunächst den Richtfaktor für die Rayleigh-Welle bei neunfacher Reihenbündelung mit Tschebyschow-Wichtung als Funktion der Scheinwellenzahl k^* und der Frequenz f. Die Berandung der Schnittfläche stellt die zur Geschwindigkeit von 240 ms^{-1} der Rayleigh-Welle gehörige Löschkurve dar. Die Rayleigh-Welle wird optimal zwischen 30—150 Hz gedämpft.

Die Kombination der Richtfaktoren eines vertikalschwingenden Vibrators (Abb. 4) mit dem Richtfaktor des Interferenzempfangssystems von neun vertikal aufgestellten, in Reihe geschalteten Geofonen liefert eine analoge Darstellung für den kombinierten Richtfaktor der *P*- bzw. der *S*-Welle.

Abbildung 5 zeigt den Richtfaktor für *P*-Wellen als Funktion von k^* und f. Der Bereich der Scheingeschwindigkeit der *P*-Wellenreflexionen im Beobachtungsintervall von 60—110 m ist in der f, k^*-Ebene und als vertikale Projektion auf die Fläche des Richtfaktors eingetragen. Die stärkere Dämpfung der früheren Reflexionen gegenüber späteren ist gegebenenfalls nicht unerwünscht. Nachteilig kann ihre gleichzeitig stärkere Frequenzabhängigkeit sein.

Auf der Abb. 6 ist schließlich der Richtfaktor des Meßsystems für die *S*-Welle dargestellt. Dieser Richtfaktor ist stark frequenz- und wellenzahlabhängig. Die markierte Fläche in der f, k^*-Ebene kennzeichnet wiederum den Bereich der Scheingeschwindigkeiten im ausgewählten Beobachtungsintervall. Es ist ersichtlich, daß die Reflexionen mit den niedrigsten Scheingeschwindigkeiten ähnlich stark gedämpft werden wie die Rayleigh-Welle. Das ist die Begründung dafür, daß das Beobachtungsintervall näher zum Anregungspunkt hin verschoben werden kann, als nach Lage des Interferenzbereichs zwischen *P*- und *S*-Welle (vgl. Abb. 2) zunächst möglich erscheint.

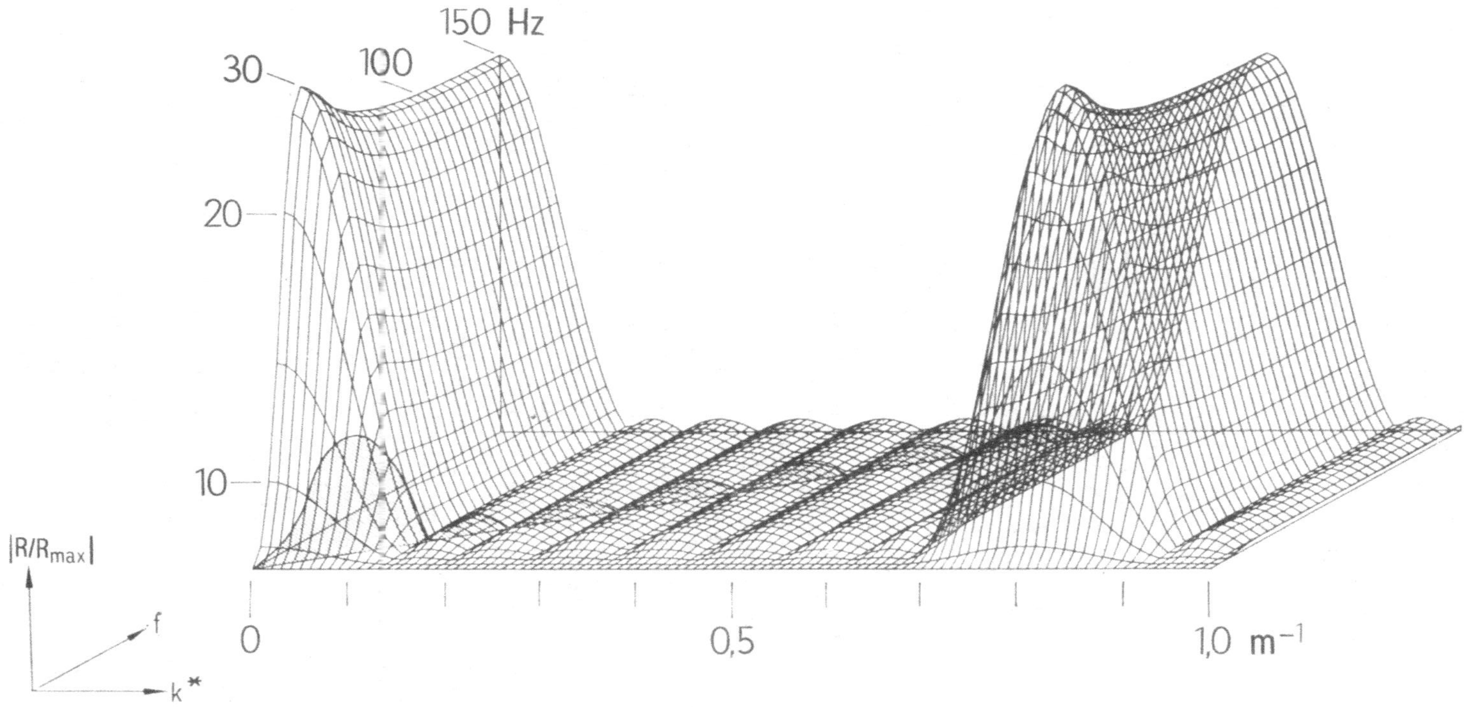

Abb. 3. Normierter Richtfaktor für die Rayleigh-Welle bei Reihenschaltung von neun Geophonen mit Tschebyschow-Wichtung der Empfindlichkeit

Zur endgültigen Fixierung des günstigsten Beobachtungsintervalls sind derartige Kalkulationen auf den gesamten zu erwartenden Variationsbereich der Scheingeschwindigkeit auszudehnen.

Entsprechend den spezifischen geologischen Aufgabenstellungen werden für den Nahbereich höhere Anforderungen an das Auflösungsvermögen für dünnschichtige Medien gestellt. Bei der Erkundung von Braunkohle z. B. sind Flözmächtigkeiten bzw. Flözverwerfungen < 10 m von Interesse; bei der Wassererkundung sind es Wasserleiter mit ähnlich geringen Dimensionen. Die Erfüllbarkeit dieser Anforderung mit Hilfe des reflexionsseismischen Verfahrens hängt von komplexen Faktoren ab.

Eine stark vereinfachende Modellbetrachtung läßt folgende Abschätzung zu.

Für die Auflösbarkeit von Reflexionseinsätzen mit dem Zeitabstand Δt_0 gilt die Unschärfe-Relation (1) (s. Abb. 7). Δf stellt die verfügbare Signalbandbreite dar. U ist das Unschärfemaß. Für ein quasi-symmetrisches Korrelationssignal als Modellsignal

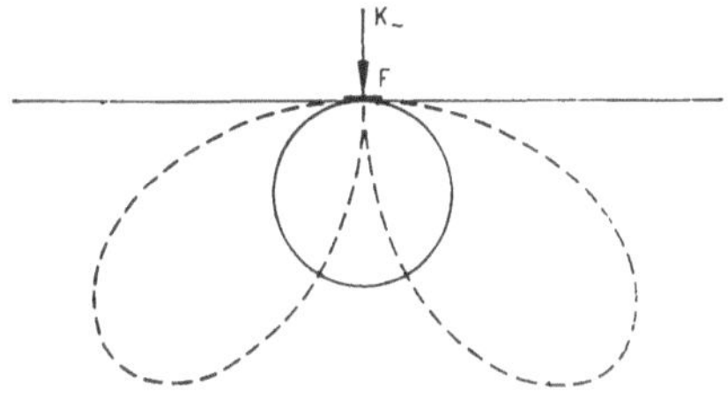

Abb. 4. Richtfaktoren eines vertikalschwingenden Vibrators
ausgezogene Linien – P-Welle; unterbrochene Linien – S-Welle

(Klauderwavelet) ist $U \approx 1$ (FORKMANN 1974). Das aufzulösende Tiefenintervall (2) ist der Schichtgeschwindigkeit v direkt und der Signalbandbreite Δf umgekehrt proportional (3). In (3) erscheint v als Kennwert der aufzulösenden Schicht explizit; die verfügbare Bandbreite Δf enthält die integrale Wirkung der Absorption von Deckgebirge und aufzulösender Schicht in impliziter Form. Nach (4) läßt sich das Verhältnis der auflösbaren Schichtmächtigkeiten unter Nutzung der P- bzw. S-Welle abschätzen. Entsprechend den in (4) angegebenen Mittelwerten für das Verhältnis der Geschwindigkeiten bzw. Bandbreitewerte im Nahbereich nimmt das Verhältnis $(\Delta z)_P/(\Delta z)_S$ im Mittel Werte zwischen 2,5—0,7 an. Daraus ergibt sich, daß nur bei Kenntnis der Kennwertsituation sicher zu entscheiden ist, welcher Wellenart zur Lösung einer konkreten geologischen Aufgabe der Vorzug zu geben ist. Die Abschätzung soll an Hand eines Beispiels belegt werden, das mit den in Abb. 1 gezeigten Geschwindigkeitswerten und Absorptionskennwerten nach HERMICHEN (1973) und DEUBEL (1974) synthetisiert worden ist.

In Abb. 8a ist das Absorptionsprofil in Form des teufenabhängigen logarithmischen Dämpfungsdekrements Δ aufgetragen. Mit den Geschwindigkeits- und Absorptionsdaten ist für die vier Grenzen der Betrag des frequenzabhängigen Teils der Übertragungsfunktion berechnet worden. Das ergibt die bekannte Form der Tiefpaßcharakteristika, die in Abb. 8b für die P-Welle mit ausgezogenen und für die S-Welle mit unterbrochenen Linien dargestellt ist. Das Bild läßt den Effekt der stärkeren Dämpfung der S- gegenüber der P-Welle deutlich erkennen. Es soll vorausgesetzt werden, daß mittels inverser Filterung eine Regeneration des Spektrums über 20 dB für ein Frequenzband beginnend bei 20 Hz erzielt wird. Die kritischen mittleren beiden Schichten sind dann sowohl unter Nutzung der P- als auch der S-Welle gerade noch auflösbar. Das Verhältnis $(\Delta z)_P/(\Delta z)_S$ der auflösbaren Schichtmächtigkeiten mit der P- oder der S-Welle

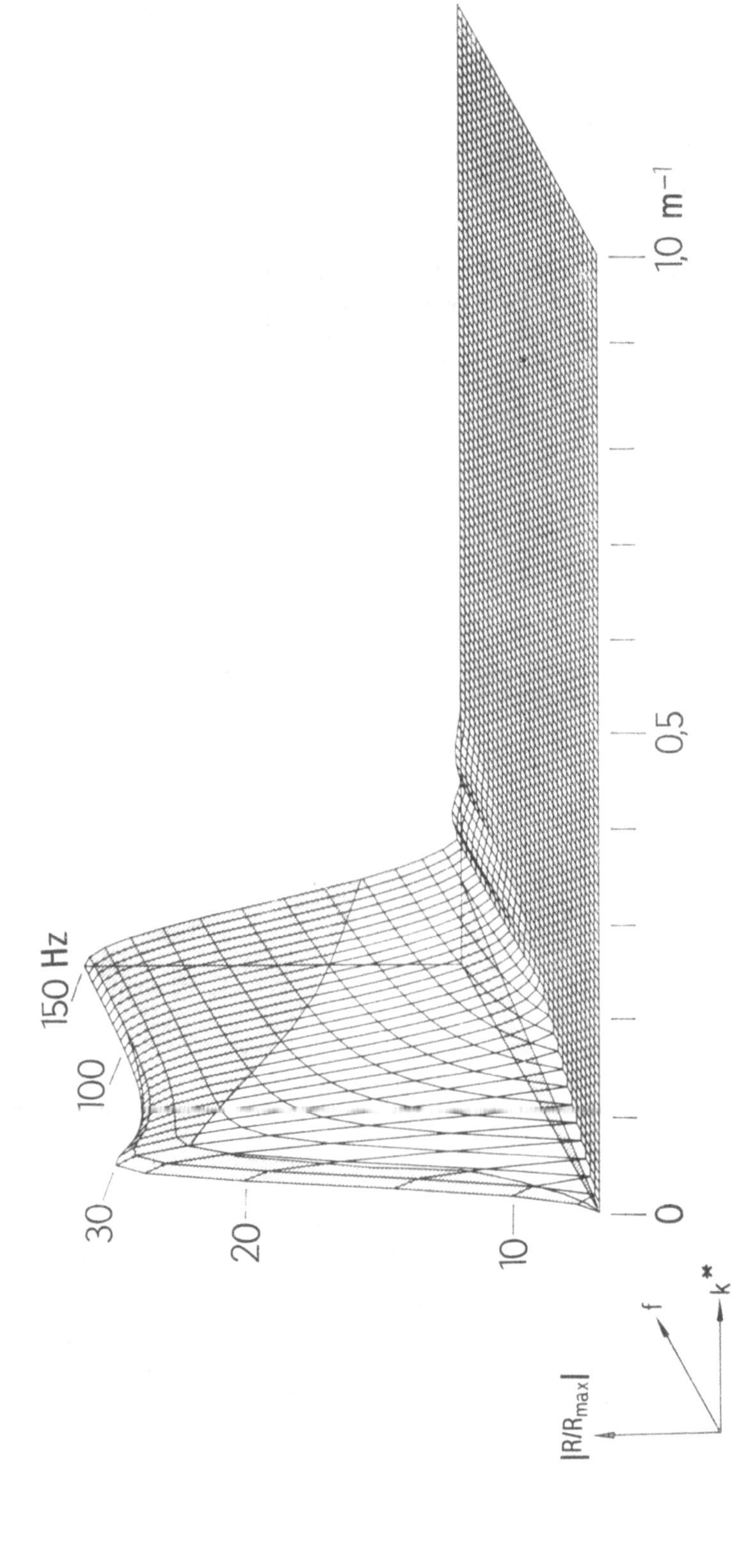

Abb. 5. Kombinierter normierter Richtfaktor für *P*-Wellen

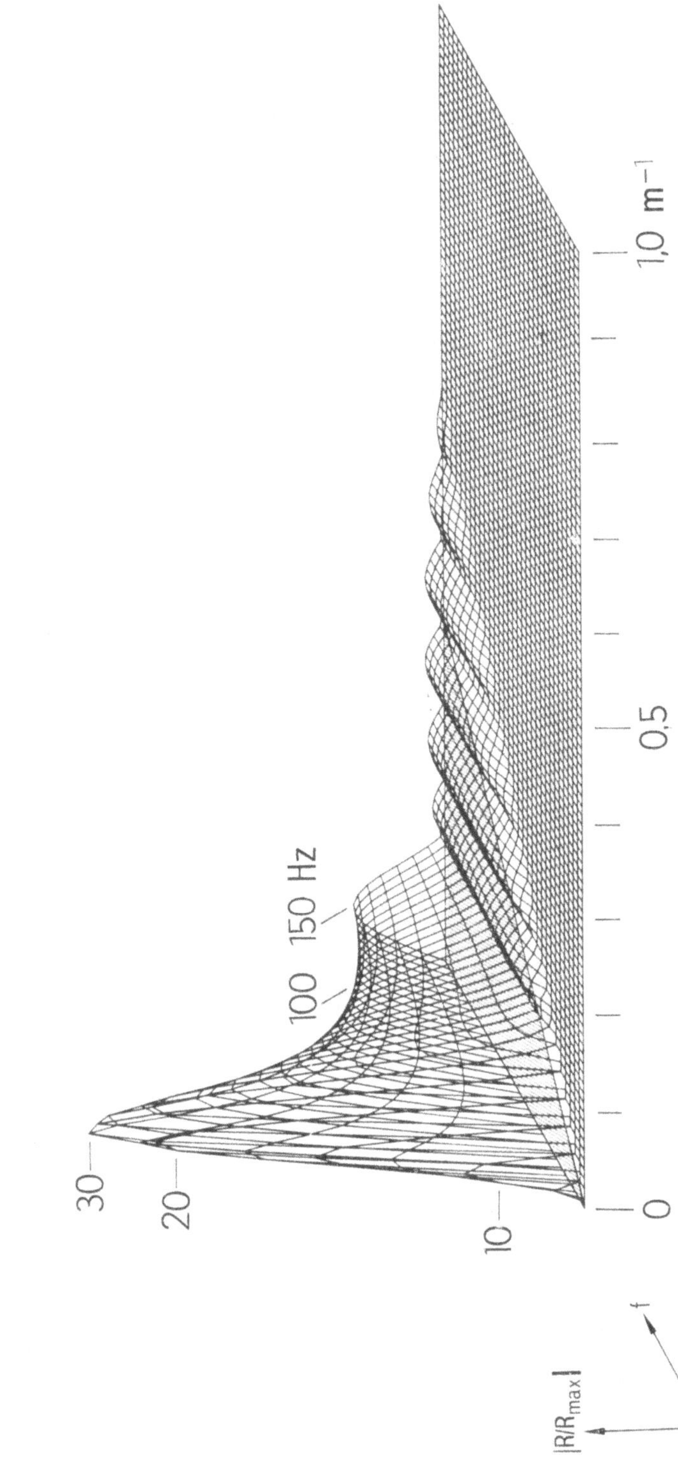

Abb. 6. Kombinierter normierter Richtfaktor für *S*-Wellen

(1) $\Delta t_0 \cdot \Delta f \geq U \qquad U \approx 1$

(2) $\Delta z = v \cdot \frac{\Delta t_0}{2}$

(3) $\boxed{\Delta z = \frac{v}{2 \cdot \Delta f}}$

(4) $\frac{(\Delta z)_P}{(\Delta z)_S} = \frac{\frac{v_P}{v_S}}{\frac{(\Delta f)_P}{(\Delta f)_S}} = \frac{(5 \rightarrow 2)}{(2 \rightarrow 3)}$

Abb. 7. Abschätzung der Schichtauflösung

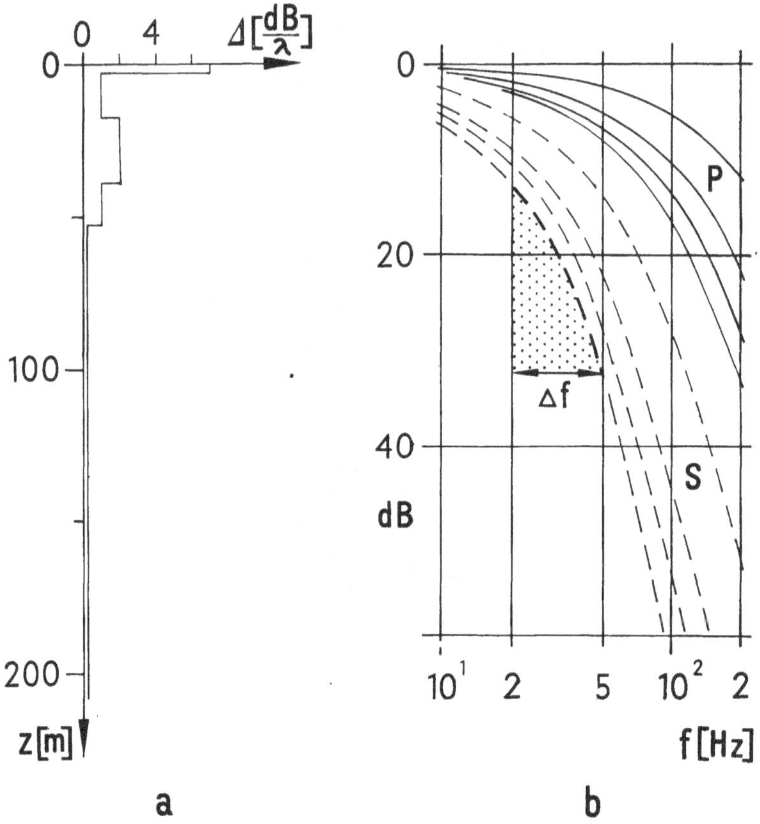

Abb. 8. a) Absorptionsprofil nach Daten von HERMICHEN (1973) und DEUBEL (1974); b) Tiefpaßcharakteristika der Geschwindigkeitsgrenzen nach Abb. 1 in 18 m, 38 m, 52 m und 210 m Tiefe

ausgezogene Linien – *P*-Welle; unterbrochene Linien – *S*-Welle

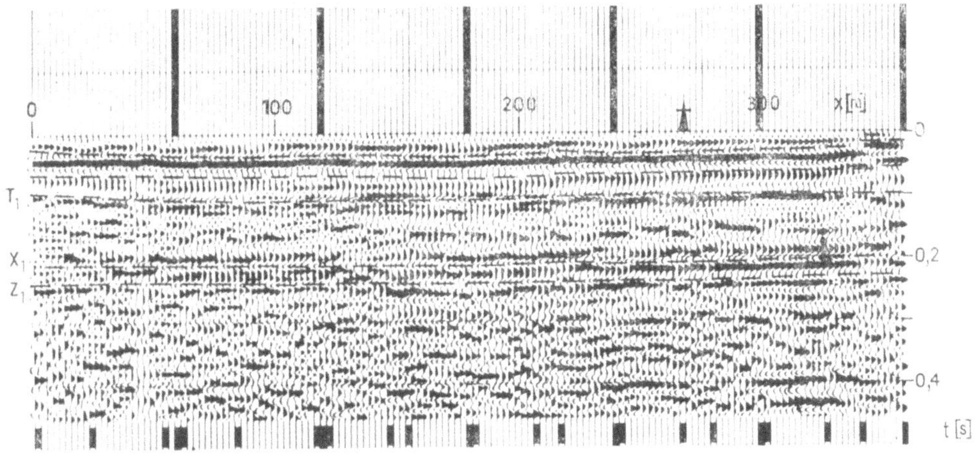

Abb. 9. CRP-Laufzeitprofil (vierfach)

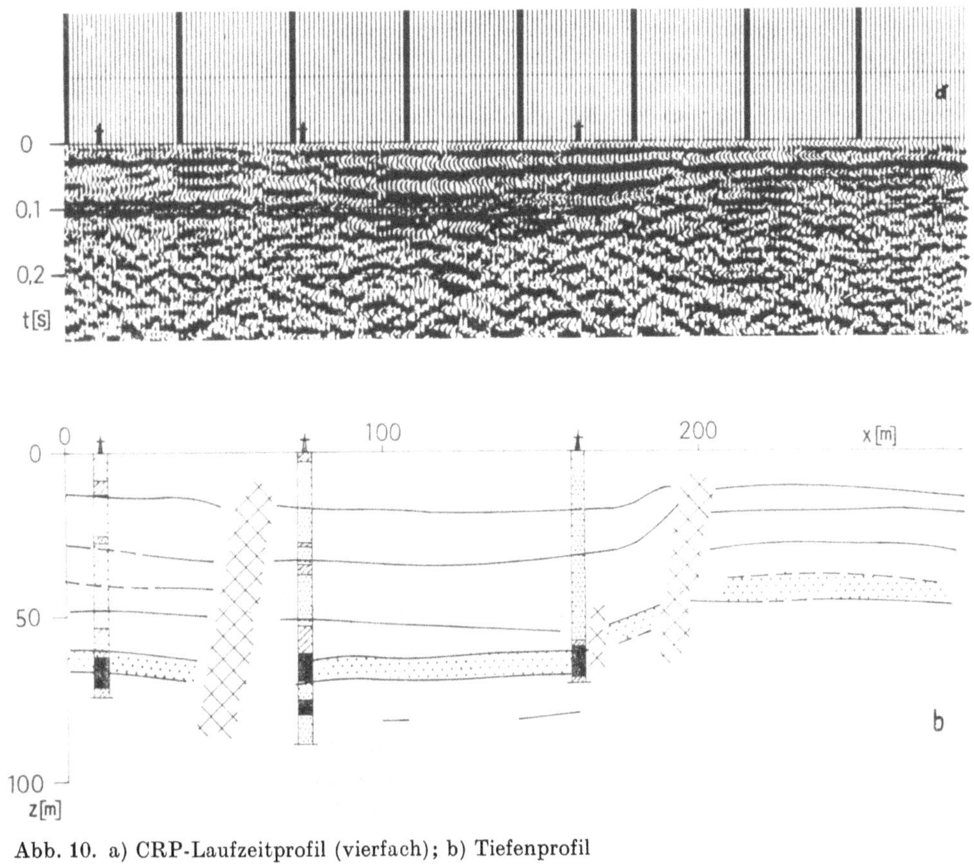

Abb. 10. a) CRP-Laufzeitprofil (vierfach); b) Tiefenprofil

gemäß Gleichung (4) ist 0,8 bzw. 1,1. Das heißt, die Bedingungen für die Auflösbarkeit sind für beide Wellenarten etwa gleich.

Abschließend sollen zwei Meßbeispiele vorgestellt werden, die auf der Grundlage der betrachteten Kalkulationen erhalten worden sind. Beispiel 1 entspricht vorstehend bereits erläuterter Profilsituation.

Abbildung 9 zeigt den Ausschnitt eines Stapelprofils im Bereich der seismisch vermessenen 85-m-Bohrung, deren Ergebnisse in Abb. 1 dargestellt sind. Die bereits im generalisierten Geschwindigkeitsprofil markierten Geschwindigkeitsgrenzen für die P-Welle spiegeln sich in diesem Laufzeitbild wider. Zwischen 30—80 ms liegt das 4-Phasen-Band der Horizonte der Lockersedimentbedeckung einschließlich der Oberkante des Festgesteins. Das markante Phasenmaximum bei 50 ms wird von einem negativen Geschwindigkeitssprung verursacht und ist der Unterkante eines Wasserleiters zuzuordnen.

Die Grenze zwischen Buntsandstein und Zechstein in 210 m Tiefe ist durch das deutlich niederfrequente Phasenminimum bei 190—200 ms markiert.

Auf Grund der bekannten Signalform des Korrelationssignals ist eine sichere Zuordnung der einzelnen Phasen möglich.

Beispiel 2 betrifft den Ausschnitt eines in einem Braunkohlenfeld vermessenen Profils.

Im linken Teil der Abb. 10 ist der Flözverlauf annähernd söhlig. Im rechten Teil steigt das Flöz staffelbruchförmig an. Die Verwerfungen mit jeweils ca. 8 m Sprunghöhe sind durch deutliche Versetzungen der Phasenachsen belegt. Besonders auffällig ist die etwa in der Mitte des Profilausschnitts einsetzende scheinbare Frequenzerniedrigung, die unter anderem durch die zunehmende Verringerung der Mächtigkeit des über der Kohle liegenden Tons vorgetäuscht wird. Diese Deutung für Laufzeitdifferenzen von < 10 ms setzt die Kenntnis der Signalform voraus.

Auf die Darstellung von Einzelheiten der zielgerichteten Manipulierbarkeit der Signalform zur Realisierung eines geforderten Auflösungsvermögens mußte hier verzichtet werden. Die Erzeugung eines hinreichend breitbandigen Korrelationssignals ist Voraussetzung für die Auflösung von Laufzeitdifferenzen < 10 ms. Es sollte vor allem gezeigt werden, daß bei Anwendung des vibrationsseismischen Korrelationsortungsverfahrens im Nahbereich besondere Sorgfalt bei der Kalkulation der Meßparameter notwendig ist. Daraus läßt sich gleichzeitig ableiten, daß eine standardisierte Feldtechnologie im allgemeinen nicht angewendet werden kann.

Zusammenfassung

Es werden Besonderheiten bei der Anwendung der reflexionsseismischen Methode für Aufgaben im Nahbereich unter spezieller Berücksichtigung des vibrationsseismischen Korrelationsortungsverfahrens betrachtet. Die Untersuchungen behandeln im einzelnen die Auswahl eines interferenzfreien Beobachtungsintervalls, den Einfluß des kombinierten Richtfaktors des Meßsystems und das Auflösungsvermögen bei Nutzung der P- bzw. S-Welle. Schlußfolgernd wird festgestellt, daß vibrationsseismische Untersuchungen im Nahbereich große Sorgfalt bei der Auswahl der Meßparameter und im allgemeinen eine variable Feldtechnologie erfordern.

Резюме

Рассматриваются особенности применения метода отраженных волни при решении задач в области неглубокозалегающих горизонтов, учитывая при этом вибросейсмический корреляционный способ обработки. В исследованиях рассматриваются, в частности, выбор интервала наблюдений, в котором нет интерференций, влияние комбинированного коэффициента направленности системы наблюдений и разрешающую способность при использовании продольной и поперечной волны.

В заключении делается вывод о том, что вибросейсмические наблюдения в пределах неглубокозалегающих горизонтов следует провести, соблюдая тщательный отбор параметров измерения и в общем при варьируемой технологии полевых работ.

Summary

The peculiarities are discussed of applying the reflection seismic method to near-surface problems, paying special attention to the vibration seismic correlation method. The paper deals with the choice of an interference-free observation interval, the influence of the combined directivity of the measurement system, and the resolving power when using P- and S-waves.

Finally it is stated that vibration seismic investigations of shallow depths require a high thoroughness with respect to the determination of the measurement parameters, and generally a variable field technology.

Literatur

Deubel, K.: Bestimmung der Übertragungseigenschaften von Gesteinskomplexen. — Leipzig, Karl-Marx-Univ., Diss., 1974.

Forkmann, B.: Vibrationsseismische Untersuchungen zur Erkundung der Lagerungsstruktur im Lockersedimentbereich. — Freiberger Forsch.-H., C, Leipzig 310 (1974).

Hermichen, W.-D.: Untersuchungen zum Einfluß realer Medien auf die Dynamik seismischer Wellen unter besonderer Berücksichtigung des oberflächennahen Lockersedimentbereichs. — Leipzig, Karl-Marx-Univ., Sekt. Phys., Ergebnisber., 1973.

Reinhardt, H.-G.: Seismische Geschwindigkeiten im Nordwestteil der DDR. — Geophys. Geol., Leipzig (1967) 11, S. 23—39.

Spravočnik geofizika. Bd. IV (Seismik). — Moskva: izd. Nedra 1966.

Manuskripteingang: 2. Februar 1977

Anschrift der Autoren:

Dipl.-Geophys. B. Forkmann, Dipl.-Geophys. R. Seitz, VEB Geophysik
DDR - 701 Leipzig Schließfach 370

Schriftenr. geol. Wiss. · Berlin 12 (1978) · S. 63–75

Die Bedeutung geologisch-geophysikalischer Modelle für die geophysikalische Erkundung unter besonderer Berücksichtigung der im Zechstein zu lösenden Probleme

Von MANFRED HAUPT; HORST HERRMANN; Leipzig

Mit 8 Abbildungen

In der geophysikalischen Erkundung von Kohlenwasserstofflagerstätten werden in zunehmendem Maße aus Ergebnissen feldgeophysikalischer Messungen neben verbesserten Angaben über den strukturellen Bau Aussagen über die lithologisch-petrophysikalische Ausbildung bestimmter Schichtkomplexe abgeleitet. Das bezieht sich insbesondere auf die Reflexionsseismik, wo durch die Einführung der Digitalseismik die Voraussetzungen für eine umfassendere Ausschöpfung des Informationsgehalts der Meßergebnisse geschaffen wurden. Die Gewinnung von Informationen über die stoffliche Zusammensetzung von Schichten aus feldgeophysikalischen Messungen ist ein komplizierter Prozeß. Entsprechende Daten können erwartet werden, wenn eine komplexe Auswertung mehrerer von einander unabhängiger Parameter erfolgt. Zur effektiven Deutung geophysikalischer Messungen ist deshalb in der Interpretationsphase die Nutzung von Modellen erforderlich. An Hand einiger Beispiele aus der Erkundungsproblematik am Zechsteinbeckenrand soll versucht werden, die Wirksamkeit und Effektivität geologisch-geophysikalischer Modelle im Interpretationsprozeß darzulegen. Bei der Zechsteinerkundung am Beckenrand geht es im wesentlichen um den Nachweis biostromer Riffe.

In zahlreichen Veröffentlichungen wird auf die Bedeutung der physikalischen Parameter bei der Erfassung lithologischer Änderungen bzw. bei der Erfassung von Riffkörpern hingewiesen.

Im Ergebnis gezielter Untersuchungsarbeiten konnte festgestellt werden, daß sich Riffkörper gegenüber dem Nebengestein durch

einen horizontalen Geschwindigkeitsgradienten sowie
einen Wechsel in der Laufzeit und im Schwingungsbild

abheben.

Die Auswertung dynamischer Parameter wie Frequenz, Amplitude und Absorption in der Umgebung von Riffkörpern ergab eine Abhängigkeit zwischen den Parameterwerten und dem petrographisch-lithologischen Aufbau des untersuchten Schichtpakets.

Zur Erkundung des Zechsteinbeckenrandes wurden in großem Umfang seismische und gravimetrische Messungen durchgeführt. Daneben erfolgten bohrlochgeophysikalische nnd petrophysikalische Arbeiten zur Untersuchung der Lithofazies, zur Ermittlung gesteinsphysikalischer Parameter und zur genaueren Bestimmung der Geschwindigkeitsverteilung im Zechstein, speziell im A1/Ca2/A2-Wallbereich. Obgleich ein Komplex geophysikalischer Methoden eingesetzt wurde, konnte die geologische Aufgabe nicht in jedem Fall befriedigend gelöst werden.

Wichtigste Ursachen sind:

- Im Bereich der Faziesverzahnung des Na2/A2/Ca2 ist eine sichere Korrelation und geologische Zuordnung der seimischen Z_1-Reflexion nicht gewährleistet.

– Bei Vorhandensein von Anhydritvertretungen im unteren Staßfurtsteinsalz ist die Z_1-Reflexion vielfach an diesen Anhydrit gebunden, nicht an die Oberfläche des Basalanhydrits.

Diese und andere Ursachen (V-Verteilung) führten zur fehlerhaften Darstellung des Reliefs der Oberfläche des Basalanhydrits und damit zu Strukturbildern, die in Wirklichkeit nicht existieren. Daher ergab sich die Notwendigkeit zu prüfen, inwieweit durch die Einbeziehung der Ergebnisse der Bohrlochmessung (z. B. Akustiklog, Gamma-Gamma und andere Meßparameter), der Petrophysik (Dichte, Schallhärte, Geschwindigkeit) und der Bohrlochseismik in die Interpretation der geophysikalischen Daten (Seismik, Gravimetrie) eine Verbesserung der geologisch-geophysikalischen Aussage erreicht wird.

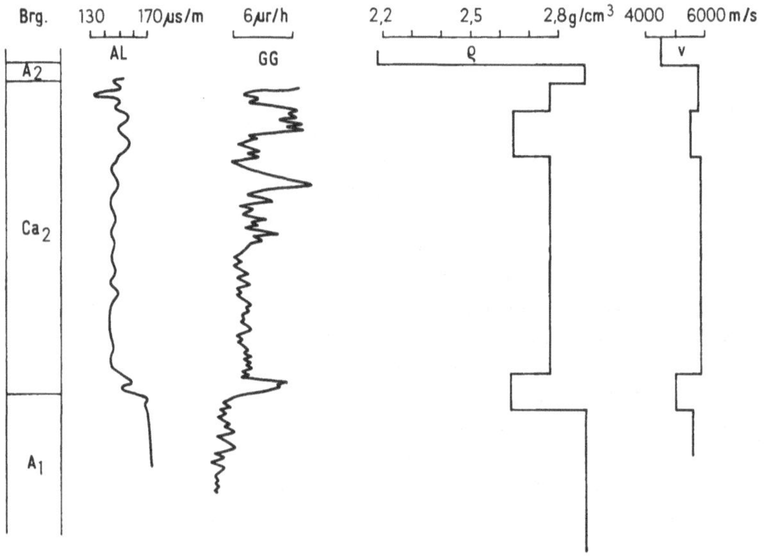

Abb. 1. Ermittlung von Dichte und Schallgeschwindigkeitswerten an definierten Schichtgrenzen im unteren Zechstein mit Hilfe der Bohrlochmessung und Petrophysik

Für die Modellerarbeitung sind folgende Arbeitsschritte erforderlich:

1. Gewinnung von Dichte- und Schallgeschwindigkeitswerten der Gesteine des Zechsteins: Dolomit, Anhydrit, Halit aus bohrlochgeophysikalischen und petrophysikalischen Daten (Abb. 1).
2. Berechnung mittlerer Dichte- und Schallgeschwindigkeitswerte für die Schichtenfolgen

   Werra-Serie,
   Basalanhydrit–Zechsteinbasis,
   Hauptanhydrit–Zechsteinbasis,
   Staßfurtkarbonat.

3. Erarbeitung petrographisch-petrophysikalischer Modelle für den Schichtenkomplex Leine-Serie–Werra-Serie und speziell für das Staßfurtkarbonat (Abb. 2).
4. Berechnung von Schallhärtewerten und Reflexionskoeffizienten an den Grenzen der am Zechsteinprofil beteiligten Gesteine.
5. Umrechnung der petrographischen-petrophysikalischen Modelle in Impulsseismogramme und
6. die Synthetisierung der Impulsseismogramme durch Faltung mit aus Vertikalprofilierungen bestimmten Impulsen (Abb. 3).

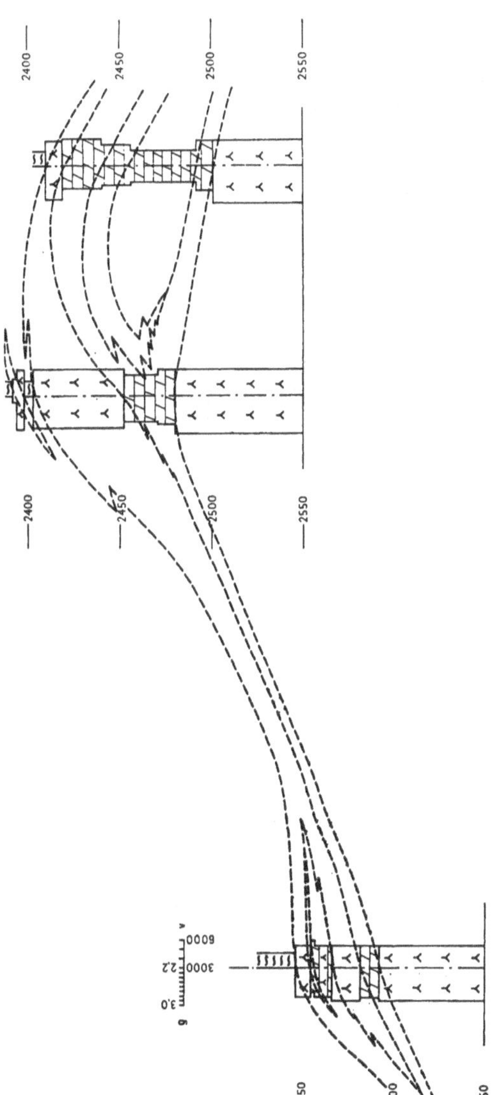

Abb. 2. Profilschnitt im Niveau des Ca2/A2 nach geologisch-petrophysikalischen Daten (Dichte, Schallgeschwindigkeit)

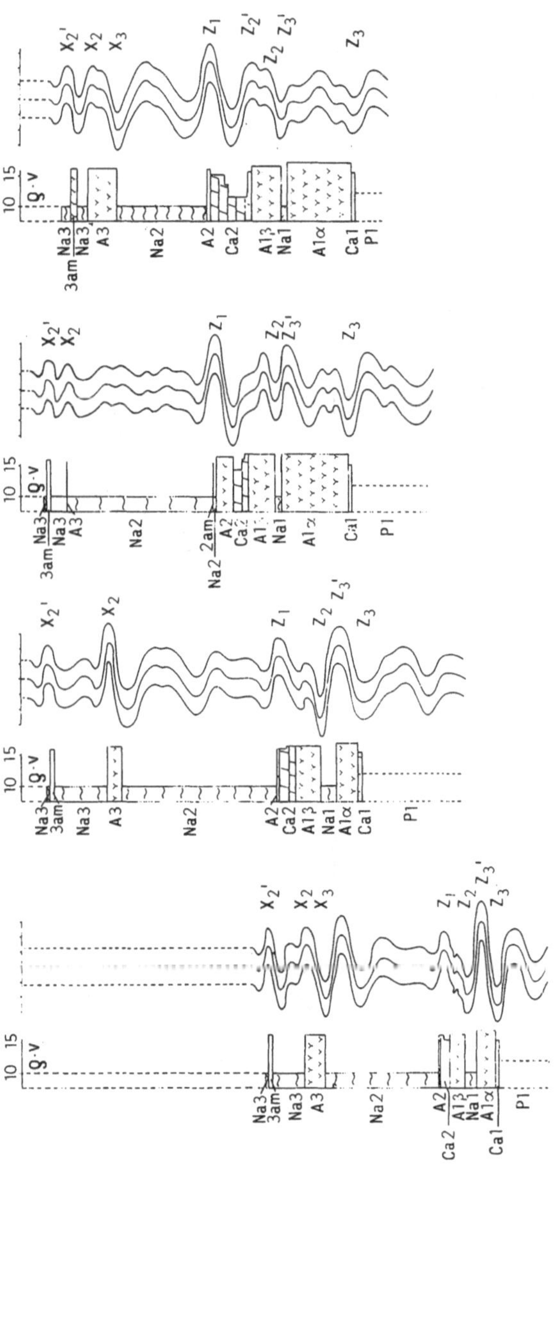

Abb. 3. Synthetische Seismogramme und Schallhärten im Bereich Z_3, Z_2 und Z_1 des Zechsteins

Die Bearbeitung erfolgte ohne Berücksichtigung der Absorption des Deckgebirgseinflusses.

Die in den einzelnen Arbeitsschritten erhaltenen Teilergebnisse lassen gesetzmäßige Zusammenhänge zwischen dem Untersuchungsobjekt und den petrophysikalischen Parametern erkennen.

Zu 1.
Poröse Riffkörper heben sich zum Nebengestein (dichte Dolomite, Anhydrite) durch Geschwindigkeits- und Dichtegradienten ab (v bis über 500 m/s, Dichteunterschiede bis 0,5 g/cm³).

Zu 2.
Die kartenmäßige Darstellung der Dichte- und Geschwindigkeitswerte aus Bohrungen spiegelt den Wallkomplex A1/Ca2/A2 gut wider.

Zu 3.
Aus den petrographisch-petrophysikalischen Modellen lassen sich in Verbindung mit der Lage der Bohrungen auf dem Wallkörper Schlußfolgerungen über das Riff ziehen (Größe und Form des Riffs, Flankenbau, Verzahnungszone, Existenz und Verteilung des porösen Karbonats, lithofazieller Aufbau in Zusammenhang mit der Lage zum Wall).

Zu 4.
Sehr gute Reflexionsbedingungen sind theoretisch gegeben an den Gesteinsgrenzen

Salz—Anhydrit/Dolomit,
Dolomit—Dolomit/Anhydrit,

d. h. zwischen den dichten und den porösen Schichten.

Zu 5.
Im Ergebnis der Synthetisierung von zahlreichen Impulsseismogrammen aus dem Bereich des Zechsteinbeckenrandes lassen sich hinsichtlich der Ausbildung von Reflexionen folgende Feststellungen treffen:

a) In den Zyklen 3, 2 und 1 sind ausreichend mächtige Sedimente mit guten Reflexionseigenschaften entwickelt.

b) In den Zyklen 5 und 4 kommt es trotz der günstigen Reflexionseigenschaften an den Gesteinsgrenzen wegen der Dünnschichtigkeit der Gesteinsabfolgen nicht zur Bildung erfaßbarer Reflexionen.

c) Im Riffbereich treten folgende Reflexionen auf:

X_2 Oberfläche Hauptanhydrit;
Z_1 Oberfläche Basalanhydrit;
Z_3 Zechsteinbasis.

d) Diese Reflexionen haben den Charakter von Leitreflexionen.

e) Mit ihnen kann generell der Wallbereich A1/Ca2/A2 abgegrenzt und sein struktureller Bau geklärt werden.

f) Bei Vorhandensein von Werrasteinsalz ($>$ 25 m) bilden sich weitere seismisch erfaßbare Reflexionen an der

Unterfläche des Oberen Werraanhydrits — Z_2,
Oberfläche des Unteren Werraanhydrits — $Z_{3'}$.

g) Im engeren Wallbereich können lokal, in Abhängigkeit von der Mächtigkeit und der lithofaziellen Ausbildung der Sedimente, weitere Reflexionen auftreten (Abb. 4).

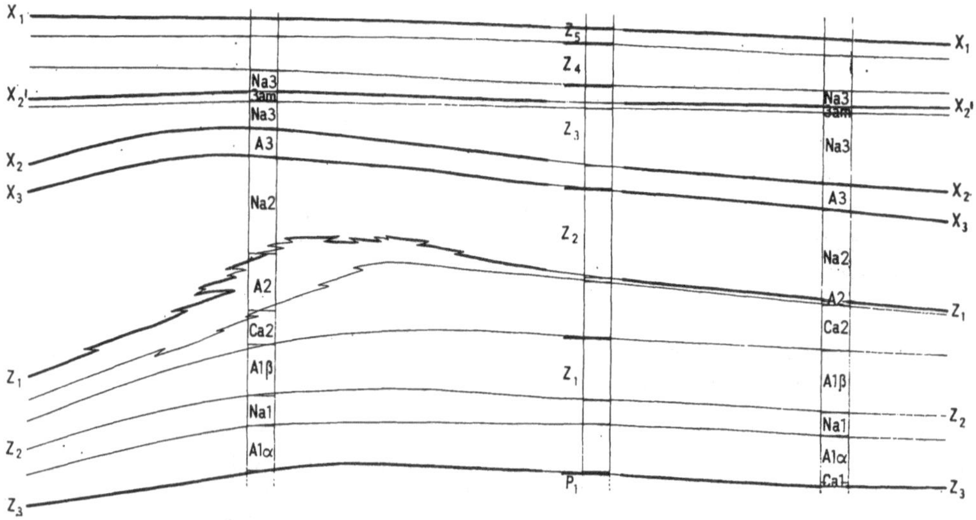

Abb. 4. Schematisches Wallprofil mit Lage der Reflexionsgrenzen

Sie dienen zur Untersuchung von Details:

X_3 — Unterfläche Hauptanhydrit tritt auf wenn $A_3 > 50$ m;
Z_1' — Oberfläche Anhydritzwischenmittel im Staßfurtsalz;
Z_2' — Unterfläche des Dolomits (im Bereich Basis Staßfurtserie).

Die Reflexionsqualität ist allgemein abhängig von der

- — Oberfläche des Reflektors,
- — lithologisch-petrographischen Zusammensetzung,
- — Mächtigkeit des Reflektors,
- — Mächtigkeit der jeweiligen zwischenlagernden Schicht.

Mit Hilfe der synthetischen Seismogramme wird die Korrelation und geologische Zuordnung der Reflexionen an Hand mehrerer Seismogramme überprüft (Abb. 5).

Beispiele: Die im Seismogramm mit Z_1 und Z_3 bezeichneten Reflexionen stimmen zeitlich gut mit denen im synthetischen Seismogramm überein. Die geologische Zuordnung der X_2-Reflexion muß korrigiert werden.

Qualitätsverschlechterungen und schließlich der Ausfall der X_2- und X_2'-Reflexionen ließen sich in Verbindung mit dem synthetischen Seismogramm und dem petrographisch-petrophysikalischen Modell substantiell klären. Des weiteren konnte die Reflexionszuordnung in Gebieten mit Anhydritzwischenmitteln sicher durchgeführt und damit das strukturelle Bild im Niveau der Z_1-Reflexion präzisiert werden (Abb. 6).

Durch die Nutzung synthetischer Seismogramme bei der Interpretation wird eine

- — sichere Identifizierung reeller Reflexionen,
- — bessere Korrelation und damit zuverlässigere Verfolgung,
- — begründete substantielle Zuordnung der Reflexion

erreicht.

Damit kann festgestellt werden, daß durch die Einbeziehung der Ergebnisse bohrlochgeophysikalischer und petrophysikalischer Messungen über petrographisch-petrophysikalische Modelle und die Berechnung synthetischer Seismogramme in den Interpretationsprozeß seismischer Daten begründetere Angaben über den Verlauf des Wall-

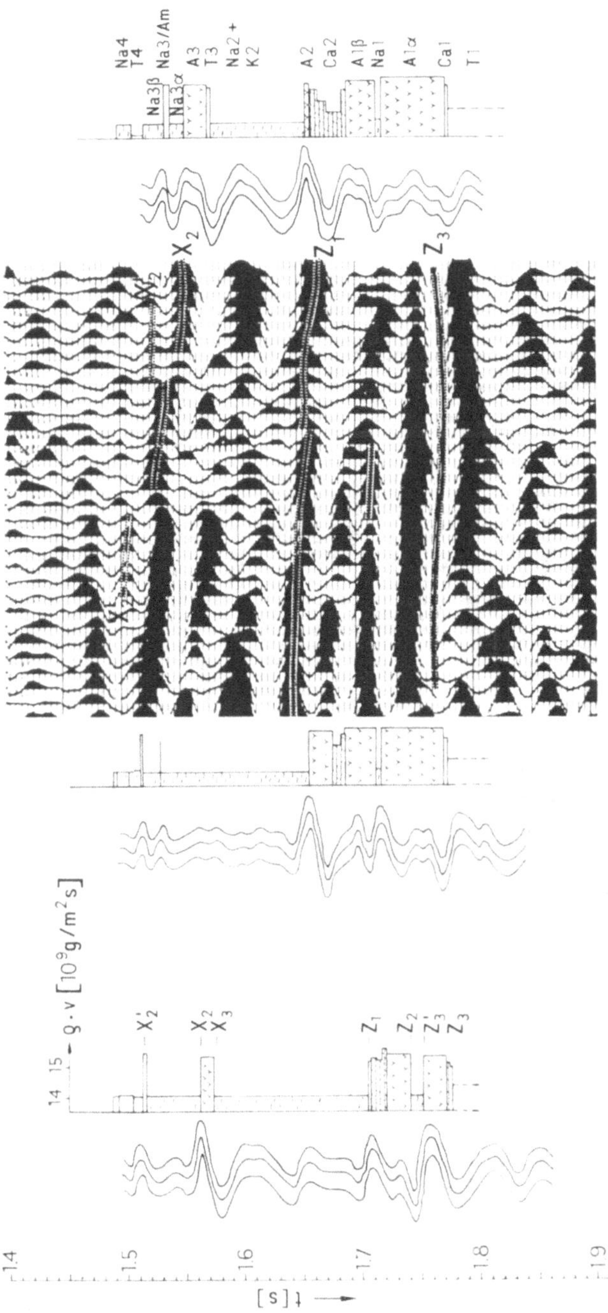

Abb. 5. Vergleich Seismogramm — synthetisches Seismogramm

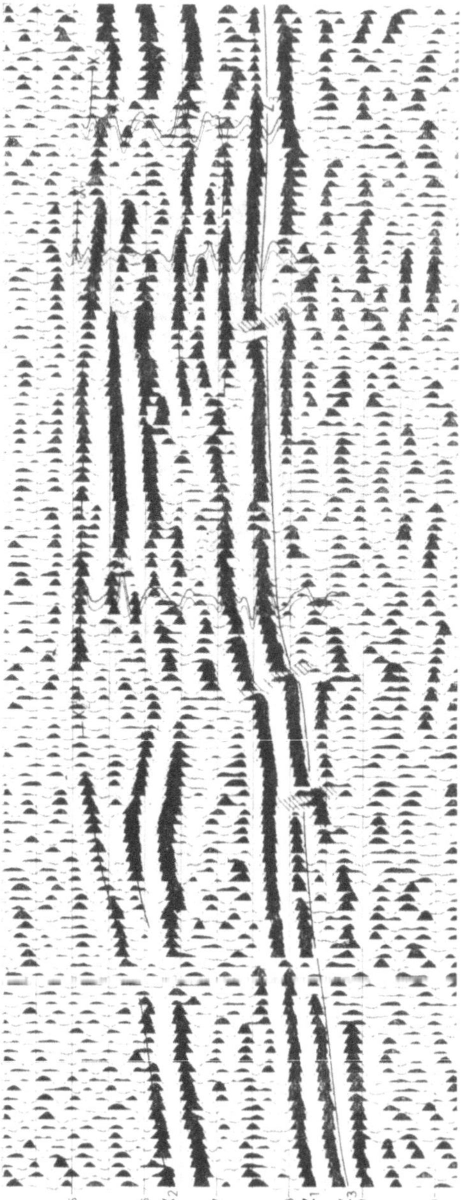

Abb. 6. Vergleich Seismogramm — synthetisches Seismogramm; Zuordnung von Reflexionen im Seismogramm

körpers, über Existenz und Lage von Störungen und das Vorhandensein lokaler Hochlagen erhalten werden.

Die Untersuchungen haben zugleich gezeigt, daß der geophysikalischen Aussage durch die Kleinräumigkeit der Riffe und deren sehr komplizierten geologisch-lithofaziellen Bau Grenzen gesetzt sind. Dies gilt besonders bei der Auswertung dynamischer Parameter zum Direktnachweis von Riffkörpern.

Auf der Grundlage eines in Routinemessung erhaltenen Profils (quer zum Streichen des Beckenrandes) wurden Amplitude, Frequenz und Absorption untersucht.

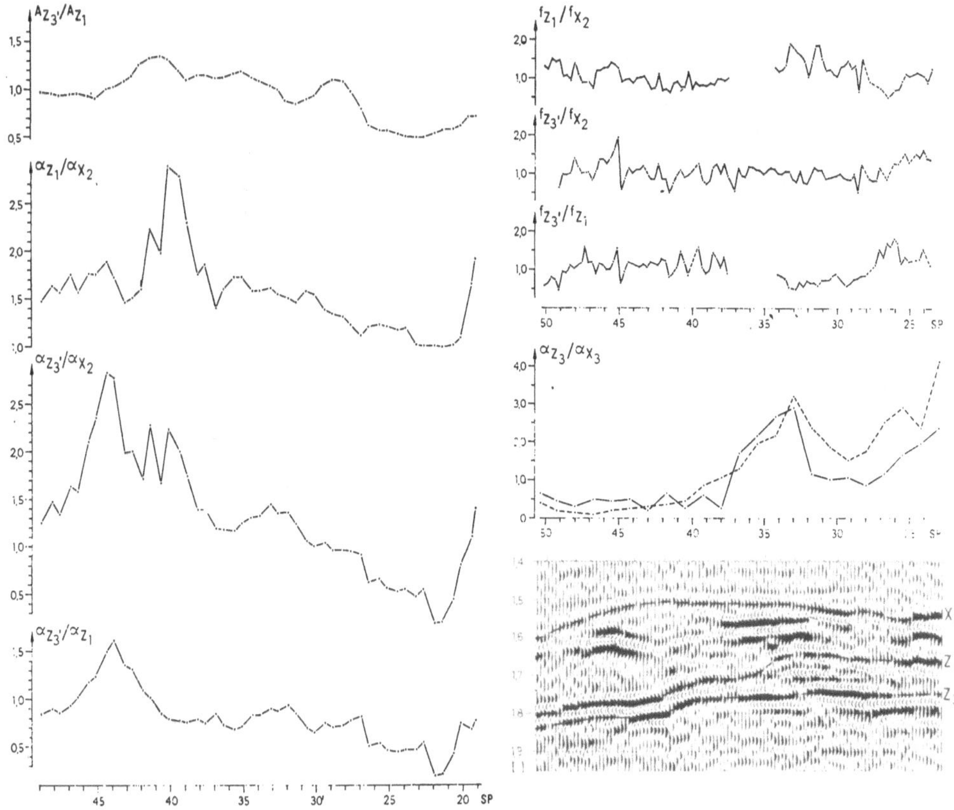

Abb. 7. Auswertung von Diffraktionszentren im unteren Zechstein

Die schwierige Interpretation der Veränderung dynamischer Parameter liegt darin begründet, daß das seismische Signal während seiner Anregung und Ausbreitung im vielschichtigen Vertikalprofil durch verschiedene Faktoren beeinflußt wird.

So werden die Amplituden der Nutzwellen durch Divergenz, Absorptionsverhalten der Schichten, Streuung, Anisotropieeffekte, Interferenzen, Diffraktionserscheinungen, Reflexions- und Transmissionsvorgänge beeinflußt. Der Grad der Absorption wird in erster Linie durch die stoffliche Zusammensetzung des Mediums bestimmt. (Zum Beispiel kommt es durch die Absorption zur Abschwächung hochfrequenter Komponenten.)

Dünne Schichten wirken als Filter. Das führt zur Veränderung des Wellenspektrums.

Weiterhin können durch das Erkennen und Hervorheben von Diffraktionswellen steile Flanken, Verzahnungszonen und tektonische Störungen lokalisiert werden (Abb. 7).

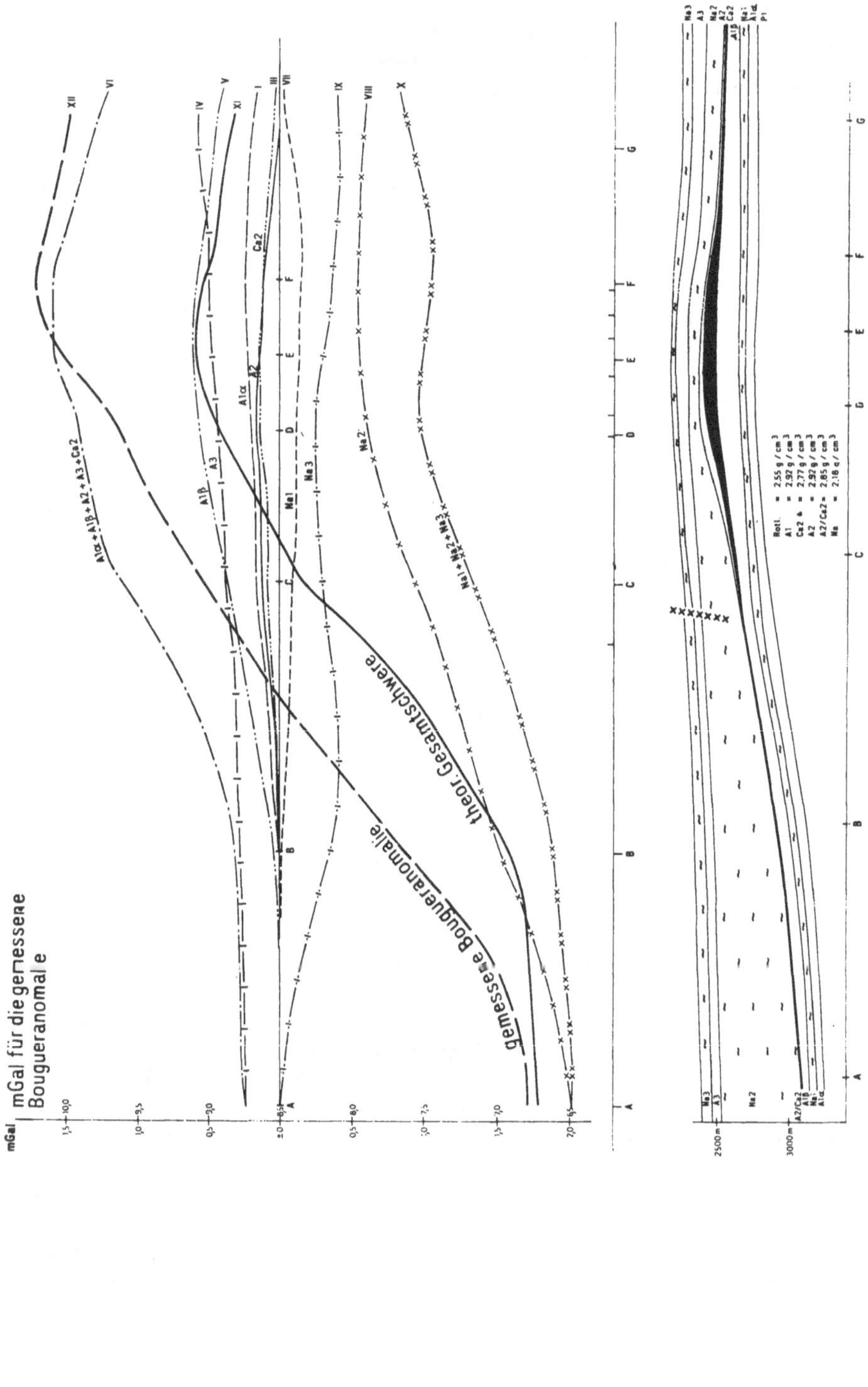

Abb. 8. Theoretische Schwereabschätzung im Zechstein — Vergleich mit Bouguer-Schwere

Aus den erhaltenen Ergebnissen lassen sich Hinweise über Mächtigkeitsänderungen innerhalb des Walls und über die Lage der Wallflanke erhalten. Daraus können Aussagen über lithofazielle Vertretungen am Zechsteinbeckenrand abgeleitet werden. Es muß allerdings betont werden, daß eine Interpretation der Meßergebnisse nur bei einer komplexen Betrachtung mehrerer voneinander unabhängiger Meßgrößen sinnvoll ist.

Neben der seismischen Methode wird die Gravimetrie in der Zechsteinerkundung mit Erfolg eingesetzt, wo das Erkundungsobjekt einem meßbaren Effekt im Regionalfeld zuzuordnen ist. Methodische Arbeiten haben ergeben, daß bei einer Wallkörpermächtigkeit (ohne Werrasteinsalzeinfluß) von > 300 m eine Schwerewirkung von ca. 2 mGal erwartet wird.

An einem Beispiel soll ermittelt werden, ob von einzelnen Schichtgliedern im unteren Zechstein ein meßbarer Schwereunterschied hervorgerufen wird (Abb. 8).

Für jede Schicht des Profils wurde die Schwerewirkung berechnet. Bezugsdichte war das Rotliegende: 2,60 g/cm³.

Die Kurven I—V zeigen die Wirkung der Schichtglieder A1, Ca2, A2, A3 (Dichte < 2,60 g/cm³).

Kurve VI	=	Summenkurve von I—V
Kurven VII—IX	=	zeigen die Wirkung der Zechsteinsalze (Dichte < 2,60 g/cm³)
Kurve X	=	Summenkurve VII—IX
Kurve XI	=	ermittelt aus der Substraktion der Kurven VI—X

Sie ergibt die theoretische Gesamtschwere des Pakets A1 bis Na3. Der Schwereunterschied beträgt für den Wallkomplex A1/Ca2/A2 > 2 m Gal.

Ein Vergleich der theoretischen Gesamtschwere (Kurve XI) mit der Bouguerkurve (Kurve XII) zeigt, daß beide Kurven trotz Vernachlässigung von Untergrund- und Deckgebirge in ihrer Tendenz übereinstimmen.

Bei einer quantitativen Profilberechnung nach einem Verfahren von Lindner besteht das Grundprinzip darin, das gemessene Schwerebild hinsichtlich der Existenz definierter geologischer Störkörper, in diesem Fall den A1/Ca2/A2-Wall, zu untersuchen. Dabei wird ein Profil des gemessenen Primärfelds mit einem zweidimensionalen Modell verglichen. Mittels eines Ausgleichsprozesses werden von unterschiedlichen Kurvenpunkten der Modellkurve charakteristische Parameter ermittelt. Theoretisch muß die aus dem Ausgleichsvorgang abgeleitete Kurve mit der gemessenen Kurve zusammenfallen. Entscheidend für die Qualität der geologischen Aussage ist die Güte des Modells.

Als Qualitätskriterien wurden herangezogen:

Grad der Übereinstimmung zwischen der Modellkurve und der gemessenen Kurve;
Summe der Abweichungsquadrate zwischen der Modellkurve und der gemessenen Kurve;
mittlerer Abweichungswert zwischen der Modellkurve und der gemessenen Kurve.

Im Ergebnis kann dann die theoretische Schwerewirkung des im Modell angenommenen Störkörpers angegeben werden.

In der Praxis ist es möglich, mit Hilfe der quantitativen Profilberechnung die Zone guter Übereinstimmung zwischen den Modell- und gemessenen Schwerewerten flächenhaft, d. h. den Bereich erhöhter Mächtigkeit des Wallkörpers A1/Ca2/A2 zu kartieren.

Der geologische Bau des Zechsteinbeckenrandes im Norden der DDR erfüllt die Bedingung, gravimetrisch erfaßt zu werden, so daß Modelluntersuchungen in der praktischen Erkundung von großer Bedeutung sind.

Zusammenfassung

Es werden die Interpretationsmöglichkeiten geophysikalischer Ergebnisse unter Einbeziehung von Modellen bei der Erkundung komplizierter geologischer Lagerungsformen, speziell bei Riffkörpern des Zechsteins dargestellt. Grundlage der Modelle bilden geologisch-petrophysikalische Primärdaten. Sie werden durch Bohrkernuntersuchungen und aus Bohrlochmessungen gewonnen.

Mit Hilfe dieser Primärdaten werden Schallhärtetiefenprofile konstruiert und mit aus Vertikalprofilierungen gewonnenen direkten Wellen synthetisiert.

Die Einbeziehung der synthetischen Seismogramme in den Interpretationsprozeß gestattet eine höhere Sicherheit bei der Untersuchung

- des Zusammenhangs zwischen der Verteilung der Rx-Koeffizienten und dem Charakter des Wellenbilds im seismischen Profil;
- der substantiellen Zuordnung der Reflexionsgrenzen;
- der physikalischen Beschaffenheit der Reflektoren.

Als Ergebnis umfangreicher Modellberechnungen werden Kenngrößen abgeleitet, die für einen seismischen Nachweis von Karbonatriffen im Zechstein Voraussetzung sind.

Neben den Standardbearbeitungen können in der Seismik Spezialbearbeitungen vorgenommen werden:

- Untersuchung dynamischer Parameter wie Amplitude, Absorption und Frequenz seismischer Schwingungen;
- Auswertung von Diffraktionszentren.

Diese Spezialbearbeitung läßt Schlußfolgerungen hinsichtlich von Mächtigkeitsänderungen innerhalb der Zechsteinbeckenrandbereiche und der Lage der Wallflanke zu.

Der Seismogrammvergleich zeigt, daß derartige Modelle zuverlässige Hilfsmittel zur Untersuchung geologischer Details darstellen.

Die stockwerkbezogen aufbereiteten gravimetrischen Meßergebnisse haben für die Sicherung der seismischen Auswertung und für deren flächenhafte Darstellung Bedeutung. Durch Profilberechnungen ist bei Vorgabe von Dichtemodellen eine Interpretation des Karbonat/Anhydritwalls möglich. Bei Nachweis eines meßbaren Effekts kann der Wall kartiert werden.

Aus den Ergebnissen der Modelluntersuchungen werden Schlußfolgerungen über den effektiven Einsatz eines Komplexes geophysikalischer Methoden zur Erkundung von Karbonatriffen abgeleitet.

Резюме

В докладе представлены возможности интерпретации геофизических результатов, с учетом моделей при разведке сложных геологических форм залегания, в частности при рифовых телах цехштейна. В основе моделей лежат геолого-петрофизические первичные данные. Они получены по исследованиям на кернах и по каротажным данным. С помощью этих первичных данных строят зависимости акустической жесткости от глубины, которые синтезируются с прямыми волнами, полученными из данных вертикального профилирования.

Включение синтетических сейсмограмм в интерпретационный процесс приведет к большей уверенности при исследовании:

- зависимости между распределением коэффициентов отражения и характером волновой картины на сейсмическом разрезе;
- вещественной увязки границ отражения;
- физических свойств отражающих границ.

В результате обширных модельных расчетов выводятся величины зёрен, которые необходимы для сейсмической разведки карбонатных рифов цехштейна.

В сейсморазведке, рядом со стандартной обработкой возможно проводить специальную обработку:

- исследование динамических параметров, как амплитуды, поглощения и частоты сейсмических колебаний;
- интерпретацию центров диффракции.

Эта специальная обработка дает информацию относительно изменения мощностей внутри краевых областей бассейна ,,цехштейна" и относительно места положения склона вала. Сравнение сейсмограмм показывает, что такого вида модели представляет собой надежное вспомогательное средство для исследования геологических деталей.

Собранные по этажам гравиметрические данные измерения имеют значение для интерпретации сейсмических данных и их площадного изображения. С помощью профильных расчетов возможна, при задании моделей плотности, интерпретация вала карбонатов/ангидридов. При выявлении ощутимого измеряемого эффекта можно картировать вал.

По результатам модельных исследований сделаны выводы об эффективном использовании комплекса геофизических методов при разведке карбонатных рифов.

Summary

The paper deals with the possibilities of geophysical interpretation with the aid of models when exploring complicated structures, especially reefs of the Zechstein. The basis of those models are geological and petrophysical data which were gained by core analysis and well-loggings. By means of these data depth sections representing acoustic impedances are designed and synthesized with direct seismic waves from vertical profilings. The synthetic seismograms obtained in this way are included in the interpretation procedure, thus providing a higher reliability in investigations of

- the relation between the distribution of reflection coefficients and the character of the seismic wave picture;
- the lithofacial identification of the reflective boundaries;
- the physical properties of the horizons.

As a result of extensive model evaluations the parameters are derived which are required for the seismic detection of carbonate reefs within the Zechstein formation.

Besides the standard treatment some special procedures may be applied to seismic data:

- study of dynamic parameters like amplitude, attenuation and frequency;
- evaluation of diffraction centers.

Such special processing allows to draw conclusions with regard to thickness variations within the marginal ranges of the Zechstein basin, and to the position of reef flanks.

Depth-level related gravity data are of great importance to the verification of the seismic interpretation and to its areal representation. Profile calculations for given density models enable an interpretation of the carbonate/anhydrite reef. If there exists a measurable effect, then the reef can be mapped.

The described model studies permit to draw conclusions on the optimal use of a complex of geophysical methods for the exploration of carbonate reefs.

Manuskripteingang: 2. Februar 1977

Anschrift der Autoren:

Dr. rer. nat. M. Haupt, Dr. rer. nat. H. Herrmann, VEB Geophysik
DDR - 701 Leipzig, Schließfach 370

Schriftenr. geol. Wiss. · Berlin 12 (1978) · S. 77—87

Geophysikalische Beiträge zur Untersuchung von Krustenbau und Sedimentation über Teilabschnitten des Mittelatlantischen Rückens

Von WOLFGANG JÄGER; PETER MAYER; KLAUS PUTZIGER; Leipzig

Mit 6 Abbildungen

Der rasche wissenschaftlich-technische Fortschritt in den letzten Jahrzehnten hat sowohl die technischen Möglichkeiten als auch die wirtschaftliche Notwendigkeit heranreifen lassen, die Weltozeane als potentielle Rohstoffquelle systematisch und allseitig zu erforschen. Gegenstand entsprechender meeresgeologischer und -geophysikalischer Forschungsarbeiten sind der Wasserkörper, der Seeboden und der Meeresuntergrund sowie die komplizierten Wechselbeziehungen zwischen diesen drei Einheiten. Eine derartige Aufgabenstellung, von der eine Vielzahl von Wissenschaftszweigen mittelbar und unmittelbar berührt wird, verlangt komplexe Lösungswege, für deren Realisierung die verschiedensten technischen und methodischen Mittel eingesetzt werden müssen.

Gemäß der im RGW-Komplex-Programm zum Problem „Erforschung der Meere und Ozeane zur Nutzung ihrer mineralischen Ressoursen" festgelegten Aufgabenverteilung führt der VEB Geophysik Leipzig im Auftrag des Zentralen Geologischen Instituts, Berlin, geophysikalische und petrophysikalische Arbeiten im Rahmen komplexer geologisch-geophysikalischer Meeresexpeditionen durch.

Die geophysikalisch-petrophysikalischen Verfahren leisten für die Klärung des Krustenbaus im Bereich der Ozeane, bei der Bestimmung der Gesetzmäßigkeiten der Sedimentationsbedingungen und der Genese der Bodensedimente grundlegende Beiträge.

Ausgewählte Beispiele seemagnetischer Messungen und petrophysikalischer Untersuchungen von Meeresbodenproben sollen nachfolgend die Aussagemöglichkeiten der Geophysik für regionalgeologische Grundlagenforschung im Tiefseebereich verdeutlichen.

Abbildung 1 zeigt die Stellung der genannten Methoden innerhalb des Gesamtbetriebes einer Expedition. Funkortung bzw. integrierte Satellitennavigation und die Präzisionsecholotung sind Grundvoraussetzungen für eine effektive Verwertung aller übrigen geologischen und geophysikalischen Primärdaten. (Von den geophysikalischen Meßverfahren ist im Schema die Seemagnetik dargestellt.)

Ein Teil der Meßapparatur wird in entsprechender Entfernung hinter dem Forschungsschiff in 5—10 m Wassertiefe geschleppt; Registrier- und Anzeigeteil des Magnetometers befinden sich auf dem Meßschiff.

Die Datenregistrierung geschieht in Abhängigkeit von gewünschter Meßdichte und Schiffsgeschwindigkeit in einem wählbaren zeitlichen Abstand automatisch und in Korrelation zur Echolotung und Positionsbestimmung.

Die marinen Arbeiten erfolgen als kontinuierliche Profilierung. Mit dieser Technologie werden fast alle geophysikalischen Messungen durchgeführt. Seebodenprobenaufnahmen mit Unterwasserphotographie werden als Stationsarbeiten realisiert.

Zur Gewinnung der Seebodenproben sind Greifer, Dredgen oder Stechrohre eingesetzt. Zusammen mit den Unterwasserphotoaufnahmen bilden die Bodenproben die Grundlage für die geologische Kartierung des anstehenden Gesteinsmaterials. An solchen

Proben werden die zerstörungsfreien petrophysikalischen Untersuchungen, zum Teil bereits auf dem Forschungsschiff, vorgenommen.

Mehrere der in den letzten Jahren vor allem mit dem Forschungsschiff „Alexander von Humboldt" der Akademie der Wissenschaften der DDR unternommenen Forschungsfahrten dienten der näheren Untersuchung ausgewählter Abschnitte des Mittelatlantischen Rückens.

Ein wesentliches Ergebnis der in den vergangenen zwei Jahrzehnten mit zunehmender Aktivität betriebenen geologisch-geophysikalischen Meeresforschung war die Entdeckung, daß der Mittelatlantische Rücken Teil eines zusammenhängenden erdumspannenden

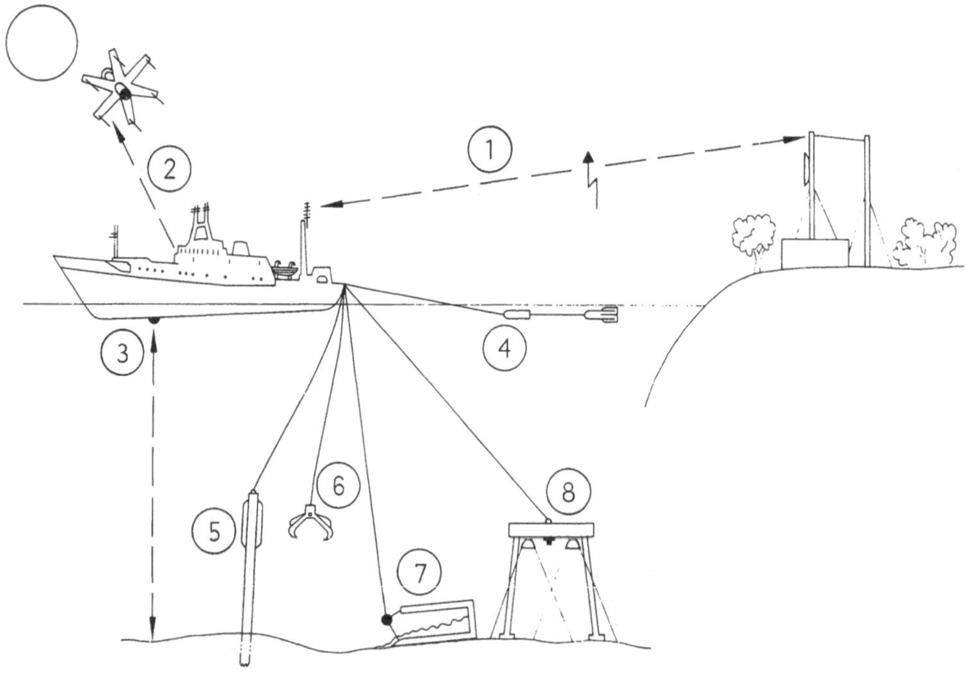

Abb. 1. Schematische Darstellung verschiedener Arbeitsgänge auf einem geologisch-geophysikalischen Expeditionsschiff

Ziffern in Kreisen: 1 – Funkortung; 2 – astronomische und Satellitenortung; 3 – Echolot; 4 – seemagnetische Messung; 5 – Stechrohr-Beprobung; 6 – Bodengreifer; 7 – Dredge; 8 – Photosonde

untermeerischen Gebirgsrückens von über 60000 km Länge ist. Ausgehend von diesem Phänomen der Mittelozeanischen Rücken wurde von Hess und Dietz die Hypothese des Seafloor spreading formuliert.

Die im folgenden dargestellten Meßbeispiele befinden sich einmal über dem Reykjanes-Rücken und zum anderen nördlich der Azoren. Es handelt sich dabei um Abschnitte mit fehlendem bzw. deutlich ausgebildetem Rifttal.

Die Mittelozeanischen Rücken zeigen charakteristische geophysikalische Besonderheiten. Dazu gehört das typische magnetische Anomalienbild (Abb. 2).

- Die ΔT-Anomalien weisen große Amplituden auf, die in höheren Breiten 2000 γ überschreiten können.
- Intensive positive und negative Anomalien besitzen fast gleiche Anteile.
- Zu beiden Seiten einer breiten, zumeist sehr kräftigen positiven Zentralanomalie treten schmale Anomalien mit nahezu achsensymmetrischer Anordnung und Ausbildung auf.

— Wie bei der flächenmäßigen Darstellung gezeigt werden wird, besitzen die Anomalien eine augenfällige Linearität, Parallelität und Symmetrie. Dabei fällt die lineare Erstreckung der Zentralanomalie genau mit der morphologischen Rückenachse bzw. dem Scheitelgraben zusammen.

Ein derartiges magnetisches Streifenmuster ist aus kontinentalen Krustenbereichen nicht bekannt.

Mit der Deutung dieses magnetischen Befunds durch VINE & MATTHEWS erhielt die 1962 formulierte Hypothese des Seafloor spreading ihre stärkste experimentelle Stütze.

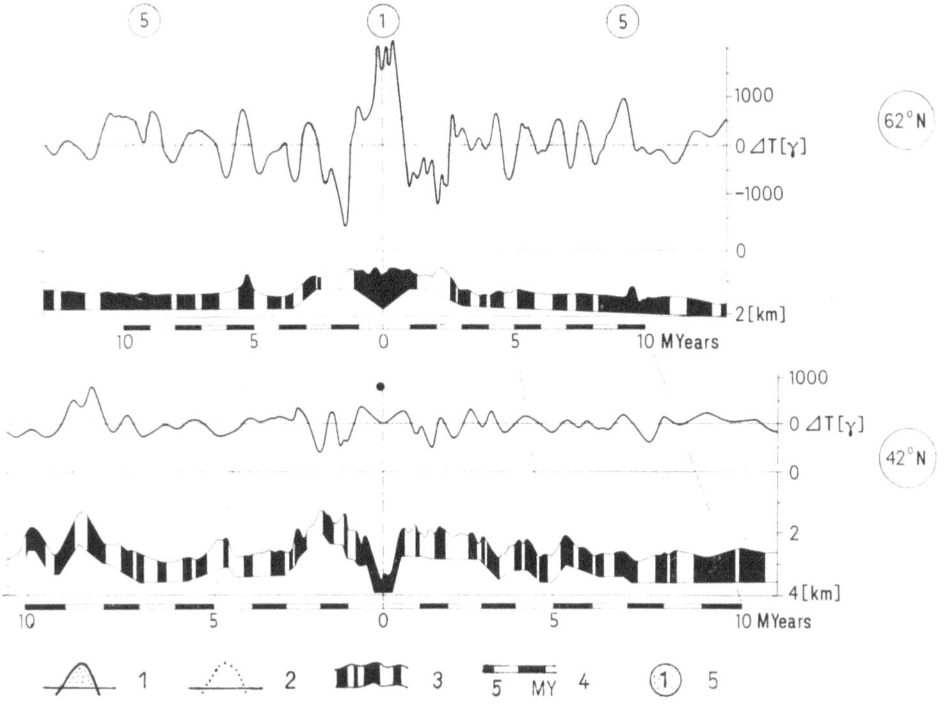

Abb. 2. Magnetische ΔT- und Seebodenprofile über dem Reykjanes-Rücken und dem Mittelatlantischen Rücken nördlich der Azoren

1 — ΔT-Kurve mit Kennzeichnung charakteristischer Leitanomalien; 2 — um die Rückenachse gedrehte ΔT-Kurve; 3 — magnetisch wirksame Basaltschicht mit normal (schwarz) und invers (weiß) magnetisierten Blöcken, Oberkante = Seebodenrelief; 4 — Zeitskala für Krustenalter in Mill. Jahren; 5 — Nummern charakteristischer Leitanomalien

Es wird von ihnen angenommen, daß die in der Riftzone aufdringende Basaltlava während der Abkühlung die Richtung des zu dieser Zeit herrschenden Magnetfeldes annimmt und diese Magnetisierung gleichsam einfriert. Da die chronologische Aufeinanderfolge mehrerer Umkehrungen des Erdmagnetfeldes bekannt ist, kann aus dem Ergebnis seemagnetischer Messungen auf den Bewegungsmechanismus der von der Riftzone symmetrisch auseinanderdriftenden Basaltdecke geschlossen werden.

Mit dieser Interpretation stimmen nicht nur die genannten charakteristischen Merkmale der magnetischen Anomalien, sondern auch andere typische geophysikalische Besonderheiten überein, wie z. B. erhöhte Wärmeflußwerte und perlschnurartige Anhäufung flacher Erdbebenherde längs der Rückenachsen.

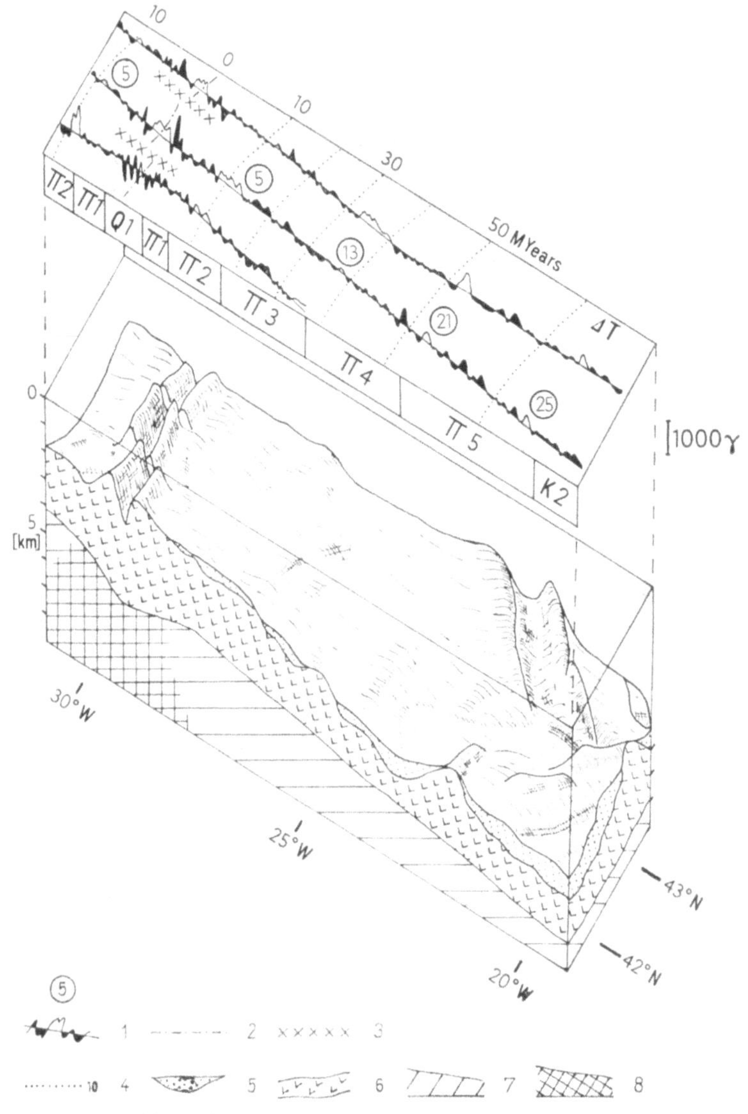

Abb. 3. Blockschema des Meeresuntergrundes nördlich der Azoren mit ΔT-Profilen

1 – ΔT-Kurven mit Nummern und Kennzeichnung charakteristischer Leitanomalien; 2 – Rückenachsen; 3 – Querstörung; 4 – Linien gleichen Alters der Basaltschicht (Isochronen) in Mill. Jahren; 5 – Seebodensedimente; 6 – Basaltschicht mit Altersangabe: Q_1 – Pleistozän; TT 1 – Pliozän; TT 2 – Miozän; TT 3 – Ogliozän; TT 4 – Eozän; TT 5 – Paläozän; K 2 – Obere Kreide; 7 – vulkanische Schicht; 8 – Erdmantel mit abnorm niedriger seismischer Geschwindigkeit

Von besonderer Beweiskraft ist hierbei die Tatsache, daß sich für das gesamte erdumspannende System Mittelozeanischer Rücken die Anomalienzuordnung gemäß der paläomagnetischen Zeitskala zwanglos vornehmen läßt. Dies gibt die Möglichkeit, auf der Grundlage magnetischer Daten die Spreading-Raten zu berechnen. So betragen sie im Gebiet des Reykjanes-Rückens 1 cm/Jahr und schwanken im Meßgebiet nördlich der Azoren auf engem Raum zwischen 0,6 und 2 cm/Jahr.

Aus den Spreading-Raten können Isochronendarstellungen der 2. seismologischen Schicht konstruiert werden (Abb. 3), die durch radioaktive Altersbestimmungen an Basalten, entnommen in unterschiedlicher Entfernung von der Rückenachse, bestätigt werden konnten.

Die Reliefkarten verdeutlichen, daß die Mittelozeanischen Rücken von einer Vielzahl von Querstörungen wechselnder Breite durchschnitten werden, an denen horizontale Versetzungsbeträge bis zu einigen hundert Kilometern auftreten können. Diese Bruchstörungen sind einmal für die Klärung der detaillierten tektonischen Bewegungsvorgänge von grundlegendem Interesse, verdienen aber auch als potentielle Aufstiegszonen hydrothermaler Lösungen große Aufmerksamkeit. Im magnetischen Anomalienbild machen sie sich auf verschiedene Weise deutlich bemerkbar: Unterbrechung der magnetischen Lineation, Versatz charakteristischer Anomalien, Änderung der Streichrichtung der linearen Anomalien, zum Teil Änderung der Spreading-Raten innerhalb identischer Anomalienbereiche, die gleichaltrigen Krustenzonen entsprechen.

Durch Anwendung geeigneter maschineller Bearbeitungs- und Interpretationsverfahren auf Einzelprofile und auf kartenmäßige ΔT-Darstellungen können diese Unterscheidungsmerkmale hervorgehoben werden und als Grundlage für eine entsprechende Rayonierung dienen.

Über den Kammbereich des dargestellten Rückenabschnitts nördlich der Azoren wurde eine flächenhafte magnetische Aufnahme durchgeführt. Einen Ausschnitt davon bringt Abb. 4. Die unbearbeitete ΔT-Karte zeigt im Mittelabschnitt zwar eine Deformation und einen Versatz der linearen Anomalien, jedoch ist es schwer, die Ränder der tektonischen Störung sicher festzulegen. Deutlicher als in der Ausgangskarte 4 macht die Berechnung zweidimensionaler Autokorrelationsprofile für Teilgebiete auf Unterschiede zwischen den ungestörten Teilbereichen 1 und 3 aufmerksam und beweist die geologisch-tektonische Dislokation im gestörten Teilbereich 3.

Die gefilterte Karte B, in der die kurzwelligen Anomalienanteile betont werden, zeigt eine Information und Zerstückelung der breiten Zentralanomalie und läßt zugleich den Abbruch der anderen linearen Anomalien und damit die Störungsgrenze deutlich hervortreten.

Neben dem Versatz der Anomalien und damit des Rückenabschnitts sowie ihrer Richtungsänderung konnte durch magnetische Profilberechnungen nachgewiesen werden, daß beiderseits der tektonischen Störung unterschiedliche Spreading-Raten auftreten.

Betrachten wir im folgenden Ergebnisbeispiel die lithologische Differenzierung der obersten Seebodensedimente mit dem Ziel, daraus generelle Hinweise auf die Bildungs- und Lagerungsbedingungen sowie die tektonische Situation im Pleistozän zu gewinnen. In diesem Zusammenhang führt die Bestimmung der physikalischen Eigenschaften von Meeresbodenproben zu neuen Erkenntnissen. Die Meeresoberfläche wird von unverfestigten bis schwach verfestigten Sedimenten gebildet. Diese sind deutlich differenziert, z. B. nach Mineralbestand, Kerngröße, Faunenführung, Chemismus der Porenwässer usw. Die lithologisch-chemischen Differenzierungen drücken sich ebenfalls deutlich in den physikalischen Eigenschaften aus. Einige Beispiele zur Erläuterung:

- Die Longitudinalwellengeschwindigkeit von Meeresbodensedimenten ist im wesentlichen abhängig von der Korngröße, weniger vom Chemismus.
  Eine Untergliederung in Ton- bis Siltschlämme mit variablem organogenem oder klastischem Sandanteil ist möglich.
- Die Porosität organogener Sande ist wesentlich verschieden von der klastischer Sande und liegt im Niveau der Ton- bis Siltschlämme.
- Der spezifische elektrische Widerstand ist von der Korngröße, der Porosität und vom Chemismus abhängig. So heben sich Tonschlämme mit unterschiedlichem Kalkgehalt zum Teil deutlich

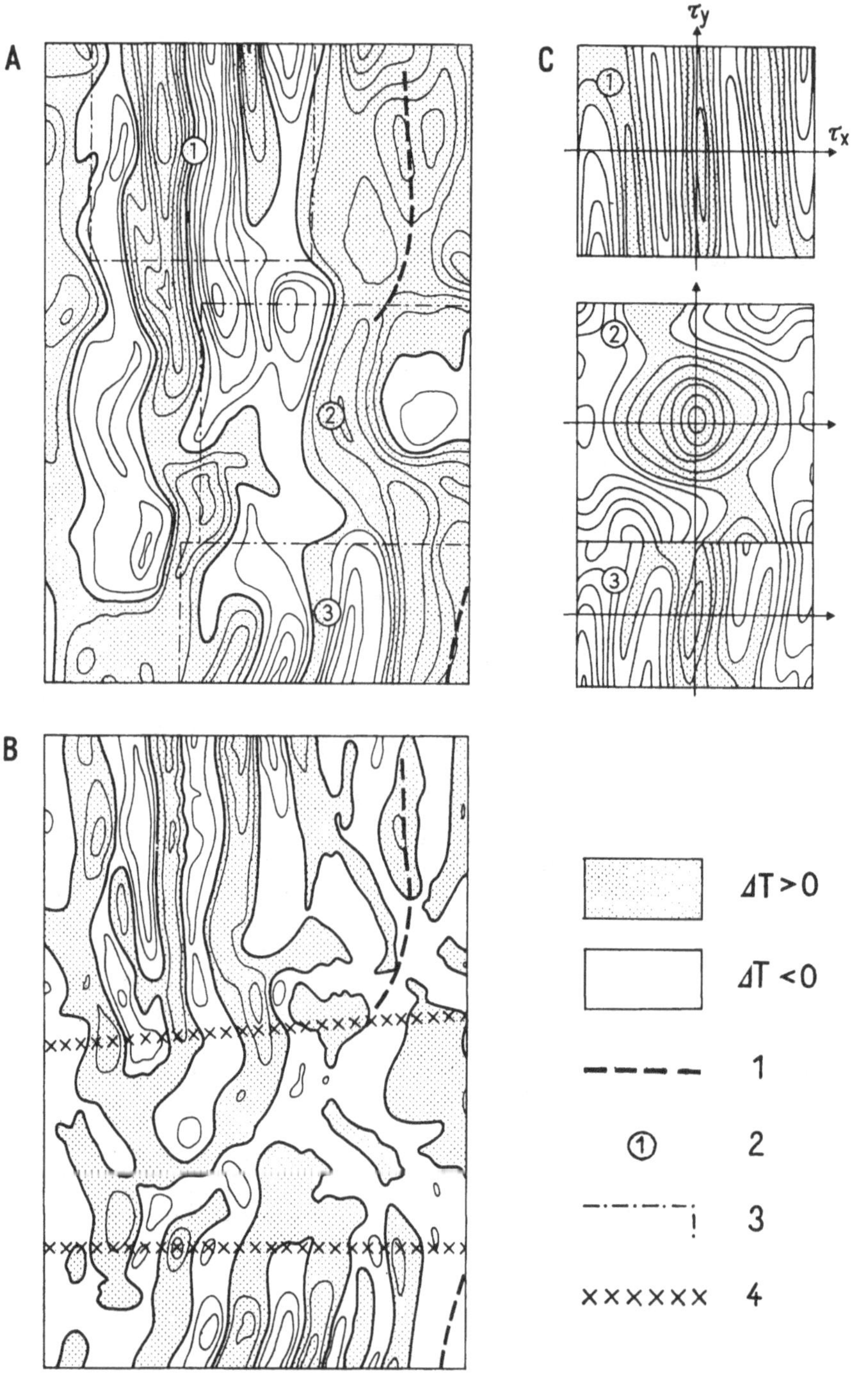

Abb. 4. Zweidimensionale Bearbeitung von ΔT-Karten

A – unbearbeitete ΔT-Karte; B – ΔT-Karte nach Wellenzahlfilterung (Hochpaß); C – zweidimensionale Autokorrelationsfunktion

1 – Rückenachse; 2 – Teilgebiete für zweidimensionale Autokorrelationsfunktion; 3 – Teilgebietsumgrenzung; 4 – Störungsrand

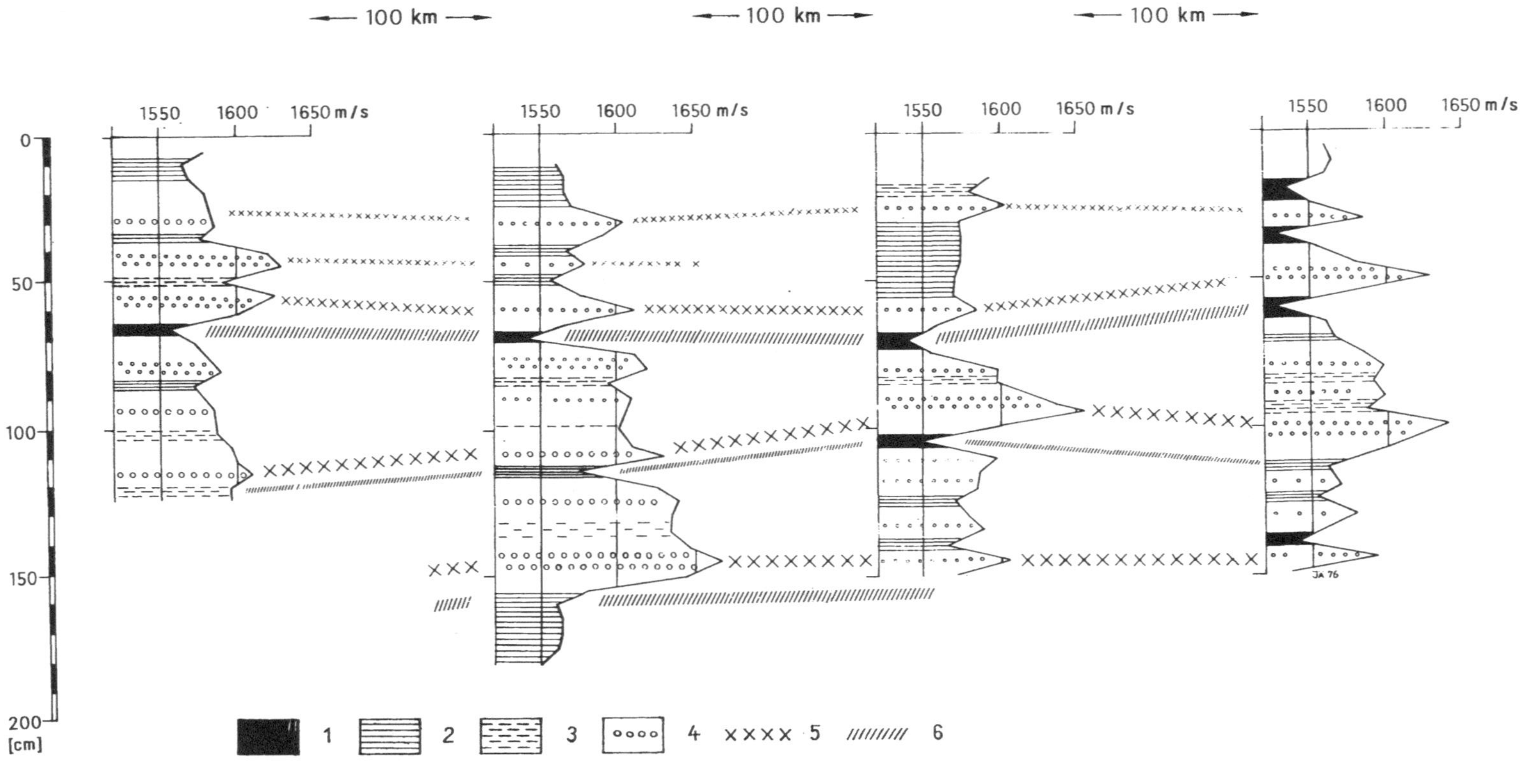

Abb. 5. Korrelationsprofil der Longitudinalwellengeschwindigkeit

1 – Siltschlamm, kalkig, stark tonig; 2 – Siltschlamm, kalkig, tonig; 3 – Foraminiferenkalkschlamm, siltig schwach sandig; 4 – Foraminiferenkalkschlamm, siltig, sandig; 5 – Korrelationslinie zwischen Geschwindigkeitsmaxima; 6 – Korrelationslinie zwischen Geschwindigkeitsminima

voneinander im Widerstandsprofil ab, lassen sich dagegen im Geschwindigkeitsprofil nur bedingt trennen.

- Wassergehalt, Raumdichte und Porosität der Meeresbodensedimente weisen durch ihre Abhängigkeit von der Teufe in den obersten 3—5 m auf diagenetische Veränderungen der Ablagerungen hin.
- Radioaktivität und magnetische Suszeptibilität gestatten in Verbindung mit dem spezifischen elektrischen Widerstand eine Abschätzung des Tonmineralgehalts und durch paläomagnetische Untersuchungen eine Einschätzung des stratigraphischen Alters.

Die aus den petrophysikalischen Untersuchungen in eine lithologische Aussage transformierbaren Ergebnisse gelten zunächst für den jeweiligen Probenahmepunkt. Abbildung 5 zeigt einige Schallgeschwindigkeitsprofile von kalkführenden Ton- bis Siltschlämmen mit einem organogenen Sandanteil durch Foraminiferen von 5—30% aus einem Meßgebiet nördlich der Azoren.

Es tritt ein mehrfacher Wechsel maximaler und minimaler Schallgeschwindigkeitswerte auf, der eine Wechsellagerung von sandigen mit sandarmen bis sandfreien kalkigen Ton- und Siltschlämmen abbildet. Durch einzelne ausgeprägte Geschwindigkeitsminima erfolgt eine sehr deutliche Untergliederung der obersten Meeresbodensedimente in mehrere Schichtkomplexe.

Stellt man dieser petrophysikalisch-lithologischen Aussage das Ergebnis von mikropaläontologischen Untersuchungen gegenüber, so zeigt sich, daß in den Geschwindigkeitsprofilen die markanten Maxima mit Ablagerungen der pleistozänen Warmzeiten, Minima dagegen mit pleistozänen Kaltzeiten zusammenfallen.

Wie der Vergleich zwischen einzelnen Profilen selbst über sehr große Entfernungen deutlich macht, lassen sich die Schallgeschwindigkeitsprofile gut miteinander korrelieren und die zunächst lokalen Aussagen in eine regionale Aussage übertragen. Daneben wird jedoch deutlich, daß die Geschwindigkeitswerte einzelner Schichtkomplexe zwischen den Probenahmestationen in ihrem Betrag variieren und somit regionale Faziesänderungen abbilden.

In Abb. 6 wurde für das Untersuchungsgebiet nördlich der Azoren die regionale Geschwindigkeitsverteilung der obersten Meeresbodensedimente dem Relief des Meeresbodens gegenübergestellt. Dominierendes morphologisches Element ist im Westteil der Mittelatlantische Rücken. Im Ostteil dagegen heben sich SW—NE und NW—SE verlaufende Erhebungen aus dem allmählichen Übergang zur Iberischen Tiefebene ab. Obwohl nicht jede morphologische Einheit mit geologischen Stationen und damit petrophysikalischen Ergebnissen belegt werden kann, lassen sich verallgemeinernd folgende Aussagen treffen:

- Höhere Geschwindigkeitswerte und damit sandigere, d. h. stärker foraminiferenführende Sedimente sind bevorzugt an morphologische Erhebungen gebunden.
- Der Übergang von den morphologischen Erhebungen zu den Tiefebenen mit größerer Wasserbedeckung wird durch einen Geschwindigkeitsrückgang und somit durch überwiegend siltig-tonige Sedimente mit stark zurücktretender Sandkomponente gebildet.
- Die Tiefebenen werden durch die niedrigsten Geschwindigkeitswerte und fast ausschließlich siltig-tonige Sedimente charakterisiert.

Die Geschwindigkeitsverteilung in Abb. 6 stellt nur die Situation in den obersten Schichten dar. Vergleicht man dazu die Geschwindigkeitsverteilung in den tieferen petrophysikalisch-lithologischen Schichtkomplexen, so ergeben sich gegenüber dem obersten Bereich regional zum Teil völlig andere Verhältnisse. Es ist denkbar, daß sich daraus im Untersuchungsgebiet vertikale Bewegungsvorgänge und eine Veränderung der Morphologie während des jüngeren Pleistozäns ableiten lassen.

Die ausgewählten Beispiele petrophysikalischer Untersuchungen an Meeresbodenproben sollen zeigen, daß eine Stützung und Präzisierung der Korrelation zwischen den

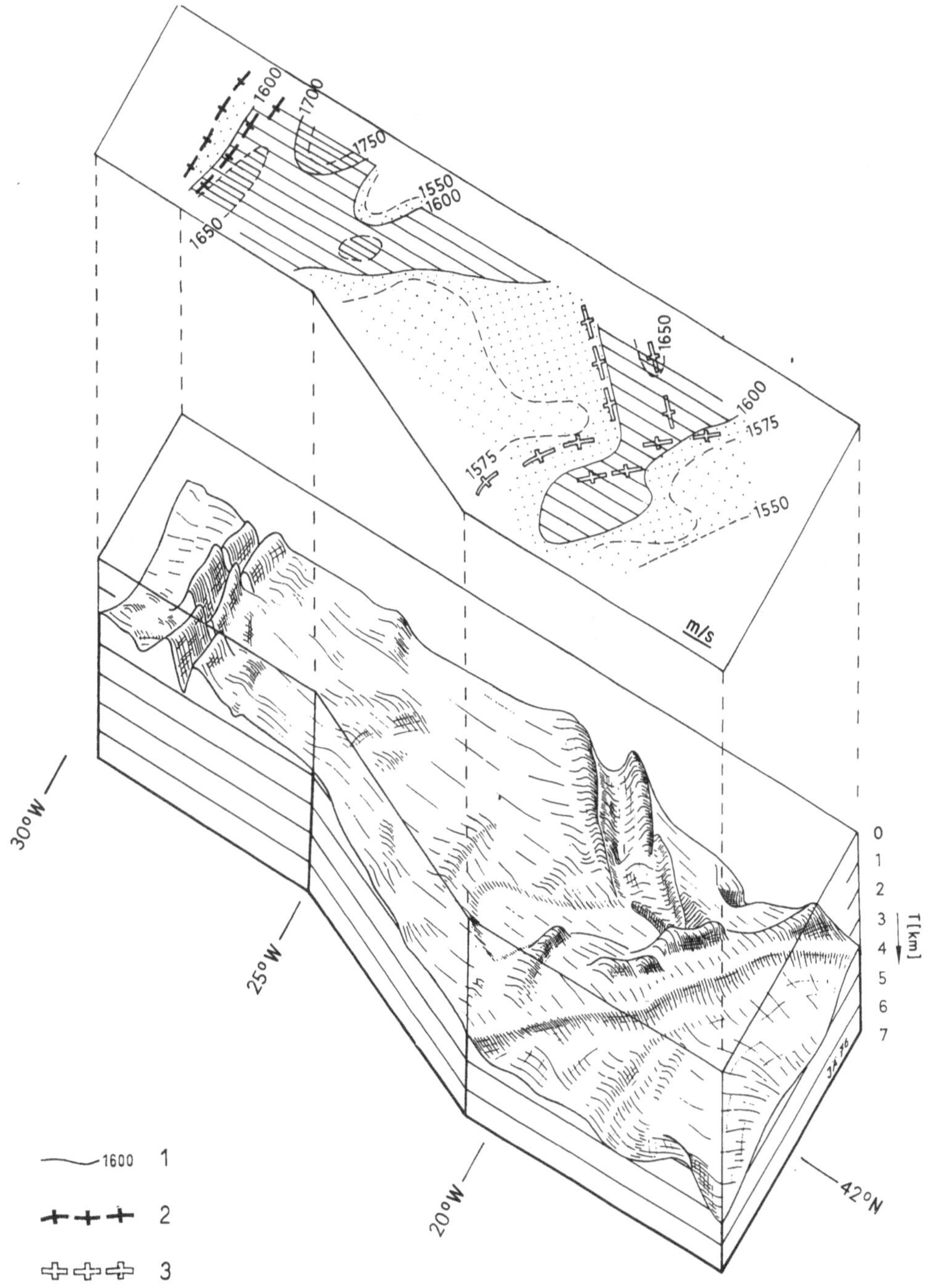

Abb. 6. Gegenüberstellung von Seebodenmorphologie und regionaler Verteilung der Longitudinalwellengeschwindigkeit nördlich der Azoren

1 – Linien gleicher Geschwindigkeit in m/s; 2 – Kammzone des Mittelatlantischen Rückens; 3 – markante Erhebungen des Seebodens

geologischen Stationen möglich ist und so die Aussagesicherheit geologisch-geophysikalischer Daten bei der komplexen Interpretation erhöht werden kann.

Zusammenfassend läßt sich feststellen:

Im Gesamtkomplex der marinen Geologie und Geophysik hat sich die Seemagnetik zu einer Hauptmethode bei der Erkundung des Krustenbaus im Bereich der Weltozeane entwickelt. Entscheidend dafür ist die bedeutende Rolle der Magnetik beim Studium des „Seafloor-spreading". .

Petrophysikalische Untersuchung leisten wesentliche Beiträge zur geologisch-lithologischen Untersuchungen des Meeresbodens, zur Erfassung regionaler Entwicklungstrends und zur Steigerung der Aussagesicherheit bei der komplexen Interpretation.

Zusammenfassung

An ausgewählten Beispielen seemagnetischer Messungen und petrophysikalischer Untersuchungen des VEB Geophysik Leipzig im Bereich des Mittelatlantischen Rückens werden einige Aussagemöglichkeiten für regionalgeologische Grundlagenforschungen verdeutlicht.

Ausgehend von den geophysikalischen Besonderheiten mittelozeanischer Rücken wird aus seemagnetischen Ergebnissen auf den Krustenbau, die Spreadingachse, die Anordnung und Form der magnetisch wirksamen Blöcke sowie auf die Spreadingrate geschlossen. Es sind Beiträge zur Klärung von Bewegungsvorgängen und tektonische Präzisierungen möglich.

Petrophysikalische Untersuchungen der Meeresbodensedimente liefern Hinweise auf Sedimentationsbedingungen und lokale sowie regionale Entwicklungstrends. Sie gestatten Schlußfolgerungen über tektonische Vorgänge im Pleistozän und erhöhen die Aussagesicherheit der komplexen geologisch-geophysikalischen Interpretation.

Резюме

На избранных примерах морских магниторазведочных и петрофизических исследований, выполненных НП „Геофизика" (ГДР) на участках Среднеатлантического хребта, демонстрируются некоторые возможности их использования для решения фундаментальных геологических вопросов регионального характера.

Исходя из геофизических особенностей среднеокеанических хребтов, на основании результатов магнитных наблюдений на море делаются выводы о строении коры, положении оси спрединга, распололожении и форме магнитовозмущающих блоков и о скорости их раздвигания. Тем самым выявляются возможности изучения процессов раздвигания и уточнения тектонического строения коры. Петрофизические исследования придонных осадков дают сведения об условиях осадконакопления, а также о локальных и региональных тенденциях геологического развития.

Получаемые результаты позволяют сделать выводы о тектонических процессах в плейстоцене и повышают надёжность комплексной геолого-геофизической интерпретации.

Summary

Selected examples of marine magnetic and petrophysical investigations carried out by VEB Geophysik Leipzig in the area of the Middle Atlantic Ridge illustrate the possibilities of regional-geological basic research. Proceeding from the geophysical peculiarities of middle-oceanic ridges and the gained marine magnetic results the authors deduce informations on crust structure, spreading axis, arrangement and form of the magnetically effective blocks and on the spreading rate respectively. This knowledge allows to contribute to the elucidation of crustal movements, and to a more accurate tectonic conception. The petrophysical investigations of the sea-floor sediments supply data on sedimentation conditions as well as local and regional trends. Furthermore, they permit to draw conclusions on tectonic events in the Pleistocene, and to enhance the reliability of the integrated geologic-geophysical interpretation.

Manuskripteingang: 2. Februar 1977

Anschrift der Autoren:
Dipl-Geol. W. Jäger, Dr. rer. nat. P. Mayer, Dr. rer. nat. K. Putziger, VEB Geophysik
DDR - 701 Leipzig, Schließfach 370

Schriftenr. geol. Wiss. · Berlin 12 (1978) · S. 89–105

Ein Testmodell zur Prüfung von Potentialfeldtransformationen in der Praxis

Von Werner Conrad; Dieter Hänig; Rolf Heynig; Leipzig

Mit 13 Abbildungen

1. Zielstellung

Die Integraleigenschaften der Potentialfelder, ihre unendliche Mannigfaltigkeit möglicher Superpositionen und die daraus resultierende Vieldeutigkeit sind immer wieder Anlaß, durch unterschiedliche Verfahren der Feldertrennung oder der Unterdrückung einzelner Feldanteile eben dieser Vieldeutigkeit zu begegnen, bestimmte Feldanteile besser sichtbar zu machen und damit die Interpretation zu erleichtern. Zu diesen Verfahren zählt das gesamte Spektrum der Feldtransformationen bzw. der Filterungen.

Es ist das Ziel, durch Aufbau eines relativ komplizierten Modellschwerefeldes eine allgemeine Vergleichbarkeit und damit Wertung der einzelnen Verfahren für unterschiedliche Modellsituationen zu gewährleisten. Die dabei gewonnenen Erkenntnisse sollen zur Auswahl optimaler Parameter bei der Lösung bestimmter Erkundungsaufgaben dienen. Unter Beachtung der gegenwärtigen Erkundungsschwerpunkte simuliert das hier besprochene Modell Verhältnisse eines tiefen Sedimentbeckens.

2. Aufbau des Modells

Das in Abb. 1a dargestellte Modell setzt sich aus verschiedenen geometrischen Körpern zusammen, deren Schwerefelder exakt berechenbar sind.

Das Regionalfeld wird im wesentlichen durch zwei tiefe Stufen zwischen 5 und 10 sowie 10 und 15 km Sprunghöhe dargestellt. In das tiefe Gebirge sind Kugeln eingelagert, die Batholithen repräsentieren sollen. Stehende Zylinder zwischen 3 und 0,5 km Tiefe mit einem Dichteunterschied von 0,25 gcm^{-3} vertreten Salzdiapire. Die Verteilung dieser Körper in der Fläche sowie ihre Dimensionierung wurden so gewählt, daß sich ein Maximum von Schwierigkeiten für die Interpretation der daraus entstehenden Transformationsergebnisse bildet. Damit übertrifft das Modell stellenweise den natürlichen Schwierigkeitsgrad. Unter Bezugnahme auf die Verhältnisse im Norddeutsch-polnischen-Becken sind Kreisscheiben (stehende Zylinder) zwischen 3 und 5 km Tiefe geeignet, Anomalien aus dem Rotliegendbereich zu simulieren. Für diese Körper sind ebenfalls unterschiedliche Überlagerungseffekte vorgesehen. Eine Störung im gleichen Bereich wird durch eine senkrechte Stufe zwischen 4 und 5 km modelliert. Die aus der Natur bekannten kräftigen Störwirkungen aus dem Pleistozänbereich werden im Modell durch liegende Zylinder zwischen 0 und 0,5 km sowie durch eine Kreisscheibe zwischen 0,2 und 0,5 km hervorgerufen. Kreisscheiben zwischen 1 und 2 km Tiefe dienen zur Simulierung von Effekten aus dem mesozoischen Bereich. Außer diesem nach geologischen und transformationsbedingten Überlegungen aufgebauten Modell sind zwei weitere Modellkomplexe von vorwiegend theoretischem Interesse in das Gesamtmodell aufgenommen worden. Dies sind die Übereinanderreihung von Kugeln wechselnden und gleichen Vorzeichens der Dichtedifferenz bei gleichen Quellpunktkoordinaten.

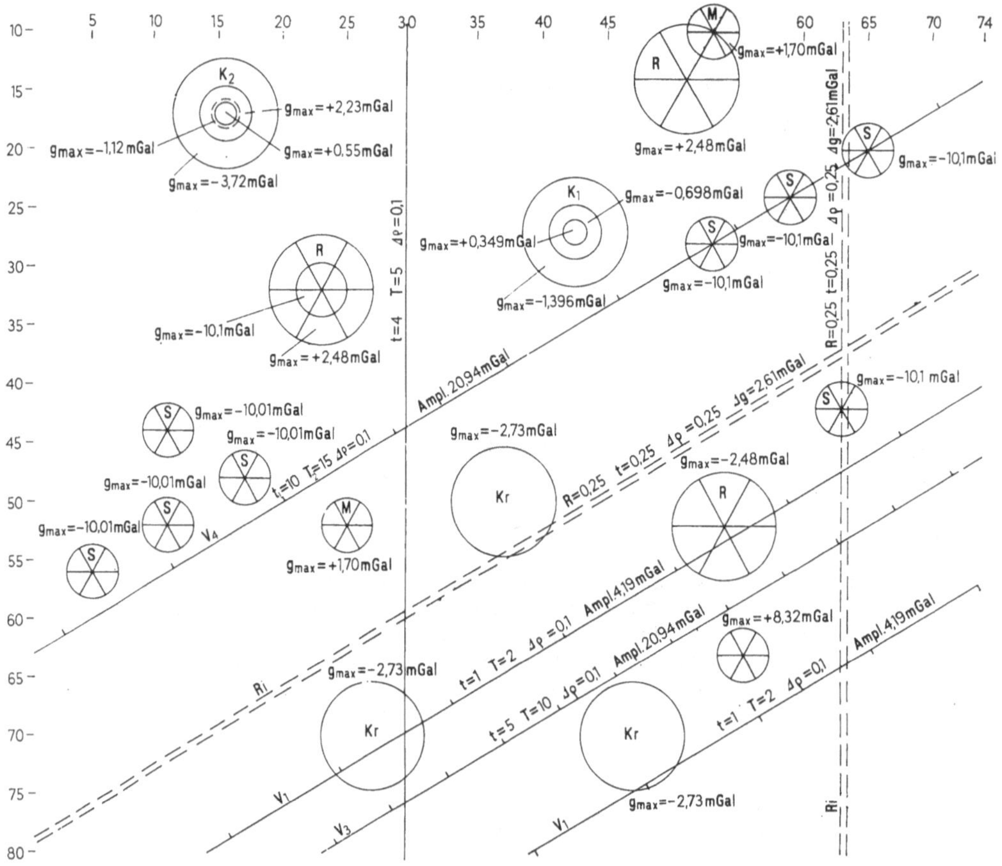

Abb. 1a. Gravimetrisches Testmodell

Das Gesamtmodell ist so aufgebaut, daß die Körper mit verhältnismäßig geringem rechentechnischem Aufwand beliebig zu verschieben oder zu entfernen sind. Ausgenommen davon ist die Verschiebbarkeit jener „zweidimensionalen" Körper, die schräg zur Gitterorientierung verlaufen.

3. Bearbeitungsablauf

Aufbau und Berechnung des Modells geschehen mit Hilfe der EDVA. Das Modell ist auf einem Hexagonalgitter mit $s = 1$ aufgebaut. Die Eingabe der Modellschwerewerte für diese Gitterpunkte geschieht mit einer Genauigkeit von 0,01 mGal. Das entspricht der Meßgenauigkeit moderner Quarzgravimeter. Die Schwerewerte der Einzelkörper werden an den Gitterpunkten maschinell zum Modellschwerefeld (Abb. 1b) addiert. Die Berechnung von höheren Ableitungen, Regional- und Lokalfeldern geschieht direkt über das Hexagonalgitter, während vor der Berechnung von Wellenlängenfilterungen eine Interpolation auf Quadratgitter notwendig ist. Die Ausgabe der jeweils berechneten Karte kann mit Hilfe eines Zeichenprogrammkomplexes über Plotter erfolgen.

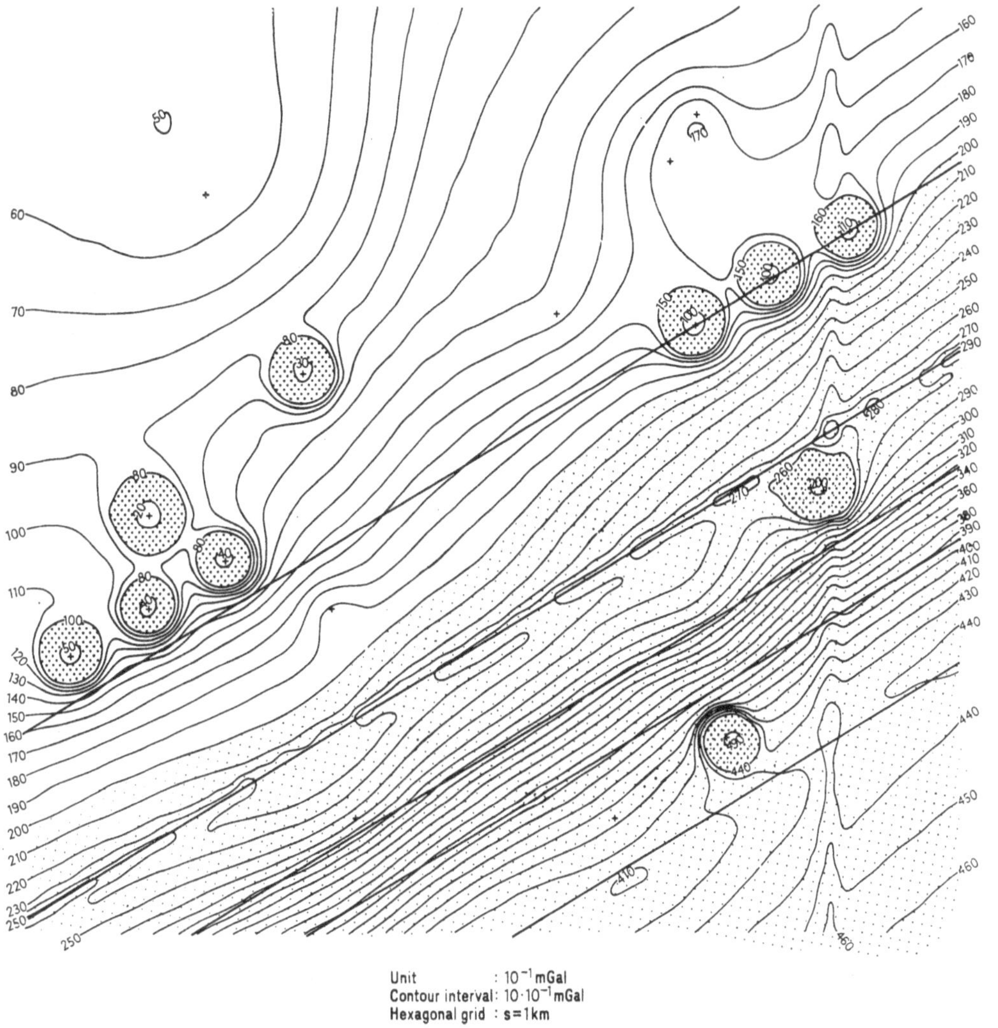

Abb. 1b. Modellschwerefeld

4. Ergebnisse

Der Analyse der verschiedenen Feldtransformationen (g_z, g_{zz}, Regionalfeld) liegen Formelentwicklungen nach GROSSE (1967) zugrunde. Die analysierten Wellenlängenfilterungen wurden von LINDNER & STIER (1972) unter Verwendung des Ansatzes zur Beschneidung der Gewichtsfunktion nach LAVIN & DEVANE (1970) durchgeführt. Der Algorithmus zur Berechnung des totalen Gradienten G^N_{xz} stammt von BEREŠKIN (1967). Die Aufbereitung und Programmierung wurde von SCHUBERT, OBERLÄNDER & FROSCH (1972) vorgenommen.

Zur Beurteilung der Transformationseigenschaften der Feldtransformationen nach GROSSE (1967) ist den Abbildungen die jeweilige Tiefencharakteristik für punktförmige Quellen und ein Schema der Gewichtsverteilung beigegeben. Zur Beurteilung der Filterqualität ist die jeweilige Filtercharakteristik dargestellt.

4.1. Der Vertikalgradient

Der Vertikalgradient g_z wurde nach dem Verfahren von Baranov (1953) aus einer Integralbeziehung berechnet. Die Abb. 2 zeigt die Formel *V 5b* nach Grosse, die auf die Einbeziehung des Zentralpunkts verzichtet, um oberflächennächste Quellen auszuschließen. Die Formel bildet Quellen aus einem sehr breiten Tiefenintervall ab, eliminiert verdeckte Anomalien aus verschiedenen Stockwerken („Rotliegendanomalie" und Stufe zwischen 1 und 2 km) mit dem Vorteil, keine übermäßig betonten Randanomalien hervorzurufen. Erfaßte Stufen werden durch Gradienten gut abgebildet. Die 0-Linie kann nur mit Vorsicht als repräsentativ für den Ort der Störung angesehen werden.

4.2. Die zweiten Ableitungen

Zur Analyse wurde ein ganzer Satz von zweiten Ableitungen g_{zz} nach Grosse (1967) gerechnet, deren Tiefencharakteristiken so abgestuft sind, daß sie in bezug auf punktförmige Quellen eine Stockwerksgliederung des Schwerebildes gestatten. Die Betonung einer wechselnden Tiefenlage der Quellen geschieht durch Auslassung des Zentralpunkts und durch von Formel zu Formel wachsende Radien. Gezeigt wird in Abb. 3 die Formel g_{zz} II nach Grosse (1967). Die Formel betont sehr oberflächennahe Bereiche und zeigt als hervorstechendes Merkmal die klare Abbildung verdeckter oberflächennaher Störungen durch eine Nullinienindikation. Abbildung 4 zeigt mit der Formel g_{zz} VI den hier gewollten Effekt der Vorzeichenumkehr von Anomalien. Wächst nämlich der innere, stark betonte Radius für die Mittelung der Schwerewerte über die geometrische Begrenzung des Störkörpers hinaus, so können die mit alternierenden Vorzeichen versehenen Randanomalien in ihrer Amplitude die Anomalie über dem Zentralpunkt weit übertreffen, was insbesondere bei sehr starken Quellen deutlich wird. Der Anomalienkomplex einer Quelle nimmt dann sehr große Flächen ein. Durch wechselseitige Überlagerung der Randanomalien entstehen nicht mehr deutbare Scheinanomalien mit relativ hohen Amplituden. Liegen mehrere starke Quellen vor, kann ein ungünstiges Abstandsverhältnis zwischen den Quellen und den zur Berechnung verwendeten Radien relativ gesehen zu einer Vorzeichenumkehr im Aufpunktbereich über den Quellen führen. Dieser Fall ist gerade im Bereich von Salzstrukturen in der Natur nicht selten. Tatsächlich liegen im Gebiet der simulierten Salzstrukturenzone die relativen Maxima über den „Salzstöcken" und die relativen Minima im Bereich der „Salzauswanderungszone".

4.3. Die Regionalfelder

Ähnlich wie für g_{zz} wurden zur Analyse ein ganzer Satz von Regionalfeldern nach Grosse (1967) mit abgestuften Tiefencharakteristiken untersucht. Dabei zeigte sich deutlich, daß bei ungenügender Ausblendung der oberflächennahen Quellen ein verschmiertes, wenig aussagekräftiges Regionalfeld entsteht. Abbildung 5 zeigt indes an Hand der Formel Reg. IX von Grosse, daß es mit Hilfe der Regionalfeldberechnung gelingen kann, verdeckte und in ihrem Tiefenbereich relativ isoliert stehende Tiefenstörungen an Hand eines stärkeren Gradienten zu erkennen.

Darüber hinaus erfolgte eine hier nicht dargestellte Trendfeldberechnung der Polynomgrade 1—8 und eine Analyse der jeweiligen Restfelder. Die Trendfelder zeigen einen sehr ausgeglichenen Verlauf und sind zur Störungsfestlegung nicht verwendbar. Eine sehr gute Restfeldwiedergabe erlaubten im vorliegenden Fall Trendfelder vom Polynomgrad 2 oder 3. Trendfelder höherer Ordnung zeigen ähnlich wie zu klein dimensionierte Regionalfelder eine Verzahnung mit lokalen Feldanteilen.

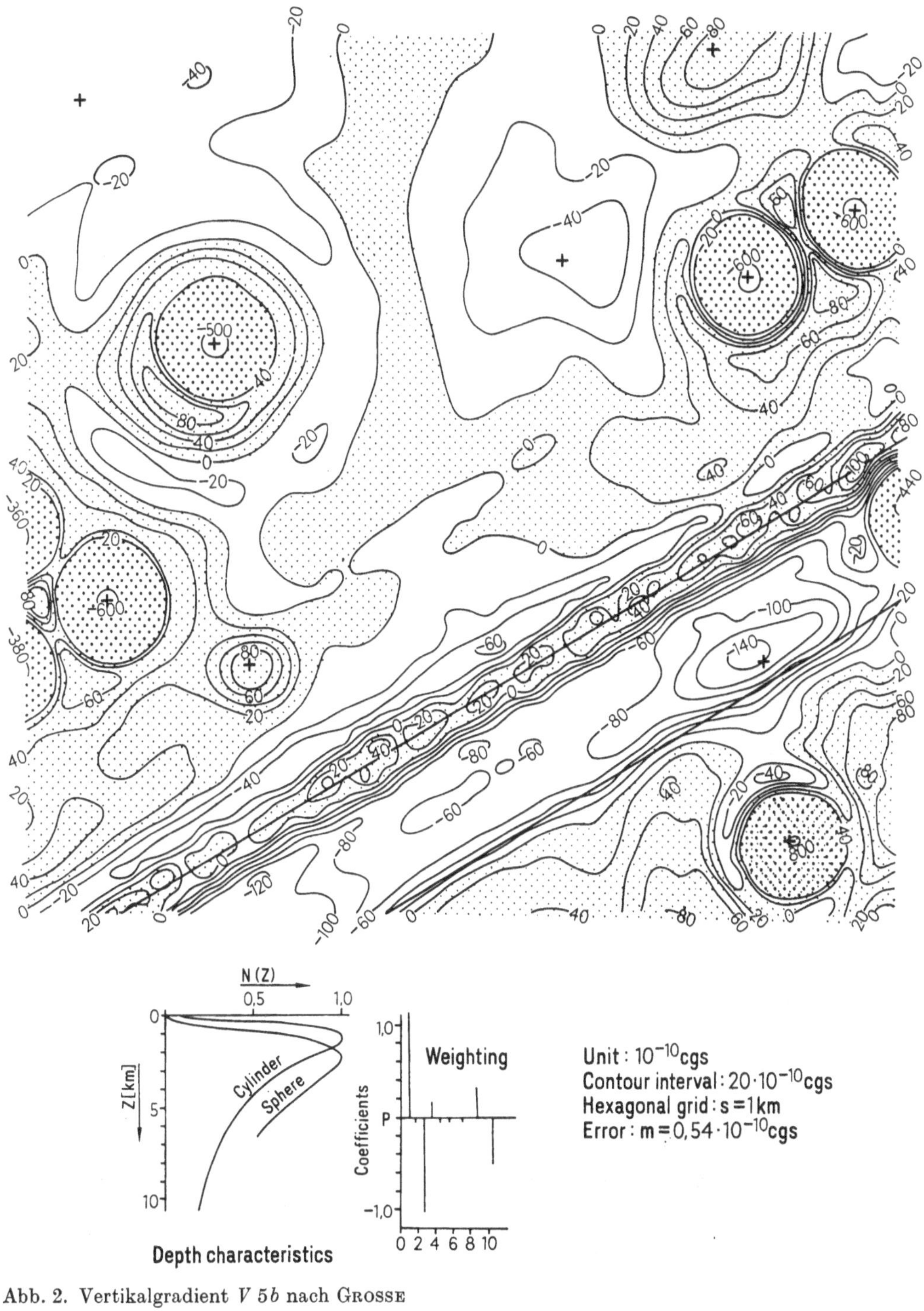

Abb. 2. Vertikalgradient *V 5b* nach Grosse

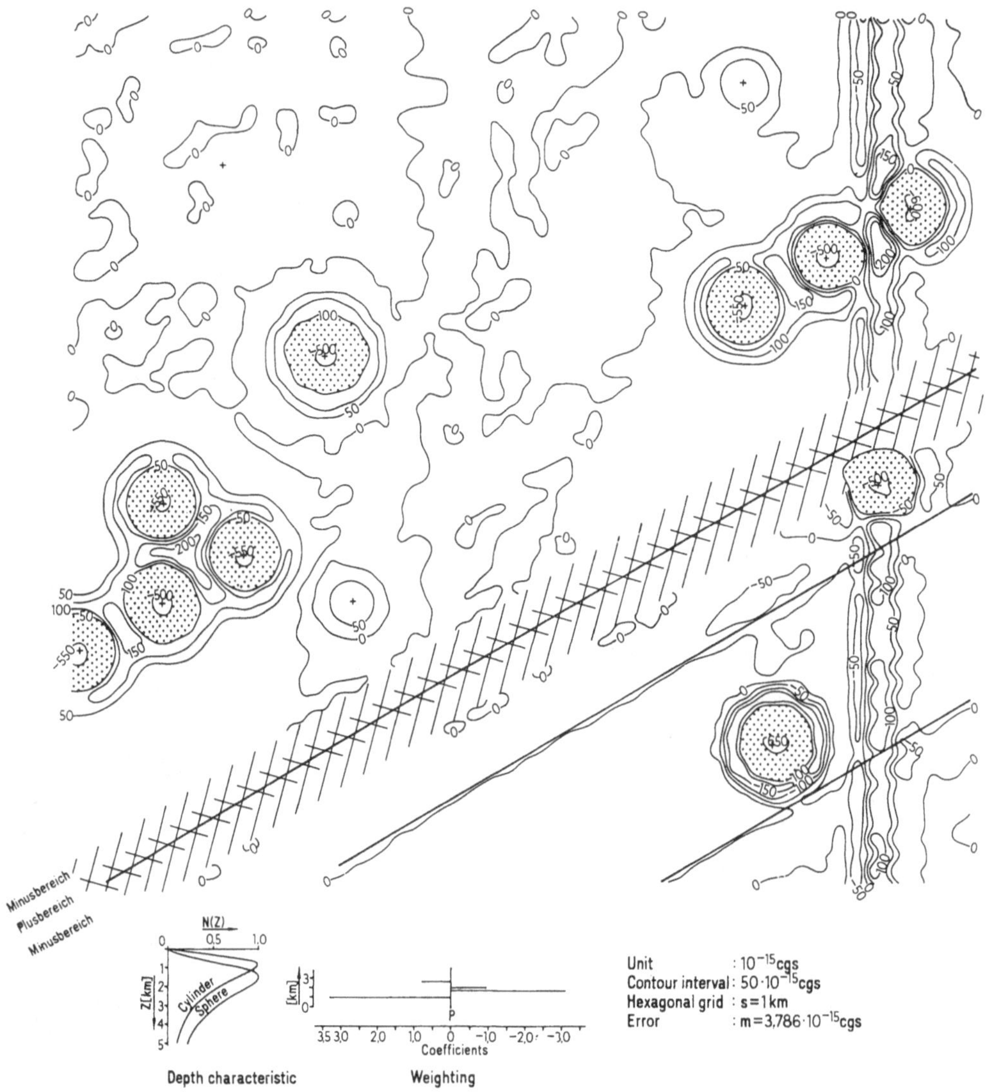

Abb. 3. 2. Ableitung g_{zz} II nach GROSSE

4.4. Übersicht über verschiedene Transformationsergebnisse

Eine Übersicht über die erhaltenen Transformationsergebnisse zeigt Abb. 6. Dargestellt sind: die Amplitude des Störkörpers, bei Stufen zusätzlich der Abstand Δx zwischen den Punkten der größten Krümmung der ihnen zugehörigen Schwerekurve; die Konfiguration des Störkörpers; die durch Schraffur gekennzeichnete zu erwartende Abbildung des Störkörpers nach der Tiefencharakteristik bzw. nach Δx bei Stufen; die tatsächliche Abbildung des Störkörpers in der vorliegenden Konfiguration des Testmodells.

Die Ergebnisse für g_{zz} zeigen, daß die Abbildung der Störkörper bis in Tiefen von ca. 5 s der Theorie entspricht. Starke Quellen finden sich stets in tieferen Stockwerken wieder, was im Einklang mit der Theorie steht, da die Tiefencharakteristiken jeweils

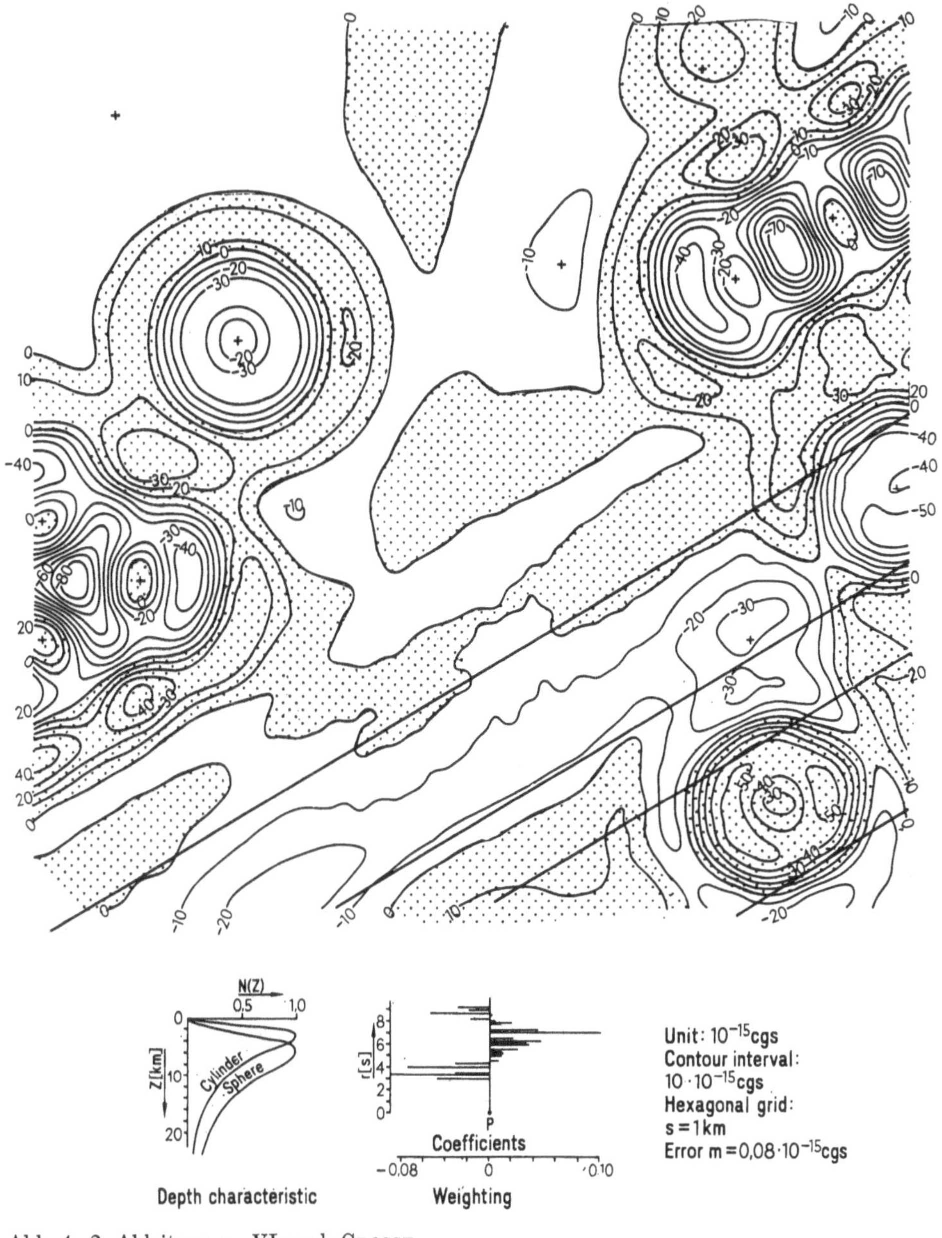

Abb. 4. 2. Ableitung g_{zz} VI nach GROSSE

für gleiche Ausgangsamplituden der Anomalien gelten. In derartigen Fällen nehmen die Randanomalien immer mehr an Bedeutung und Amplitude zu, bis im vorliegenden Fall die Formel g_{zz} IX nur noch Scheinanomalien zeigt. Der Vertikalgradient g_z zeigt ähnliches Verhalten, mit dem Unterschied, daß die Scheinanomalien hier stark zurücktreten. Die Regionalfelder weisen als einzige die Möglichkeit einer Abbildung tiefliegender Stufen auf, während dreidimensionale Körper nur bei sehr hohen Ausgangsamplituden eine erkennbare Abbildung erfahren.

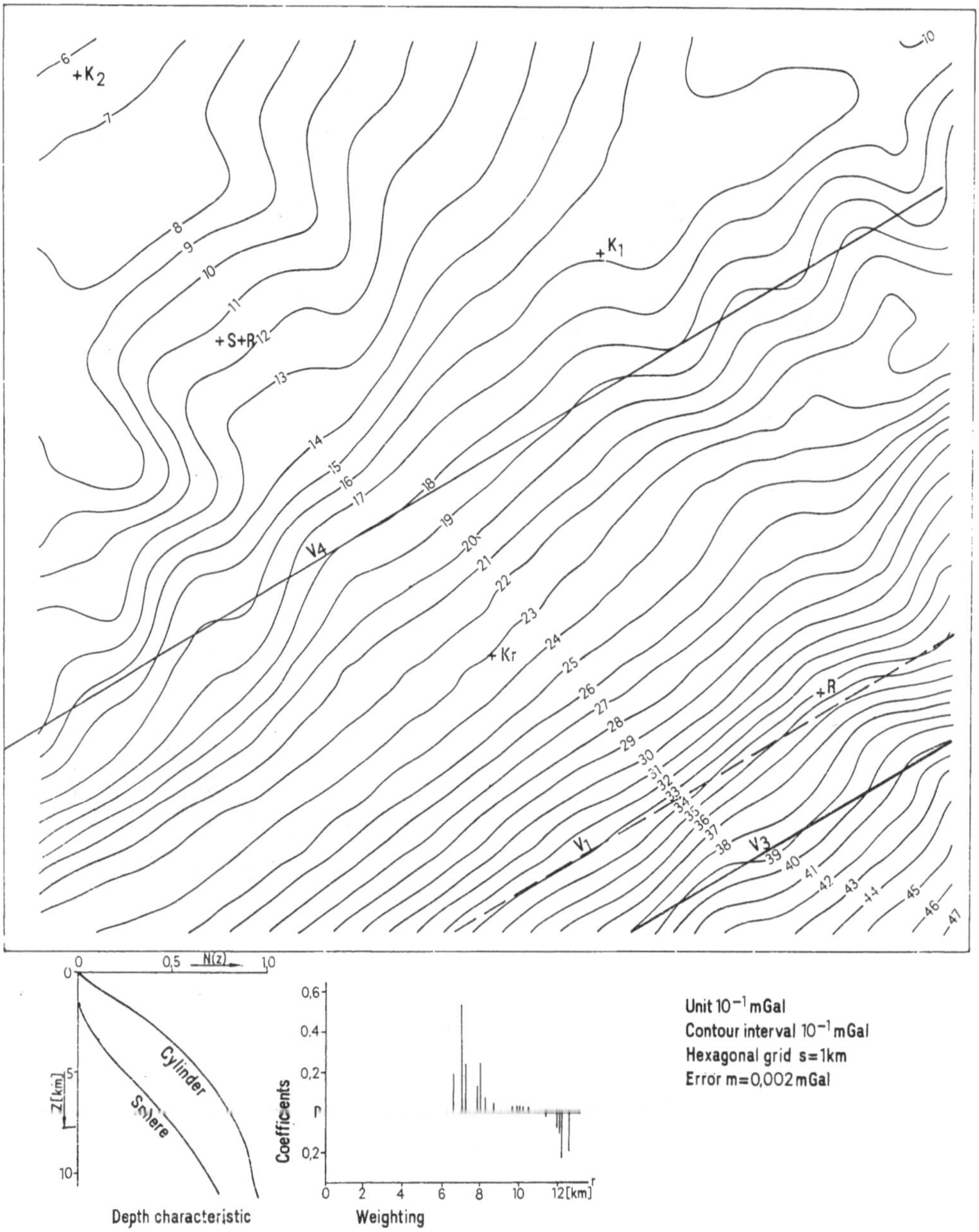

Abb. 5. 2. Ableitung g_{zz} IX nach Grosse

4.5. Die Wellenlängenfilterung

Die Wellenlängenfilterung erlaubt in Form der Hoch- und Tiefpaßfilterung eine recht gute und definierte Trennung regionaler und lokaler Feldanteile, wie an der Hoch- und Tiefpaßfilterung mit der Grenzwellenlänge 11,9 km gezeigt werden kann (Abb. 7, 8). Im Gegensatz zu den in den Abschn. 4.1. bis 4.4. genannten Verfahren der Feldtrans-

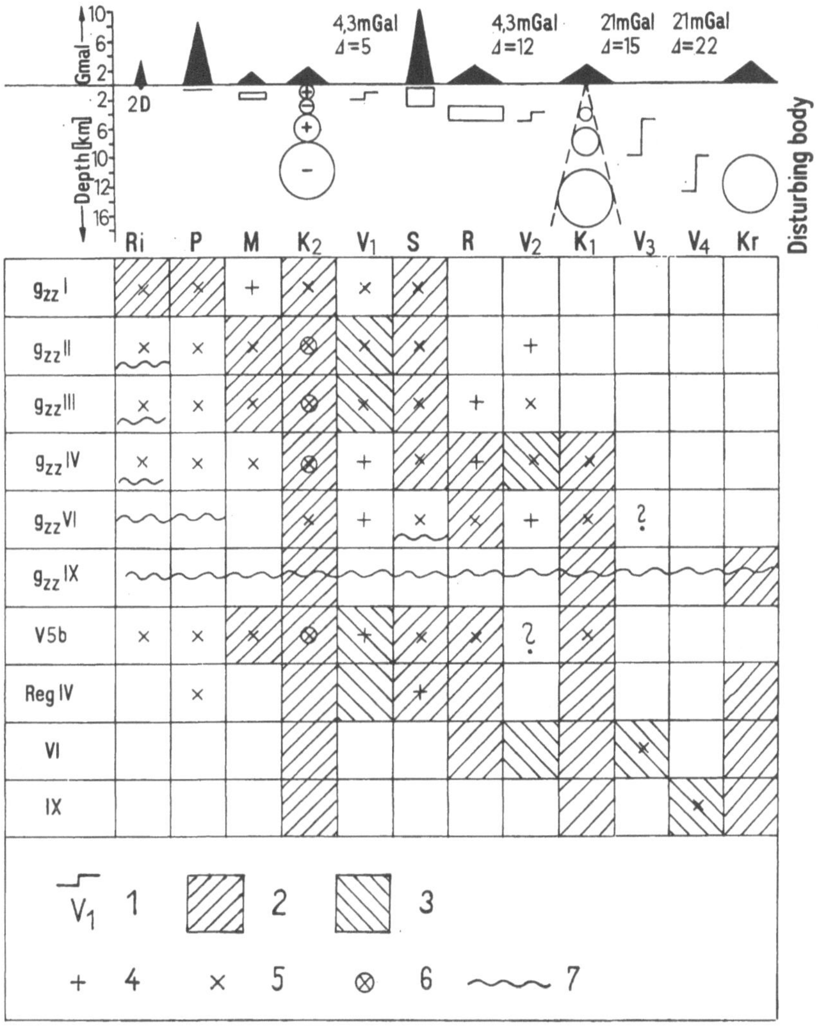

Abb. 6. Ergebnisse verschiedener Feldtransformationen

1 – Typ und Symbol des Störkörpers; 2 – an Hand der Tiefencharakteristik geforderte Wiedergabe des Störkörpers; 3 – geforderte Wiedergabe von Stufen; 4 – Störkörper noch nachweisbar; 5 – Störkörper gut nachweisbar; 6 – Überlagerung von Störkörpern mit wechselnden Vorzeichen; 7 – starke Rand- und Schwereanomalien

formation wird es durch geschickt gewählte Bandpaßfilter möglich, verdeckte schwache Quellen großer Tiefenlage sichtbar zu machen, wie eine Bandpaßfilterung mit $\lambda = 5$ bis 30 km zeigt (Abb. 9), wo als einziges Beispiel ein Effekt der in 14 km Tiefe liegenden Kugel (Kristallin) erkennbar ist, daneben treten sehr deutlich die „Rotliegendanomalien" auf. Hingegen bestätigt die Analyse von bislang 11 ausgewählten Wellenlängenbereichen, daß die Filterung, wie theoretisch zu erwarten, nicht zur Trassierung von Störungen verwendet werden kann. Die Abb. 9 zeigt weiterhin, daß die Wellenlängenfilterung nicht frei von Randanomalien ist, deren Auftreten aus dem GIBBSschen Effekt heraus erklärbar wird. Bei Beschränkung auf sehr große Wellenlängen wachsen diese Randanomalien zu Anomalien gleicher Größenordnung wie die der realen Quellen

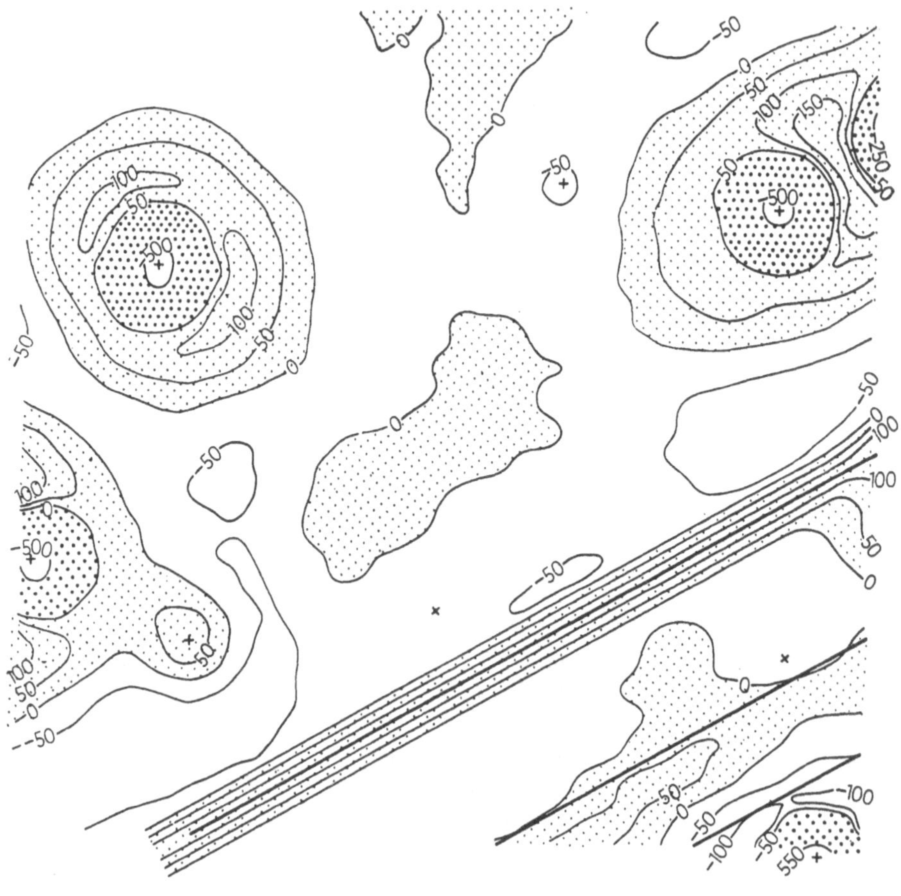

Abb. 7. Wellenlängenfilterung nach LINDNER
Hochpaß $\lambda = 0-11{,}9$ km

heran, wie das Beispiel des Bandpasses zwischen $\lambda = 12{,}5$ und 35,7 km zeigt (Abb. 10), d. h. für die Erkundung großer Teufen erwachsen der Wellenlängenfilterung ähnliche Schwierigkeiten wie allen übrigen Feldtransformationen.

Die Zusammenstellung der Ergebnisse der Wellenlängenfilterung zeigt Abb. 11. Im oberen Teil der Abbildung sind als „Wellenlänge" die doppelten Halbwertsbreiten der Anomalien der Störkörper zusammen mit der Amplitude der Anomalie in mGal aufgetragen. Die aus dem Schwerefeld des Testmodells erkennbare Ausdehnung der Anomalie ist schraffiert dargestellt. Im unteren Teil der Abbildung sind die jeweiligen Filter und die im Filterergebnis erreichte Wiedergabe der Störkörper aufgetragen. Daraus ist ersichtlich, daß die sehr schmalbandige aber starke Anomalie P (Pleistozänrinne) mit einer doppelten Halbwertsbreite von 1600 m durch den Filterprozeß in die Breite gezogen wird und noch im Bandpaßfilter mit $\lambda = 5$ km erscheint. Alle anderen Anomalien weisen diese Erscheinung nicht auf, sondern die doppelte Halbwertsbreite

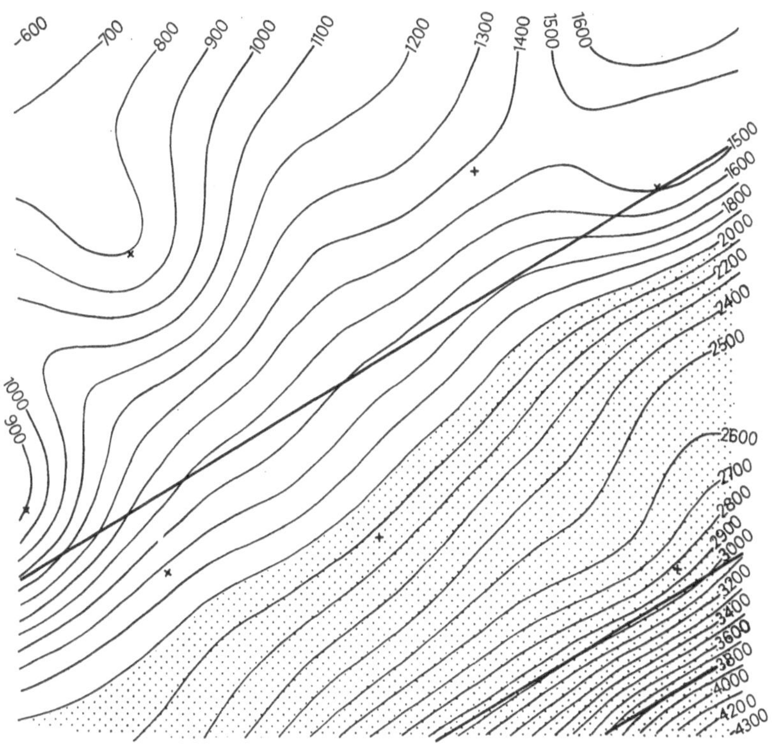

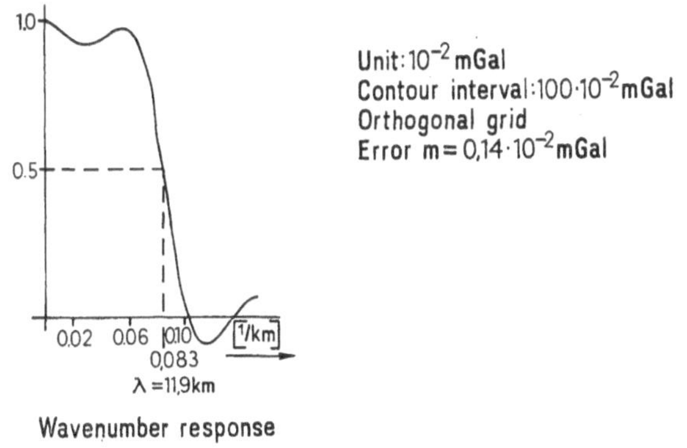

Abb. 8. Wellenlängenfilterung nach LINDNER
Tiefpaß $\lambda = 11{,}9 - \infty$ km

als angenommenes Maß der Wellenlänge bestimmt ziemlich gut den Abbildungsprozeß. Dies ist deutlich an der Hoch-Tiefpaßfilterung mit der Grenzwellenlänge $\lambda = 11{,}9$ km zu erkennen (s. Abb. 7, 8).

Bemerkenswert ist die Überlagerung der relativ breitbandigen aber flachen Anomalie M in den Hochpaßfiltern bis $\lambda = 5$ km. Ein gleiches Verhalten zeigt die Anomalie R im Hochpaßfilter bis $\lambda = 11{,}9$ km. Die tiefliegenden und im Modellschwerefeld (Abb. 1b) verdeckten Körper R und K zeigen einen sehr flachen Anomalienverlauf, der in den Hochpaßfiltern nicht zum Ausdruck kommt. Aber auch die Tießpaßfilter zeigen durch die Überlagerung des regionalen Feldes keine Indikationen. Einzig geschickt gewählte

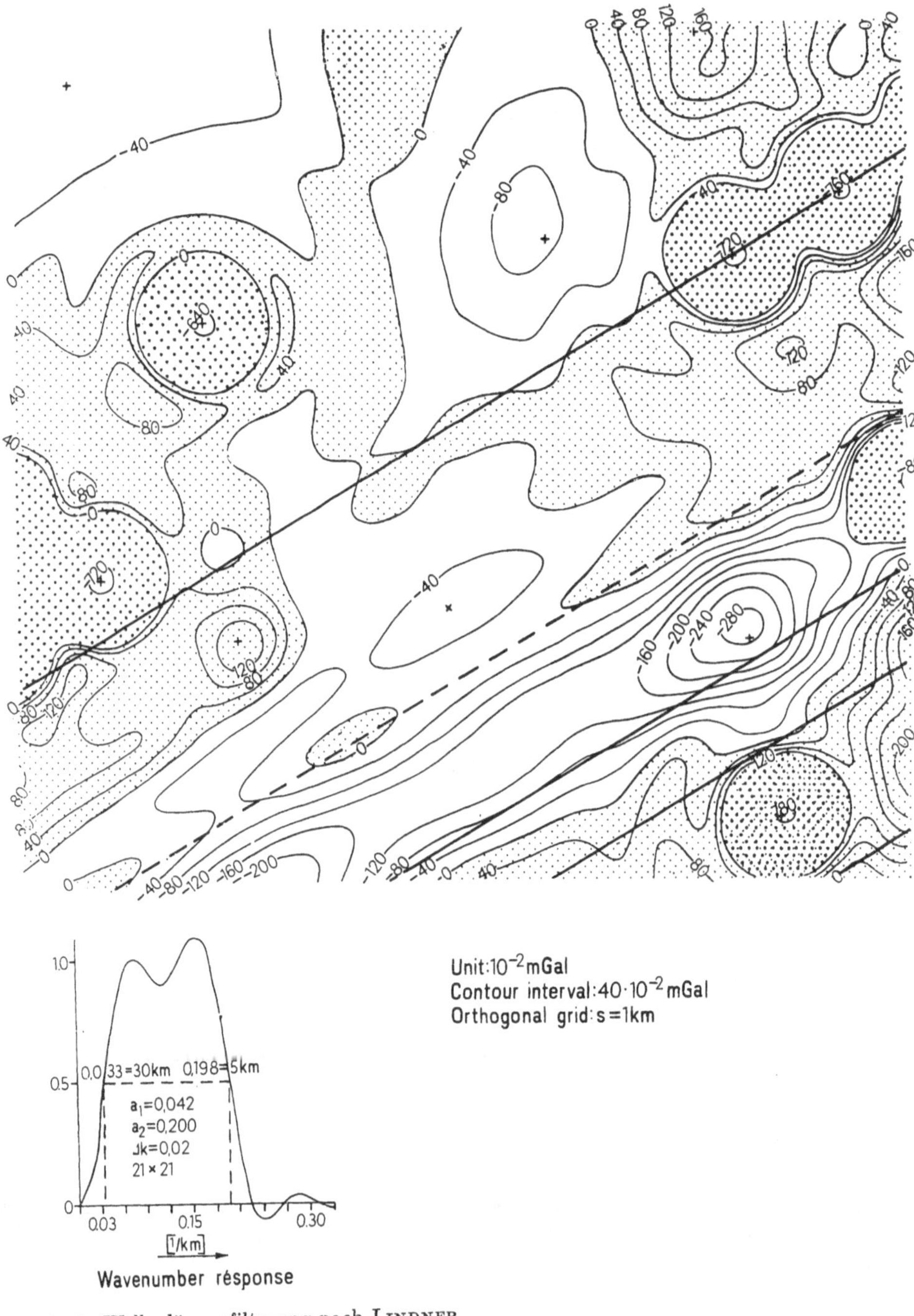

Abb. 9. Wellenlängenfilterung nach LINDNER

Bandpaß $\lambda = 5-30$ km

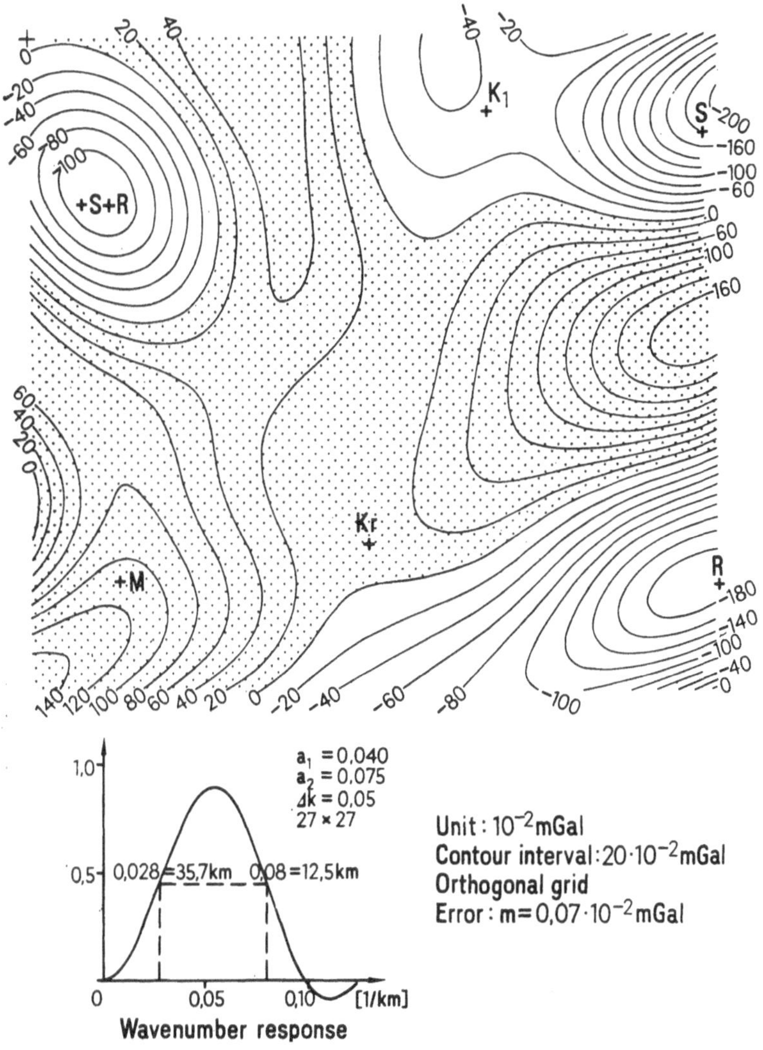

Abb. 10. Wellenlängenfilterung nach LINDNER

Bandpaß $\lambda = 12{,}5 - 35{,}7$ km

Bandpaßfilter, die die höchsten Frequenzen und einen Teil des Regionalfelds unterdrücken, lassen hier Informationen zu. In diesem Fall sind das die Filter zwischen 2,5 und 25 km für R und 5 und 30 km für R und K. Die Filter des BP zwischen 5 und 12,8 km und des BP zwischen 12,5 und 35,7 km, schneiden zum ersten zu viel von den langwelligen und zum zweiten zu viel von den kurzwelligen Anteilen ab. Das zuunterst dargestellte Filter zwischen 23,4 und 64,3 km zeigt nur noch Scheinanomalien. Hier erwachsen der Wellenlängenfilterung gleiche Schwierigkeiten wie der g_{zz}-Berechnung für große Tiefen.

4.6. G_{xz}^N

Das Ergebnis der Methode G_{xz}^N ist in außerordentlichem Maße von der Anzahl der berechneten Harmonischen abhängig, wie die Abb. 12 und 13 zeigen.

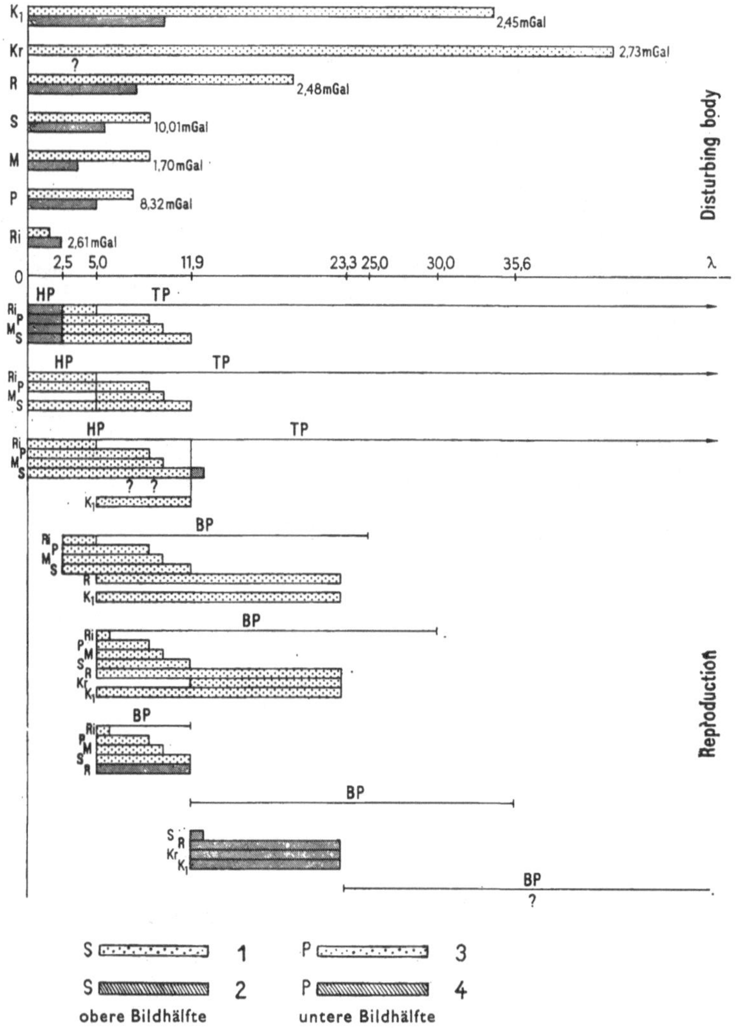

Abb. 11. Ergebnisse von Wellenlängenfilterungen

HP – Hochpaß; TP – Tiefpaß; BP – Bandpaß; 1 – Symbol für Störkörper (R, S, H, ...), theoretische Wellenlänge und Maximalamplitude in mGal; 2 – im Modellfeld erkennbare Wellenlänge; 3 – gute Wiedergabe; 4 – schlechte Wiedergabe

Das G_{xz}^N-Bild ist stark von Rand- und Scheinanomalien durchsetzt, so daß vor einer zu weitgehenden geologischen Interpretation gewarnt werden muß. Es gibt bestenfalls Auskunft über Singularitäten des Feldes.

5. Schlußfolgerungen

Für die Interpretation gravimetrischer Ergebnisse eines größeren Gebiets bei starker wechselseitiger Überlagerung der einzelnen Anomalien ergeben sich neben der stets notwendigen Einbeziehung der Ausgangskarte für die untersuchten Größen als Schlußfolgerungen:

— Die Rayonierung eines Gebiets sollte von der Erfassung des oberflächennahen Anomalieninventars durch g_z-Berechnung ausgehen, die Lage der Störungen muß

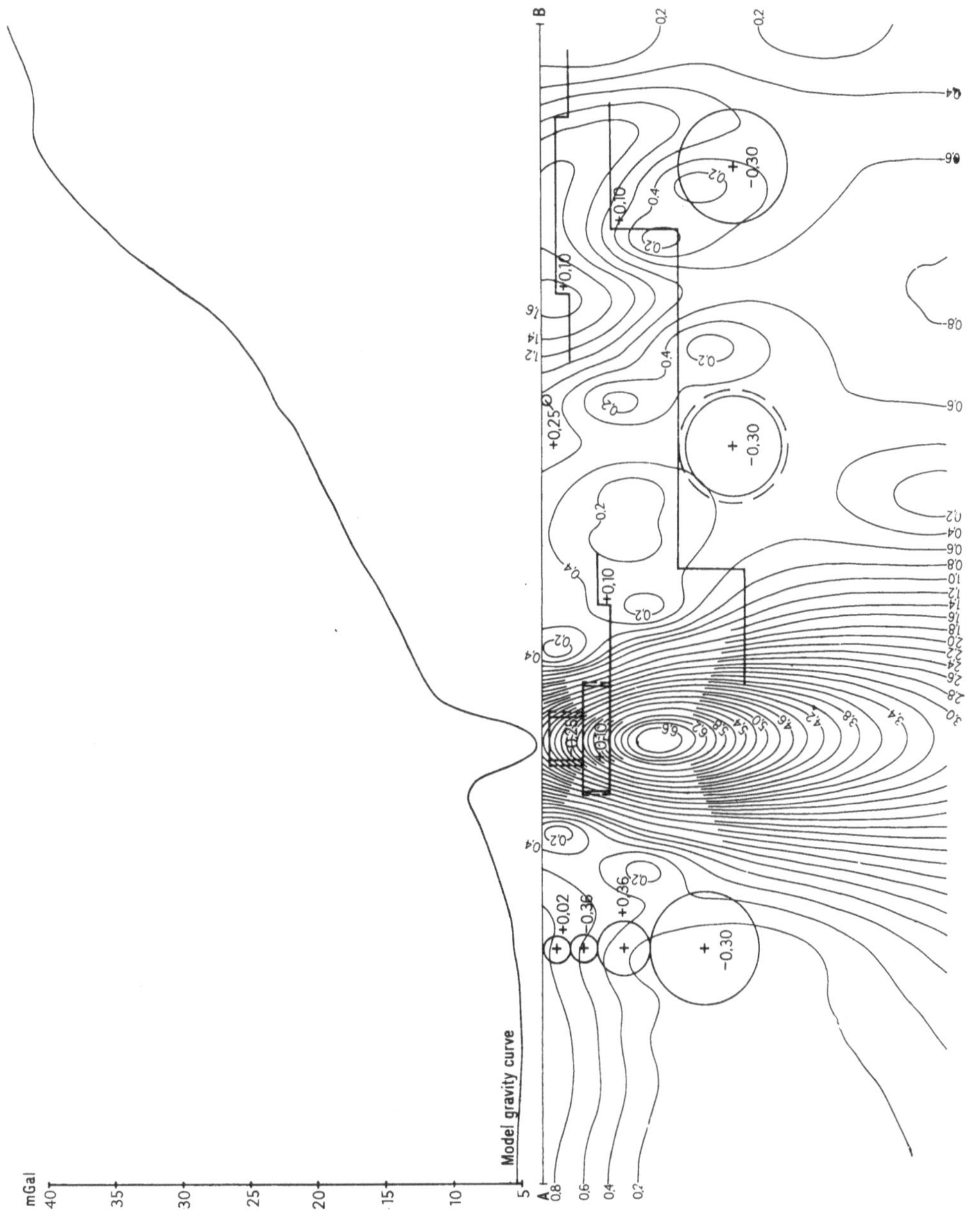

Abb. 12. Berechnung der Funktion G_{xz}^N ($N = 40$)

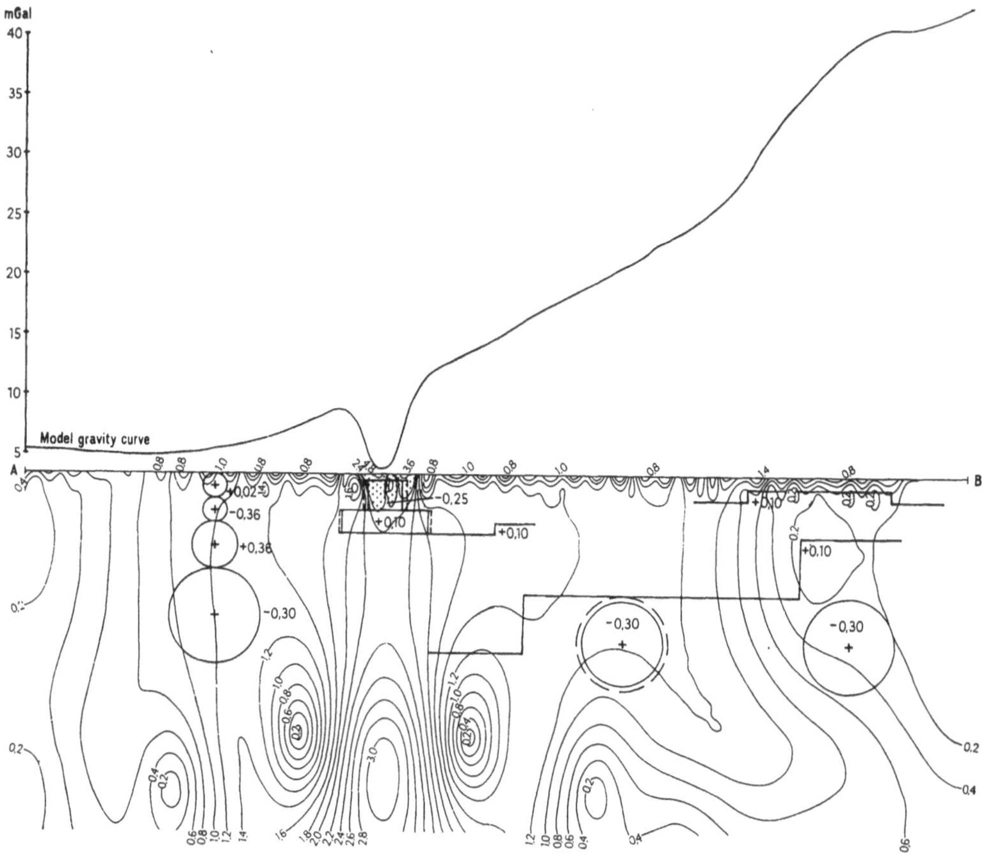

Abb. 13. Berechnung der Funktion G_{xz}^N ($N = 100$)

durch g_{zz}-Berechnungen präzisiert werden, erst dann sollte zur Berechnung von Transformationen mit größeren Eindringtiefen übergegangen werden.

— Bei Vorhandensein starker, relativ schmalbandiger Anomalien (Salz!) muß mit dem Auftreten starker Scheinanomalien bei der Berechnung von Transformationen mit großen Eindringtiefen gerechnet werden, die sogar eine Interpretation unmöglich machen können.
— Wellenlängenfilterungen sind zur Trassierung von Störungen ungeeignet, dagegen können Bandpässe wesentlich aussagekräftiger beim Auffinden verdeckter Quellen sein als die übrigen Transformationen.
— Bandpässe in einem niedrigen Frequenzbereich sind ähnlich schwer zu interpretieren wie g_{zz}-Berechnungen für große Tiefen.
— Tiefe Störungen können noch am ehesten durch Regionalfeldberechnungen erkannt werden. Trendberechnungen sind im allgemeinen dazu ungeeignet.
— Der Einsatz voraussetzungsfreier Methoden, wie die Berechnung von G_{xz}^N, ist nur unter tabula rasa-Verhältnissen von möglichem Interesse. Eine über die Angabe von Singularitäten des Feldes hinausgehende geologische Interpretation ist kaum möglich.

Somit erscheint in der Praxis unter Beachtung der hier analysierten Randbedingungen der kombinierte Einsatz der genannten linearen Transformationen und die anschließende iterative Lösung direkter Aufgaben als bestmöglicher Lösungsweg zur Interpretation gravimetrischer Felder. Die allgemeinen Schlußfolgerungen sind sinngemäß auf magnetische Felder anwendbar.

Zusammenfassung

An Hand eines Testmodells für verschiedene Verfahren zur Aufbereitung eines integralen gravimetrischen Feldes für die Interpretation werden die Verfahren untereinander gewertet. Die Analyse wird für die Berechnung von g_z, g_{zz}, das Regionalfeld mit Ausblicken auf die Trendberechnung, die Wellenlängenfilterung und die Größe G_{xz}^N geführt. Im Endeffekt zeigt sich, daß die besondere Stärke einzelner Methoden auf folgenden Sektoren liegt:

- Trassierung oberflächennaher Störungen — g_z, g_{zz};
- Ortung verdeckter Körper — Bandpaßfilterung;
- Trassierung von Tiefenstörungen — Regionalfeldberechnung.

Es werden Vorschläge für einen kombinierten Einsatz der Verfahren in komplizierten Erkundungssituationen gemacht.

Резюме

При помощи тестовой модели проводится сравнительная оценка разных способов подготовки к интерпретации интегрального поля тяжести. Анализируются результаты расчета g_z, g_{zz} и регионального поля с указанием перспективности такого анализа для оценки тренда фильтрации волновых чисел и величины G_{xz}^N. В конечном счете оказывается, что особые преимущества отдельных способов заключаются в следующем:

- Трассирование нарушений, близких к поверхности — g_z, g_{zz};
- Выявление погребенных тел — полосовая фильтрация;
- Трассирование глубоких нарушений — расчет регионального поля.

Делаются предложения для комбинированного применения этих способов для решения сложных разведочных задач.

Summary

By means of a test model different techniques for the treatment of an integral gravity field with respect to its effective interpretation are evaluated. The analysis comprises the calculation of g_z, g_{zz}, the computation of the regional field considering trend estimations, the wave length filtering, and the quantity G_{xz}^N. It is shown that the individual techniques are especially suited in the following order:

- Correlation of near-surface faults — g_z, g_{zz};
- location of hidden bodies — band-pass filtering;
- correlation of deep faults — regional field calculation.

Proposals are made for a combined use of these techniques in complicated exploration situations.

Manuskripteingang: 2. Februar 1977

Anschrift der Autoren:
W. CONRAD, D. HÄNIG, R. HEYNIG, VEB Geophysik
DDR - 701 Leipzig, Schließfach 370

Schriftenr. geol. Wiss. · Berlin 12 (1978) · S. 107–117

Die Rayonierung nach Potentialfelddaten, dargestellt am Beispiel der Sozialistischen Republik Vietnam

Von Pham Khoan, Hanoi; Werner Conrad, Leipzig

Mit 5 Abbildungen und einer Tabelle

1. Regionale Stellung des Untersuchungsgebiets und Aufgabenstellung

Das Schwerefeld Indochinas ist seit den Arbeiten von Lejay (1934) und Hoffet (1937) in seinen Grundzügen bekannt. Doch erst in den letzten zehn Jahren setzten in der damaligen DRV und in der heutigen SRV umfangreichere geologische und geophysikalische Untersuchungen ein, in deren Verlauf Isaev & Khoan (1970a, b, 1974) die Tiefenlage der Mohorovičić-Diskontinuität für Vietnam und einige angrenzende Gebiete ermittelten. Grundlage dazu waren die genannten Schweremessungen und die Aufstellung einer stochastischen Beziehung zwischen den Bouguer-Anomalien und der Krustenmächtigkeit im südöstlichen Asien. Das Ergebnis zeigt Abb. 1; es ist die erwartete Zunahme der Krustenmächtigkeit in Richtung auf das Landesinnere, die in Verbindung mit der Geländehöhe steht, dargestellt. Von besonderem Interesse ist die auffallende Identität der Abnahme der Krustenmächtigkeit in den känozoischen Senkungsgebieten der Deltas des Song Hông-ha (Roter Fluß) und des Mekong. Die Aufwölbung des Mantels scheint sich außerhalb der känozoischen Senkungszone relativ schmalbandig längs des Laufs des Song Hông-ha in das Landesinnere fortzusetzen. Dieses Gebiet ist den Geologen als Nahtzone des Song Hông-ha bekannt. Bereits von Fromaget (1939) und Noang Chi Chinh (1952) wurde dieses Element als Grenze zwischen der Chinesischen Tafel im Norden und dem variszisch bis mittelpaläozoisch gefalteten Indosiniden im Süden aufgefaßt. Heute haben sich die Ansichten einiger Autoren dazu geändert (s. Abschn. 2.).

Im folgenden sollen die Nahtzone und ihre weitere Umgebung im Norden der SRV einer geologisch-geophysikalischen Rayonierung unterzogen werden, deren Methodik im VEB Geophysik entwickelt und in der DDR erfolgreich angewendet wurde. Ausgangspunkt für diese Untersuchungen sind Transformationen des Schwerefelds, das nach den starken Indikationen im Bereich der Nahtzone bereits in seiner regionalen Form Anhaltspunkte für eine Rayonierung liefern kann.

2. Die geologische Situation im Norden der SRV

Nach Gliederung des kaledonischen Faltenbaus im Südosten der VR China (Jen Chi-Shun 1968) wird heute das Gebiet der Viet-Bac-Erhebung nördlich der Nahtzone des Hông-ha den katasiatischen Kaledoniden zugerechnet (Gatinskij 1973), an die sich auf dem Territorium der VR China die Chinesische Tafel anschließt. Im Bereich der Viet-Bac-Erhebung (Abb. 2) findet sich der geosynklinale Hauptkomplex oberproterozoischer bis unterpaläozoischer sandig-schiefriger und karbonatischer Ablagerungen mit Mächtigkeiten bis zu 7000 m. Die Faltungsräume sind mit granitischen Intrusionen durchsetzt. Die obere, flyschartig ausgebildete Strukturstufe dieser Ablagerungen hat mittel- bis oberordovizisches Alter. In den nordwestlichen Landesteilen schließen sich an den geosynklinalen Hauptkomplex epigeosynklinale Bildungen des mittleren und

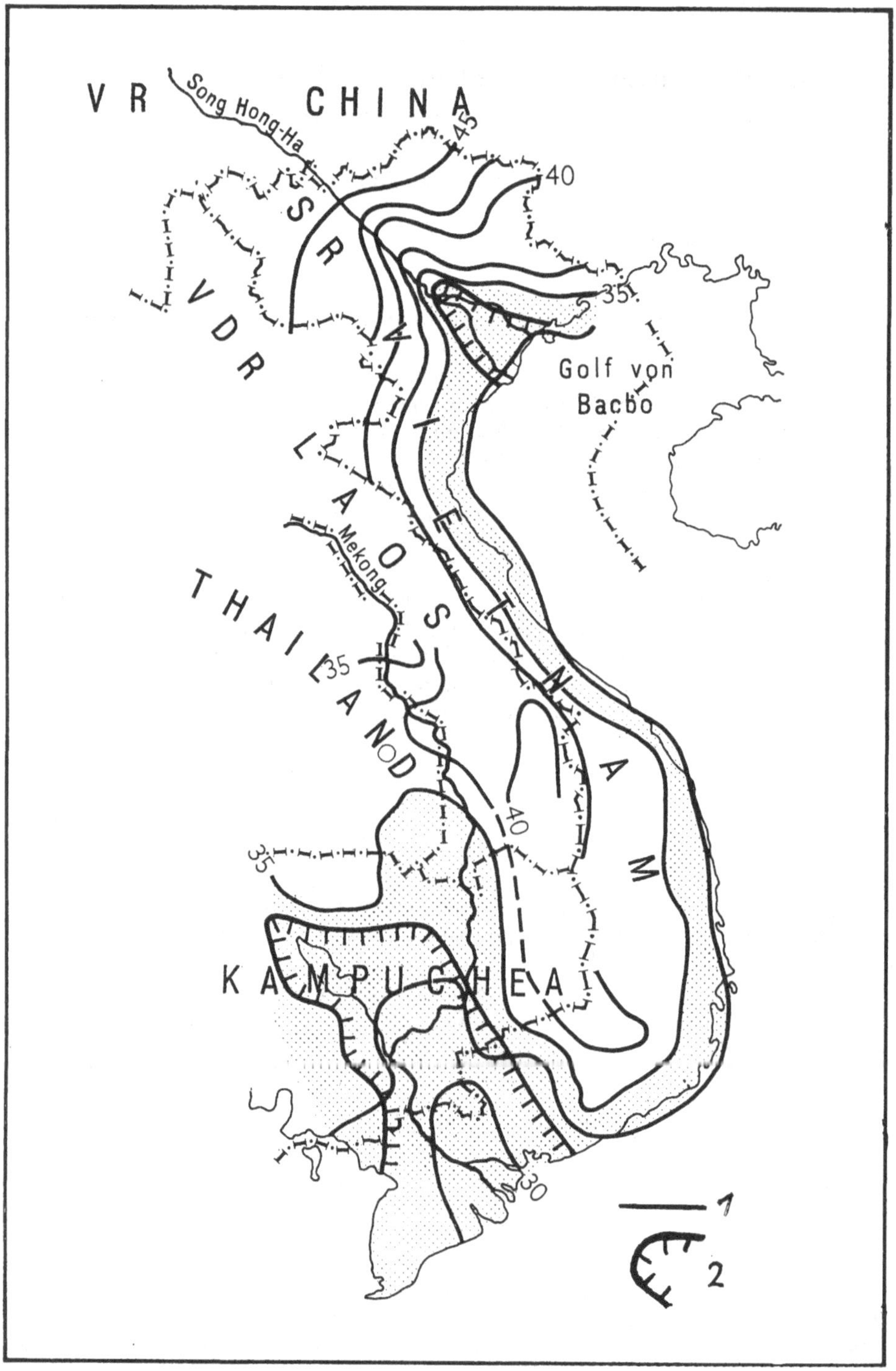

Abb. 1. Schema der Mohorovičić-Tiefenlage in der SR Vietnam

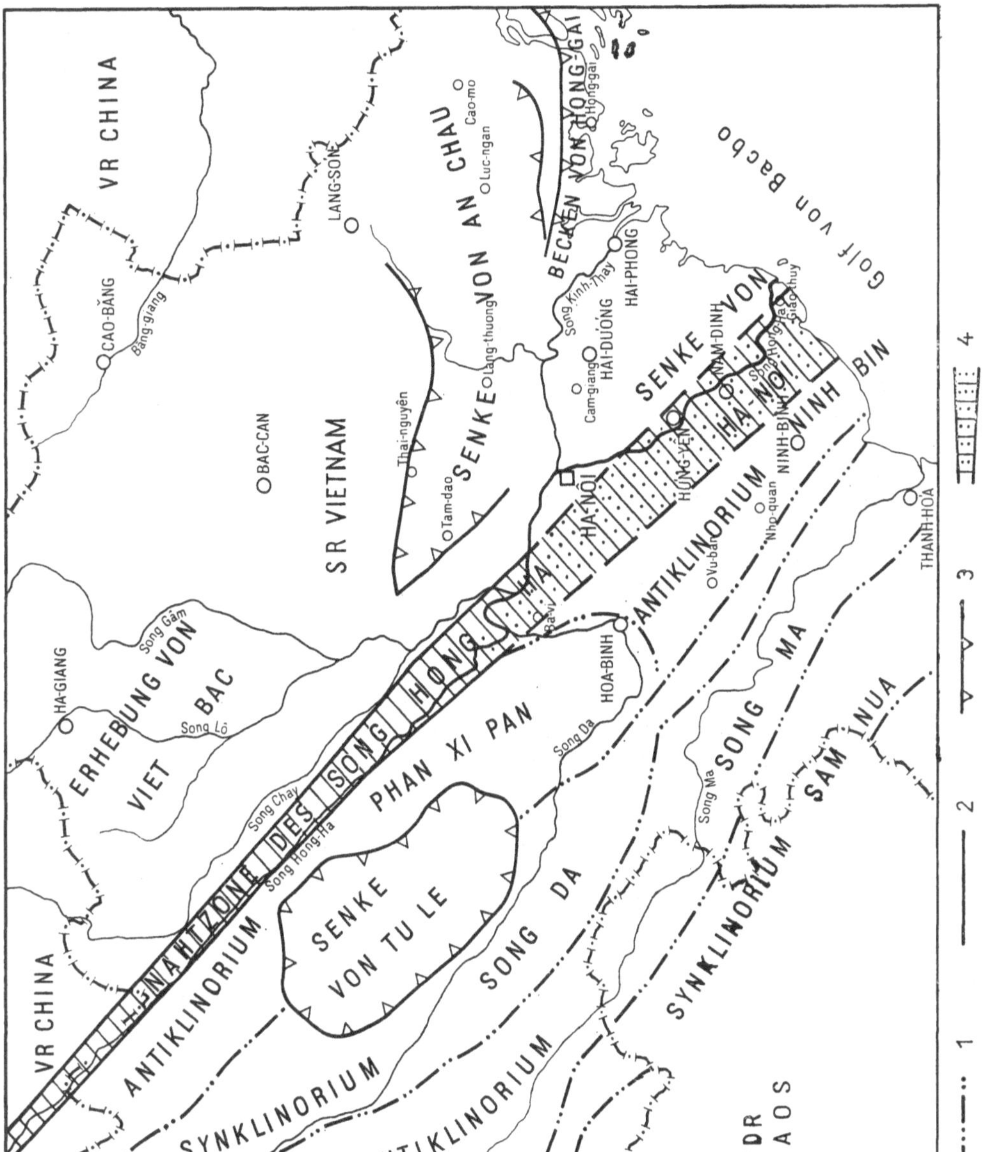

Abb. 2. Vereinfachtes tektonisches Schema der nördlichen SR Vietnam

1 — Grenzen der tektonischen Einheiten; 2 — tektonische Störungen; 3 — mesozoische Senke; 4 — känozoische Senke

oberen Paläozoikums mit Gesamtmächtigkeiten von 2000—5000 m bei germanotyper Tektonik an.

Die Basis der Viet-Bac-Erhebung wird von metamorphem Kristallin gebildet, das längs der Nahtzone des Hông-ha in einem breiten Streifen aufgeschlossen ist und in größeren Gebieten des südwestlich daran anschließenden Antiklinoriums Phan Xi Pan zusammen mit kaledonisch verfalteten Gesteinen ansteht. Diese früh- bis mittelproterozoische Basis besteht aus einer ca. 7000 m mächtigen Serie von Amphiboliten, granitisierten Plagiogneisen, magnetithaltigen Quarziten und kristallinen Schiefern.

Im Süden der SRV und in der mittleren und südlichen VDR Laos liegt das im NW bis Vientiane reichende prävariszisch konsolidierte Indosinische Mittelmassiv, um das sich die variszischen zentral-indochinesischen Faltungsgürtel lagern. Nach N erstreckt sich das variszische Faltungsgebiet bis zum Sông Ca. Der verbleibende Restraum zwischen dem Antiklinorium Phan Xi Pan und dem Sông Ca wird von der spätvariszischen Nordvietnamesischen Faltungszone eingenommen. Deren südliche Struktur, das Synklinorium Diên-biên Phu — Sam Nua wird vom Untersuchungsraum nicht berührt. Nördlich schließt das Antiklinorium Sông Ma an; in seinem Kern finden sich präkambrische kristalline Bildungen, an den Flanken mittel- und oberpaläozoische Ablagerungen. Im SE sind diese oberpaläozoischen Ablagerungen von Andesitbasalten durchsetzt. Die geosynklinalen Ablagerungen umfassen gleichfalls die Untere Trias. Die Faltung ist frühmesozoisch. Die im unteren Teil von sauren Effusiva durchsetzten epigeosynklinalen Bildungen werden von der Mittleren und Oberen Trias gebildet.

Im Gegensatz dazu rechnen im nördlich anschließenden und von Störungen begrenzten Synklinorium des Sông Da Mittlere und Obere Trias noch zum geosynklinalen Komplex. Da diese Zone die Grenze zur katasiatischen kaledonischen Faltungsregion bildet, wird sie auch als Nahtzone des Sông Da (Schwarzer Fluß) bezeichnet.

Im Untersuchungsgebiet finden sich mesozoische und känozoische Senken, die zur Kategorie der nicht-geosynklinalen Senken (Janšin 1966) gerechnet werden und die offenbar durch Prozesse der tektonisch-magmatischen Aktivierung verursacht werden. Über der Nahtzone des Sông Da liegt die Senke von Tu Le, die von obertriassischer Molasse sowie unterjurassischen roten terrigenen Formationen mit einer Gesamtmächtigkeit von ca. 2000 m gebildet wird.

Im NE des Landes liegt die mesozoische Senke von An châu über kaledonisch verfaltetem Untergrund. Die mittel- bis obertriassische Stufe setzt sich hier aus terrigenen, einige 1000 m mächtigen Gesteinen zusammen, die in ruhige breite Falten gelegt sind. Darüber folgen obertriassische bis unterjurassische grobklastische und kohlehaltige Sedimente wechselnder Mächtigkeit sowie eine kretazische rotgefärbte Molasse.

In Fortsetzung der Zone des Hông-ha in Richtung auf den Golf von Bacbo findet sich die bedeutende känozoische Senke von Hanoi, die das Delta des Hông-ha einnimmt; ihre paläogenen, neogenen und quartären Sedimente dürften Mächtigkeiten von über 3000 m erreichen. Die Basis dieser Sedimente ist unbekannt. Die bedeutende seismische Aktivität dieser Zone belegt, daß sie noch heute in Absenkung begriffen ist.

3. Methodik der Rayonierung

Neben den hier kurz beschriebenen geologischen Unterlagen standen für die Rayonierung die Grundzüge des regionalen Schwerefelds, einige Richtungsangaben geomagnetischer Anomalien und die Verteilung makroseismisch ermittelter Bebenherde einschließlich der Magnitude der Beben (Rezanov & Mao 1968) zur Verfügung.

Zur Vorbereitung der Rayonierung wurden die in der Tabelle aufgeführten Feldtransformationen nach Grosse (1968) berechnet. Als Grundlage zur Berechnung diente ein Hexagonalgitter mit dem Gitterabstand $s = 5$ km.

Tabelle. Zur Rayonierung verwendete Feldtransformationen

Feldgrößen	Formel nach GROSSE	Einheit	Mittlerer Fehler	Betonter Tiefenbereich $N_{(z)} = 0{,}6$ für Zylinder
Vertikaler Gradient g_z	V 5 B	E	1,08 E	2–18 km
Zweite Ableitung g_{zz}	I	10^{-15} CGS	$23{,}4 \cdot 10^{-15}$	0 – 4 km
	II	10^{-15} CGS	$15{,}0 \cdot 10^{-15}$	1,5– 9,5 km
	IV	10^{-15} CGS	$1{,}2 \cdot 10^{-15}$	3 –18 km
	VI	10^{-15} CGS	$0{,}3 \cdot 10^{-15}$	6 –36 km
	IX	10^{-15} CGS	$0{,}04 \cdot 10^{-15}$	12 –75 km
Feldfortsetzung nach oben	$FO\ 3b,\ h = s$	mGal	0,2 m Gal	7,5–∞ km
	$FO\ 3b,\ h = 2s$	mGal	0,2 m Gal	15,0–∞ km
	$FO\ 3b,\ h = 3s$	mGal	0,2 m Gal	30,0–∞ km
Regionalfelder g_R	IV	mGal	0,4 mGal	6,0–∞ km
	VI	mGal	0,3 mGal	11,0–∞ km
	IX	mGal	0,2 mGal	22,0–∞ km
Lokalfelder g_L	IV	mGal	1,1 mGal	0–6,0 km

Die berechneten mittleren Fehler gelten für einen Fehler des Ausgangsmaterials von 1 mGal (Tabelle). Durch die ausgewählten Formeln wird eine Untergliederung der gesamten Kruste bis in die Bereiche der Mohorovičić-Diskontinuität möglich (s. Tabelle).

Die Methodik der Rayonierung beruht auf der Erfassung aller in den Feldtransformationen und den Ausgangskarten von Potentialfeldern vorhandenen Störungsindikationen und der Synthese dieser Indikationen sowie weiteren komplexen geologisch-geophysikalischen Informationen zu einem einheitlichen tektonischen Schema. Als Kriterium für das Auftreten von Störungen kommen in Betracht:

1. lang aushaltende Gradienten,
2. Richtungswechsel oder Versetzung von Anomalien über längere Strecken,
3. plötzliche Änderungen in der Struktur des Anomalienbildes.

Dabei ist das am häufigsten auftretende Kriterium 1 ohne Einbeziehung komplexer Ergebnisse nicht von einem bloßen Materialwechsel zu unterscheiden. Die lange lineare Erstreckung eines derartigen Gradienten deutet in den meisten Fällen auf einen tektonischen Ursprung hin.

Für den Aufbau des tektonischen Schemas werden sämtliche berechneten Feldtransformationen herangezogen, in erster Linie werden jedoch die Karten verwendet, die relativ oberflächennahe Bereiche betont abbilden und noch nicht zu stark von der verhältnismäßig niedrigen Genauigkeit des Primärmaterials beeinflußt werden, es sind dies die Karten V 5 b und g_{zz} II (Tabelle). In g_{zz}-Formeln mit größerer Wirkungstiefe können die Randanomalien bei starken oberflächennahen Quellen durch Superposition zu Scheinanomalien von beträchtlicher Amplitude führen, so daß insbesondere die Karten g_{zz} VI und IX mit großer Vorsicht zu interpretieren sind. Die große Flankenbreite der Feldfortsetzung (Abb. 3) und der Regionalfelder eignet sich im allgemeinen nur bedingt für eine Rayonierung, doch lassen sich hier Aussagen über die Tiefenreichweite von Störungen machen, die durch Karten festgelegt werden, welche oberflächennähere Bereiche abbilden. Die Lage der Bebenherde wird im vorliegenden Fall nur zur Stützung der Interpretation, nicht aber zur Trassierung der Störungen herangezogen.

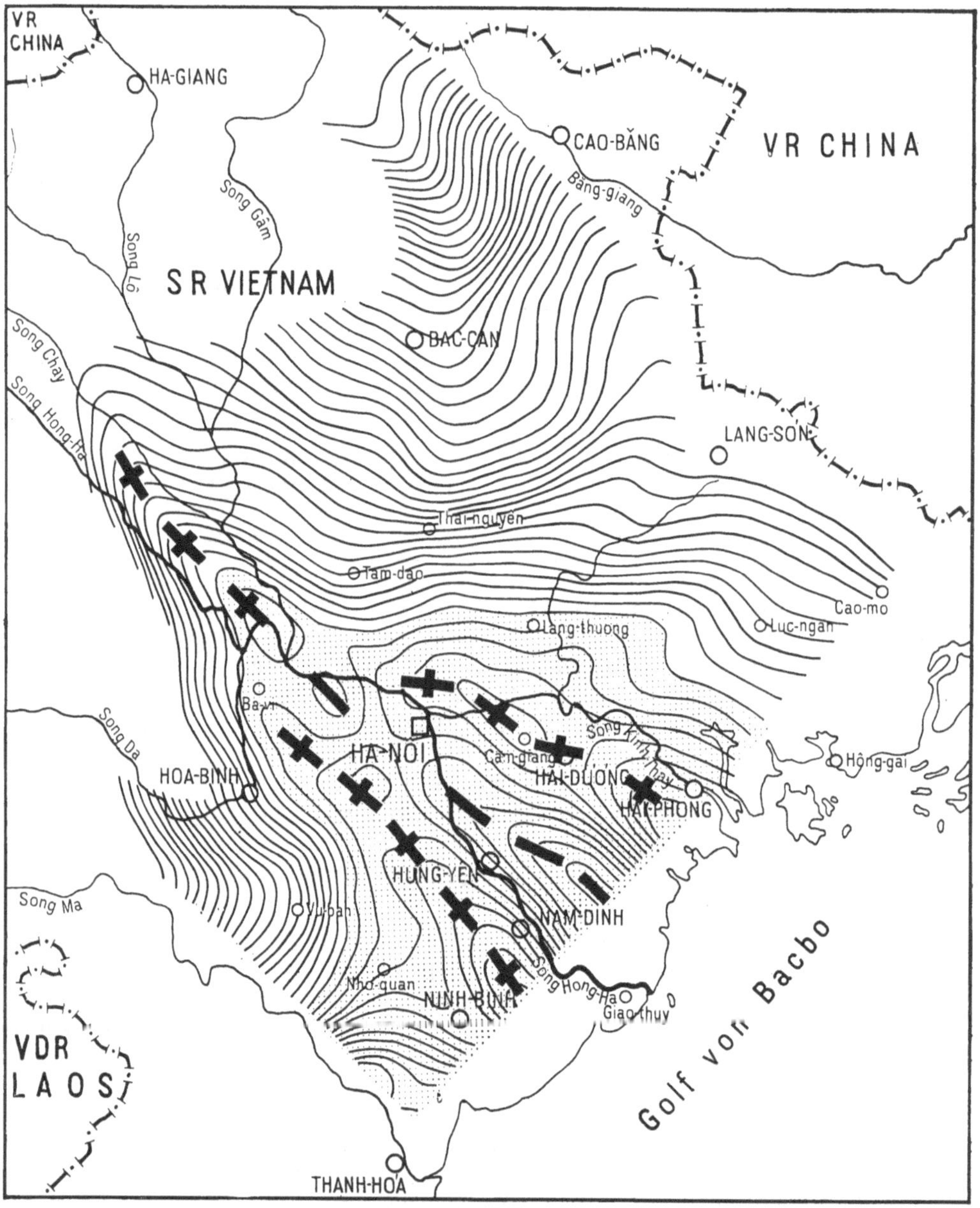

Abb. 3. Nördliche SR Vietnam; Schema der Feldtransformation FO_g 3b (nach Grosse); $h = 5$ km

Abb. 4. Nördliche SR Vietnam; Schema der Feldtransformation g_{zz} II (nach GROSSE)

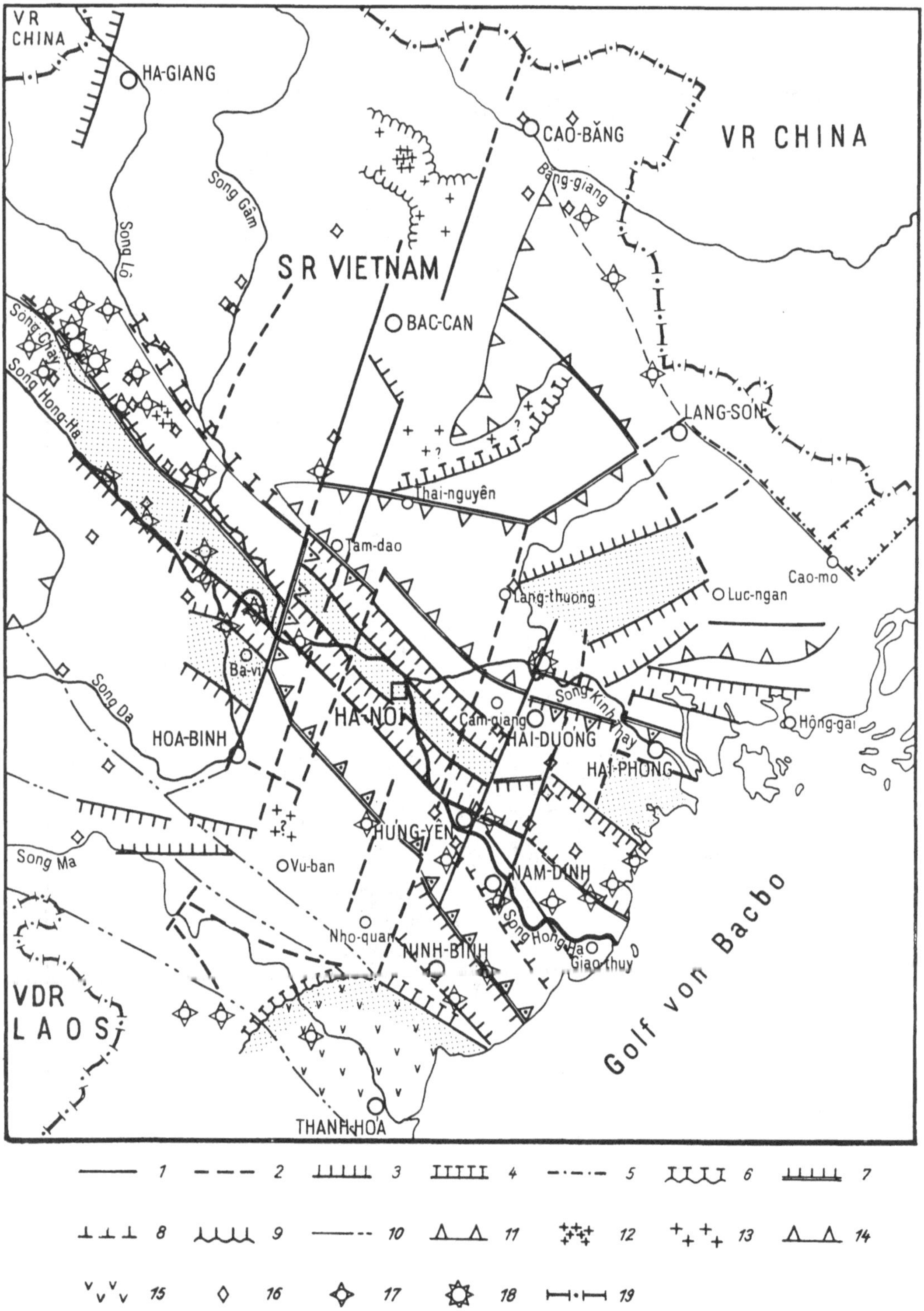
VR CHINA
HA-GIANG
CAO-BĂNG
VR CHINA
Bang-giang
Song Gâm
Song Lô
S R VIETNAM
BAC-CAN
Song Chay
Song Hong-Ha
LANG-SON
Thai-nguyên
Tam-dao
Lang-thuong
Luc-ngan
Cao-mo
Ba-vi
Song Da
HA-NOI
Cam-giang
HAI-DUONG
Song Kinh Thay
HAI-PHONG
Hông-gai
HOA-BINH
HUNG-YEN
Vu-ban
Song Ma
NAM-DINH
Nho-quan
NINH-BINH
Song Hong-Ha
Giao-thuy
Golf von Bacbo
VDR
LAOS
THANH-HOA
1 2 3 4 5 6 7
8 9 10 11 12 13 14
15 16 17 18 19

4. Die geologischen Ergebnisse der Rayonierung

Die Abb. 3 zeigt das Schema einer gravimetrischen Feldfortsetzung nach oben, in dem die regionalen Strukturen deutlich sichtbar werden. Insbesondere ist der Zusammenhang mit der Berechnung der Tiefe der Mohorovičić-Diskontinuität (Abb. 1) klar ersichtlich. Die Zone des Hông-ha bildet sich durch ein ausgeprägtes Maximum ab, das bei Eintritt in die känozoische Senke von Hanoi in ein Minimum umschlägt, welches wohl am ehesten durch einen känozoischen Graben mit sehr tief liegender Basis (5 km) zu erklären ist. Die randlichen Maxima der Senke von Hanoi dürften der Ausdruck einer allgemeinen Hochlage basischer Gesteinskomplexe im Liegenden des känozoischen Senkungsgebiets sein.

Die Abb. 4 gibt das Schema der Feinstruktur des Feldes durch die Berechnung von g_{zz} II wieder. Die tektonische Situation in der Nahtzone des Hông-ha und der Senke von Hanoi läßt es zu, die Null-Linie dieser Formel über weite Strecken als unmittelbare Indikation tektonischer Störungen aufzufassen.

In Indochina treten drei bevorzugte tektonische Richtungen auf:

- die mediterrane NW—SE-Richtung
- die pazifische NE—SW-Richtung
- die steile NNE-Richtung.

Das durch die Rayonierung erhaltene geophysikalische Ergebnis (Abb. 5) zeigt das Vorherrschen der mediterranen Richtung in der Nahtzone des Hông-ha und in der Senke von Hanoi. Die NW—SE verlaufenden Anomalien sind vielerorts, besonders im Übergangsbereich der Nahtzone des Hông-ha zum Becken von Hanoi, derart versetzt, daß ein System steil NNE verlaufender Störungen angenommen werden muß. Damit wird die bislang nur aus der Zone Lai châu—Diên-biên phu bekannte Richtung zu einer der häufigsten tektonischen Richtungen in der nördlichen SRV. Es ist auffällig, daß sich die makroseismisch ermittelten Bebenherde den NNE-streichenden Störungen ebenso anpassen wie den mediterranen. Beide Richtungen sollten daher noch als tektonisch aktiv angesprochen werden.

Die in der südöstlichen VR China sehr ausgeprägte pazifische Richtung spielt für die gravimetrische Rayonierung der SRV eine untergeordnete Rolle und tritt deutlich nur in der mesozoischen Senke von An châu auf, die von SW—NE verlaufenden Schwereflanken untergliedert wird. Diese lassen östlich Lang thuong ein betontes Maximum erkennen. Das nördlich davon verlaufende Minimum wird von der Achse einer geomagnetischen Anomalie begleitet, was vermuten läßt, daß die Ursache der Untergliederung in der kristallinen Basis der Senke zu suchen ist.

Die W—E-streichenden Störungen auf dem Territorium der SRV werden von den Geologen als jüngste Störungen angesehen. So begrenzt die Störung bei Thai nguyên die mesozoische Senke von An châu. Gleiche Störungsrichtungen treten im Kohlebecken von Hôn-gai und im Bereich der Nordvietnamesischen Faltenzone westlich von Yu ban auf.

← Abb. 5. Nördliche SR Vietnam; Schema der Rayonierung nach geologisch-geophysikalischen Daten

1 — an Hand des Potentialfeldes vermutete Störung; 2 — unsichere Störung; 3 — an Hand der Potentialgradienten vermutete Störung (Zacken zum Minimum gerichtet); 4 — an Hand der Potentialgradienten vermutete Tiefenstörung; 5 — an Hand des extrapolierten Potentialfelds vermutete Tiefenstörung; 6 — an Hand des Potentialfelds vermutete tiefe lithologische Grenze; 7 — durch Potentialfeld und Geologie nachgewiesene Störung; 8 — an Hand der extrapolierten Potentialgradienten vermutete Störung; 9 — an Hand des Potentialfelds vermutete lithologische Grenze; 10 — vermutete Grenze zwischen geologischen Strukturen; 11 — an Hand des Potentialfelds und der Geologie vermutete Grenzen mesozoischer Strukturen; 12 — anstehende granitoidische Körper; 13 — vermutete überdeckte granitoidische Körper; 14 — an Hand des Potentialfelds und der Geologie vermutete Grenzen känozoischer Senken; 15 — vermuteter bedeckter basischer Tiefenkörper; 16 — Erdbebenepizentrum, Magnitude 6; 17 — Erdbebenepizentrum, Magnitude 7; 18 — Erdbebenepizentrum, Magnitude 8; 19 — Staatsgrenze

Die Nahtzone des Hông-ha bildet die ausgeprägteste Anomalie auf dem Territorium der SRV. Die zwischen den Flüssen Hông-ha und Chay anstehenden proterozoischen metamorphen Gesteine werden von einem Schweremaximum begleitet, dessen Flanken die Nahtzone begrenzen. Die südliche Flanke zeigt dabei einen stärkeren Gradienten als die nördliche. Es war zu erkennen, daß die Feldtransformationen mit wachsender Teufe die nördliche Flanke weiter im NE in Richtung auf den Fluß Lo erscheinen lassen, hinzu kommt, daß sich die meisten und kräftigsten Beben nördlich des Chay konzentrieren. Das ganze Erscheinungsbild läßt den Schluß zu, daß die Nahtzone an einem Tiefenbruch nach NE in Richtung auf die alte Tafel einfällt. Nimmt man für das Kristallin der Zone des Hông-ha die hohe mittlere Dichte von 2,8 gcm^{-3} an, so zeigen Profilberechnungen, daß das schmalbandige Maximum damit nicht errechnet werden kann. Vielmehr muß zusätzlich vermutet werden, daß in der Zone basisches Material mit Dichten $\geqq$ 2,9 gcm^{-3} in Tiefen $\geqq$ 7 km aufgedrungen ist. Das Maximum mit einer Aufwölbung der Mohorovičić-Diskontinuität allein zu erklären, ist nicht möglich.

Die Nahtzone setzt sich offenbar unter dem Becken von Hanoi zum Meer hin fort. Beim Eintritt in den abgesunkenen Bereich des Beckens wird die Zone des Hông-ha von einem System NNE-streichender Störungen gequert, an die offenbar Blattverschiebungen gebunden sind. Die ausgeprägteste dieser Querstörungen verläuft auf der Linie Hoa binh—Bac-can. Sie wird im Bereich der Viet bâc Erhebung durch einige Bebenzentren belegt und setzt sich nach N in ein Gebiet fort, das die Vorkommen mehrerer Granitoide zeigt, die nach dem gravimetrischen Bild in der Tiefe eine größere Verbreitung besitzen müssen.

Zwischen Ba vi und Tam-dao wird das Maximum der Nahtzone offenbar nach NE verschoben, während sich in gerader Fortsetzung der Zone Hông-ha ein Minimum erstreckt, das die Achse des Beckens von Hanoi nachzeichnet. Im Bereich dieses Maximums zeigen Profilberechnungen in Küstennähe, bei einer stetigen Zunahme der Dichte der känozoischen Sedimente bis auf 2,5 gcm^{-3} im Liegenden, daß die Beckenbasis hier Tiefen von 5000 m erreichen kann.

Ein zweites System von NNE-Querstörungen muß im Bereich Nho-quan—Lang thuong, Nam-dinh—Hai duong gefordert werden, wo wiederum starke Versetzungen der Anomalien zu beobachten sind. In dieser Zone liegen Epizentren, deren Beben die Magnitude 6—8 erreichen. Auch im vermuteten tiefsten Abschnitt der Senke von Hanoi scharen sich die Epizentren. Insgesamt zeigt das Becken eine intensive, noch heute lebendige Bruchschollentektonik, in deren Gefolge die Beckenbasis ein stark wechselndes Relief zeigen dürfte. Der Aufstieg basischen Materials in diesen Bruchzonen scheint analog zu den Betrachtungen in der Zone des Hông-ha nicht ausgeschlossen.

Im Gegensatz zur Senkungszone des Beckens von Hanoi wird die wahrscheinliche relative Hochlage basischer Tiefengesteine bei Thanh-ho'a nicht durch känozoische Sedimente kompensiert und ruft ein gravimetrisches Maximum am südlichen Ende des Antiklinoriums Sông Ma hervor.

Insgesamt spricht das geophysikalische Bild vom Norden der SRV für eine rezente tektonische Aktivierung, bei der eine mögliche Verdünnung der Kruste und ihre Zerlegung in einzelne Blöcke durch Aktivierungsprozesse im oberen Mantel gesteuert wird.

Zusammenfassung

Der nördliche Teil der SRV wird einer geologisch-geophysikalischen Rayonierung unterworfen. Die im VEB Geophysik entwickelte Methodik zu dieser Untersuchung beruht auf der maßgeblichen Verwendung gravimetrischer Feldtransformationen. Die Ergebnisse zeigen, daß die bislang nur aus der Störzone Lai châu—Diên-biên Phu bekannten steilen nordnordöstlichen Streichrichtungen auch in anderen Gebieten die Tektonik entscheidend beeinflussen und mit dem Auftreten von Erdbeben in Zusammenhang zu bringen sind. Besonders die Senke von Hanoi läßt eine intensive Bruchschollentektonik erkennen. Sie kann ebenso wie die Zone des Song Hông-ha einer jungen tektonischen Aktivierungszone zugeordnet werden. Parallelen zu den geologischen Verhältnissen im Mekong-Delta sind unverkennbar.

Резюме

Северная часть НДВ подвергается геолого-геофизическому районированию. Разработанная с этой целью в Народном предприятии Геофизика методика основывается преимущественно на применении трансформации гравиметрических полей. Результаты показывают, что крутые простирания северо-северо-восточного направления, известные до сих пор только по зоне нарушения Лай Хау-диен-Биен-Фу, имеют решающее влияние и на тектонические явления в других областях и следует считать, что с ними связаны появления землетрясений. Особенно по Ханойской синклинали видна интенсивная тектоника разломной глыбы. Её можно, также как и зону Сонг-Хонг-Ха отнести к молодой зоне тектонической активизации. Нельзя не заметить аналогии в отношении геологических условий в дельте реки Меконг.

Summary

The northern part of the former Democratic Republic of Vietnam was subjected to a geologic-geophysical zoning. The applied method which was developed by VEB Geophysik Leipzig employs preferably transforms of the gravity field.

The obtained results show that the hitherto known northnorth-eastern strike directions revealed by the fault zone Lai châu—Diên-biên phu, also influence decisively the tectonics in other areas and are connected with the occurrence of earthquakes. Particularly, the depression of Hanoi exhibits an outstanding fault block tectonics. It may be related, like the zone of Song Hông ha, to a young tectonic activation zone.

Some parallels are recognized with the geological conditions in the Mekong delta.

Manuskripteingang: 2. Februar 1977

Anschrift der Autoren:

Dr. rer. nat. PHAM KHOAN, Viên Dia chât-Khoáng san̄ Thanh Huân-Đõńg Đá, Hanôi (SR Vietnam).

Dipl.-Geophys. W. CONRAD, VEB Geophysik, DDR - 701 Leipzig, Schließfach 370

Schriftenr. geol. Wiss. · Berlin 12 (1978) · S. 119–128

Die Anwendungsmöglichkeiten von 3-Elektrodensondierungen bei der Lösung von Spezialaufgaben zur Erkundung von Grundwasser, Steinen und Erden sowie Flußspat

Von NORBERT PANNER, Leipzig

Mit 7 Abbildungen

Der ständig steigende Bedarf an Grundstoffen stellt die geologische Industrie der DDR vor die Aufgabe, in verstärktem Maße die eigenen Ressourcen an festen mineralischen Rohstoffen und Grundwasser zu erschließen. In den geologischen Erkundungsprozeß ist speziell in den letzten Jahren die angewandte Geophysik dabei in immer größerem Umfang einbezogen worden, um die kostenaufwendigen Such- und Erkundungsarbeiten möglichst effektiv zu gestalten. Da ständig mehr Erkundungsobjekte unter sehr komplizierten Lagerungsverhältnissen nachzuweisen sind, ist es erforderlich, die einzusetzende geophysikalische Meßmethodik weiterzuentwickeln und das Auflösungsvermögen der einzelnen Meßverfahren zu erhöhen.

In diesem Zusammenhang wurden von uns bei der geoelektrischen Erkundung von Grundwasser und festen Mineralen wiederholt sogenannte kontinuierliche zweiseitige 3-Elektrodensondierungen mit Erfolg zur Anwendung gebracht. Diese Meßmethode zeichnet sich dadurch aus, daß sie die Vorteile, die herkömmliche Widerstandssondierungen und Widerstandskartierungen haben, in sich vereint. Das bedeutet, daß bei Anwendung einer entsprechenden Meßtechnik sowohl vertikale als auch horizontale bzw. geneigte geoelektrische Schichtgrenzen sicher erfaßt werden können.

Die Messungen erfolgen im allgemeinen entlang von Profilen. Während die eine Elektrode im Unendlichen steht, befindet sich die zweite auf dem zu vermessenden Profil. Sie wird in regelmäßigen Abständen auf dem Profil umgesetzt, wobei der Abstand zwischen zwei Elektroden gleich 1/3 bis 1/4 der maximalen Wirkungstiefe ist. Von jedem Elektrodenstandort wird längs des Profils nach zwei Seiten die Spannung gemessen.

Das Umsetzen der Meßsonden erfolgt aber nicht wie bei SCHLUMBERGER-Sondierungen in dem logarithmischen Maßstab äquidistanten Abständen, sondern in einer dichteren Abfolge, um auch vertikale bzw. steil stehende Schichtgrenzen exakt lokalisieren zu können. Die Arbeitsproduktivität liegt gegenüber vergleichbaren SCHLUMBERGER-Sondierungen um etwa 20% höher.

Im folgenden soll an Hand einiger Meßbeispiele die breite Anwendbarkeit von 3-Elektrodensondierungen gezeigt werden.

In Vorbereitung der Errichtung eines neuen Splittwerks war der Aufschluß eines Großtagebaus zur Gewinnung von Quarzporphyr erforderlich. Als Vorlauf für die geologischen Erkundungsarbeiten sollten unter anderem geoelektrische Messungen durchgeführt werden. Ziel dieser Untersuchungen war die Bestimmung der Mächtigkeit pleistozäner Ablagerungen sowie tiefreichender Zersatzzonen.

Da demzufolge steil stehende bzw. stark geneigte Grenzflächen mit zu erfassen waren, erschienen SCHLUMBERGER-Sondierungen zur Lösung der vorgegebenen Aufgabenstellung als ungeeignet. Statt dessen erfolgten zweiseitige 3-Elektrodenmessungen.

Wie Abb. 1 zeigt, vermittelt bereits der ϱ_s-Vertikalschnitt ein klares Bild von den Abraumverhältnissen längs des vermessenen Profils. Danach ist die Abraummächtigkeit

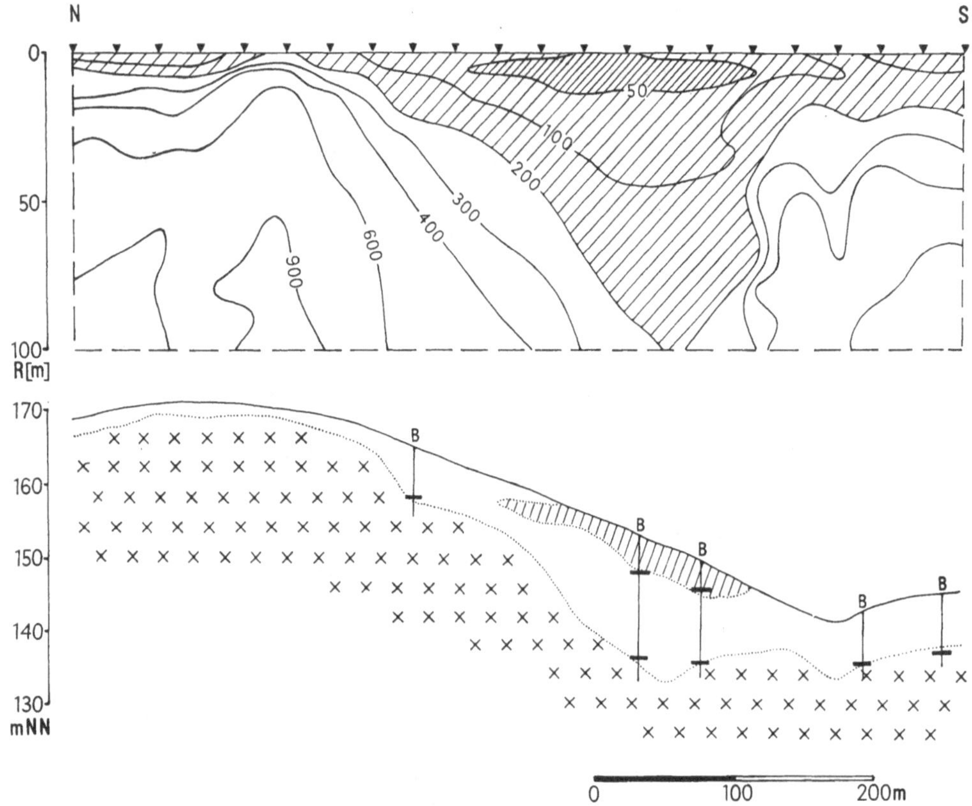

Abb. 1. Erkundung der Abraummächtigkeit über Quarzporphyr

im Bereich der Bergkuppe sehr gering. Sie nimmt talwärts zu und erreicht offenbar noch vor der Talsohle ihre größte Mächtigkeit. Die quantitative Auswertung der Sondierungskurven stützte letztlich diese Annahme, wobei zusätzlich, unter Einbeziehung der Bohrergebnisse, Angaben über die Zusammensetzung des Abraums möglich waren. Nach den ermittelten wahren spezifischen Widerständen besteht das Lockermaterial auf der Bergkuppe hauptsächlich aus Solifluktionsschutt, während am Berghang und im Tal schluffige Sande, in die stellenweise eine Lehmschicht eingeschlossen ist, anstehen. Wichtigstes Ergebnis war, daß bereits etwa ab der Mitte des Hangs die Abraummächtigkeit auf über 10 m ansteigt, während in Höhe der Talsohle mit weniger als 10 m Lockermaterial zu rechnen ist.

Ein zweites Meßbeispiel liegt mit einer Wassererkundung im Festgestein vor. Im Rahmen hydrogeologischer Prognosearbeiten sollten Störungszonen bzw. Karstzüge im oberen Muschelkalk bestimmt werden. Eine Widerstandskartierung schien zur Lösung der Aufgabenstellung ungeeignet zu sein, da die Mächtigkeit der niederohmigen Bedeckung stark schwankt (2—20 m). Infolge des relativ niedrigen spezifischen Widerstands des Kalkes mit nur etwa 150 Ωm konnten ebensowenig elektromagnetische Messungen nach dem Turamverfahren zur Anwendung kommen. Hingegen schien mit 3-Elektrodensondierungen eine Lösung der Aufgabenstellung möglich.

In Abb. 2 ist sehr deutlich eine Mächtigkeitsänderung der niederohmigen Bedeckung zu erkennen. Sie beträgt am Nordwestrand des Profils ca. 16 m, verringert sich im Zentrum auf etwa 1,5—2 m und zeigt danach eine stetige Zunahme auf 9—10 m. Dort,

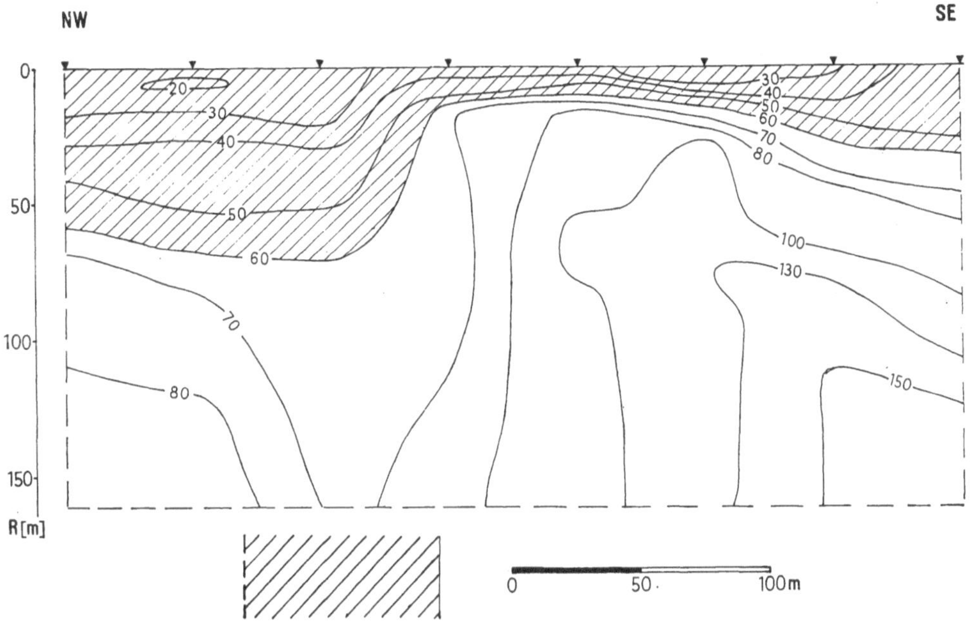

Abb. 2. Wassererkundung im Festgestein — Nachweis von Kluftzonen und Schlottenbildungen im Kalk

wo sich die Mächtigkeit der Bedeckung plötzlich ändert, ist im unteren Teil des ϱ_s-Vertikalschnitts eine tiefreichende Minimalzone auszumachen, deren Ursache in einer Störungszone bzw. zumindest in einem stark geklüfteten Gestein zu sehen ist. Dieser Bereich ist für hydrogeologische Nachfolgearbeiten von besonderem Interesse. Obwohl der Abstand der Sondierungen 50 m betrug, konnte der Südostrand dieser Auflockerungszone auf etwa 10 m genau ermittelt werden, indem die Meßwerte als Kartierungsprofil aufgetragen und mit Modellkurven verglichen wurden. Der Nordwestrand war infolge einer künstlichen Störung nicht exakt zu bestimmen.

Ein zweites Profil (Abb. 3) zeigt einmal mehr die stark wechselnde Mächtigkeit der Bedeckung. In der Südosthälfte und am Nordostrand lagert der nahezu frische, unverwitterte Kalk unter einer Lehmschicht von nur 1—2 m Mächtigkeit, während am Südwestrand die Bedeckung auf über 8 m ansteigt. Außerdem konnte eine tiefreichende Schlotte nachgewiesen werden, die offenbar im oberen Teil mit bindigem Material aufgefüllt ist. Während ihre horizontale Ausdehnung ziemlich exakt ermittelt werden konnte, waren Angaben über ihre Tiefenerstreckung nicht möglich.

Die Überlegenheit von 3-Elektrodensondierungen gegenüber einer Kartierung bzw. gegenüber herkömmlichen Widerstandssondierungen kommt insbesondere dann sehr deutlich zum Ausdruck, wenn Einlagerungen von unterschiedlicher Mächtigkeit und Tiefenerstreckung nachzuweisen sind. Das folgende Beispiel möge diesen Sachverhalt demonstrieren.

Während der geologischen Vorerkundungsarbeiten im Feld eines Gips- und Anhydritbruchs sind in einigen Bohrungen hohe Abraummächtigkeiten angetroffen worden, was unter anderem auf Schlottenbildungen hinweist. Da es auf Grund der unregelmäßigen Verteilung der Schlotten und der wechselnden Tiefe des Dolomitzersatzes nicht möglich ist, die Mächtigkeit der Abraumdecke durch Bohrungen zu bestimmen und somit die Abraummassen zu berechnen, sollte mit Hilfe geoelektrischer Widerstandsmessungen versucht werden, die Grenze des Dolomitzersatzes zum Sulfatgestein zu erfassen.

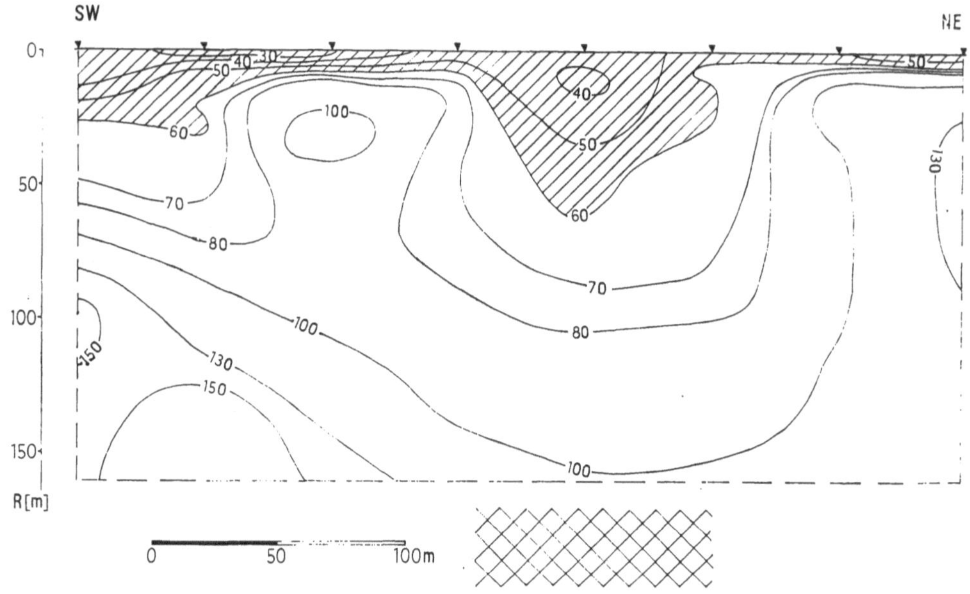

Abb. 3. Wassererkundung im Festgestein — Nachweis von Kluftzonen und Schlottenbildungen im Kalk

Zum Einsatz kamen wiederum 3-Elektrodensondierungen entlang von Profilen. Der untere Teil der Abb. 4 zeigt einen aus 3-Elektrodensondierungen abgeleiteten ϱ_s-Vertikalschnitt. Darüber ist der ϱ_s-Vertikalschnitt dargestellt, wie er sich aus den gleichen Messungen herleiten läßt, wenn die 3-Elektrodensondierungen wie SCHLUMBERGER-Sondierungen behandelt werden. Deutlich ist im unteren Teil der Abbildung etwa in der Mitte des Profils eine tiefreichende Schlottenzone zu erkennen, deren Begrenzung gut zu bestimmen ist. Zu beiden Seiten steht das frische Gestein nahezu an der Erdoberfläche an. Außerdem sind drei schmale niederohmige Anomalien zu erkennen, die sicherlich stark klüftige Störungszonen abbilden. Die dritte Anomalie liegt am Rand des Profils und ließ sich nicht vollständig ausmessen.

In dem darüber befindlichen, aus SCHLUMBERGER-Sondierungen konstruierten ϱ_s-Vertikalschnitt konnten dagegen lediglich zwei breite oberflächennahe niederohmige Anomalien ausgehalten werden, die entweder auf eine Schlottenbildung oder auf eine stärkere Bedeckung hindeuten. Das Auflösungsvermögen dieser Meßmethode reicht mithin nicht aus, um eng benachbarte Einlagerungen zu trennen und schmale, tiefreichende Störungszonen sicher zu erfassen.

Um die Vielfalt der Einsatzmöglichkeiten von 3-Elektrodensondierungen zu demonstrieren, sei ein weiteres Beispiel aus der Hartgesteinserkundung erörtert. Es stand die Aufgabe, im Vorfeld eines Basaltbruchs die Grenzen des Basaltvorkommens festzulegen, die Abraummächtigkeit zu bestimmen, Zersatz- bzw. Kluftzonen im Basalt zu lokalisieren und Hinweise auf seine Tiefenerstreckung zu geben.

Das zu erkundende Basaltvorkommen wird von gutleitenden Sedimenten des mittleren Keupers (Tonsteine und Sandsteine) seitlich begrenzt sowie möglicherweise im Liegenden unterlagert, falls es sich bei dem Basalt um einen Deckenrest handelt.

Nachdem durch erdmagnetische Messungen die Grenzen des Basaltvorkommens bestimmt worden waren, ferner Angaben über die Tiefenerstreckung des Basalts vorlagen, sollten Störungs- bzw. Kluftzonen lokalisiert werden, die für den Abbaubetrieb von Bedeutung sein könnten. Die auf einigen Stützprofilen durchgeführten 3-Elektroden-

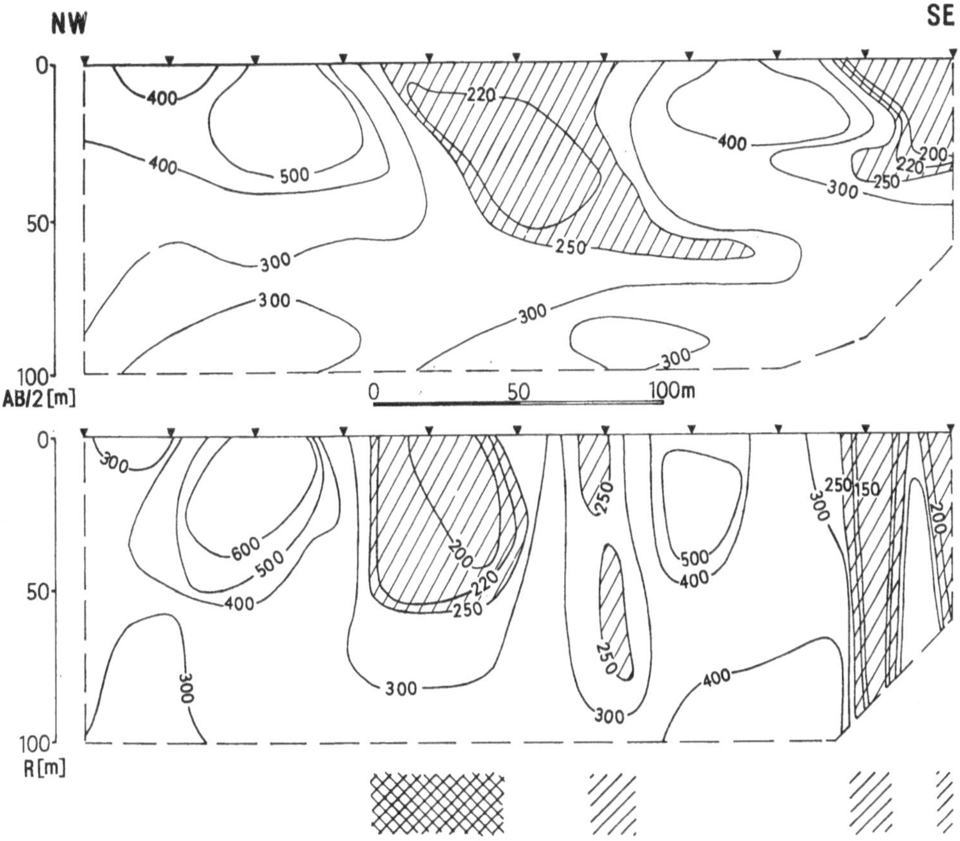

Abb. 4. Lokalisierung von Störungszonen und Schlotten im Anhydrit — Gegenüberstellung der Ergebnisse von SCHLUMBERGER- und 3-Elektrodensondierungen

sondierungen lieferten hierzu wichtige Angaben (Abb. 5). Zuvor war mittels Eichsondierungen festgestellt worden, daß für den frischen, unverwitterten Basalt spezifische Widerstände zwischen 300 und 500 Ωm charakteristisch sind. Für die Sedimente des mittleren Keupers waren Werte von < 50 Ωm abgeleitet worden. Danach konnte folgende Deutung des Meßbildes gegeben werden. Die Grenze des Basaltvorkommens ist im W in Höhe des markanten Niveausprungs im Widerstandsmeßbild zu suchen. Der Verlauf konnte auf etwa 10 m genau fixiert werden. Außerdem war den Ergebnissen zu entnehmen, daß auf beiden Profilen lediglich im E die Basaltdecke über 30 m mächtig ist, während die an den mittleren Keuper angrenzenden Bereiche eine geringere Tiefenerstreckung haben dürften. Auf Profil 7 weisen die hohen ϱ_s-Werte in Oberflächennähe auf eine nur geringmächtige Basaltschuttdecke am Westende hin. Es konnten auf beiden Profilen je zwei Störungszonen bzw. Bereiche mit erhöhter Klüftigkeit lokalisiert werden, was von besonderem Interesse war.

Nun einige Bemerkungen zu einem anderen Erkundungsobjekt. Bei der Suche und Erkundung von Flußspatlagerstätten ist es vielfach notwendig, infolge der komplizierten geologischen Situation mehrere geophysikalische Methoden im Komplex einzusetzen, um die vorgegebene Aufgabenstellung lösen zu können. Dabei sind von uns in letzter Zeit zusätzlich 3-Elektrodensondierungen in das Meßprogramm mit aufgenommen worden, die recht interessante Ergebnisse lieferten.

Die Hauptaufgabe in der Flußspaterkundung besteht neben dem Direktnachweis der

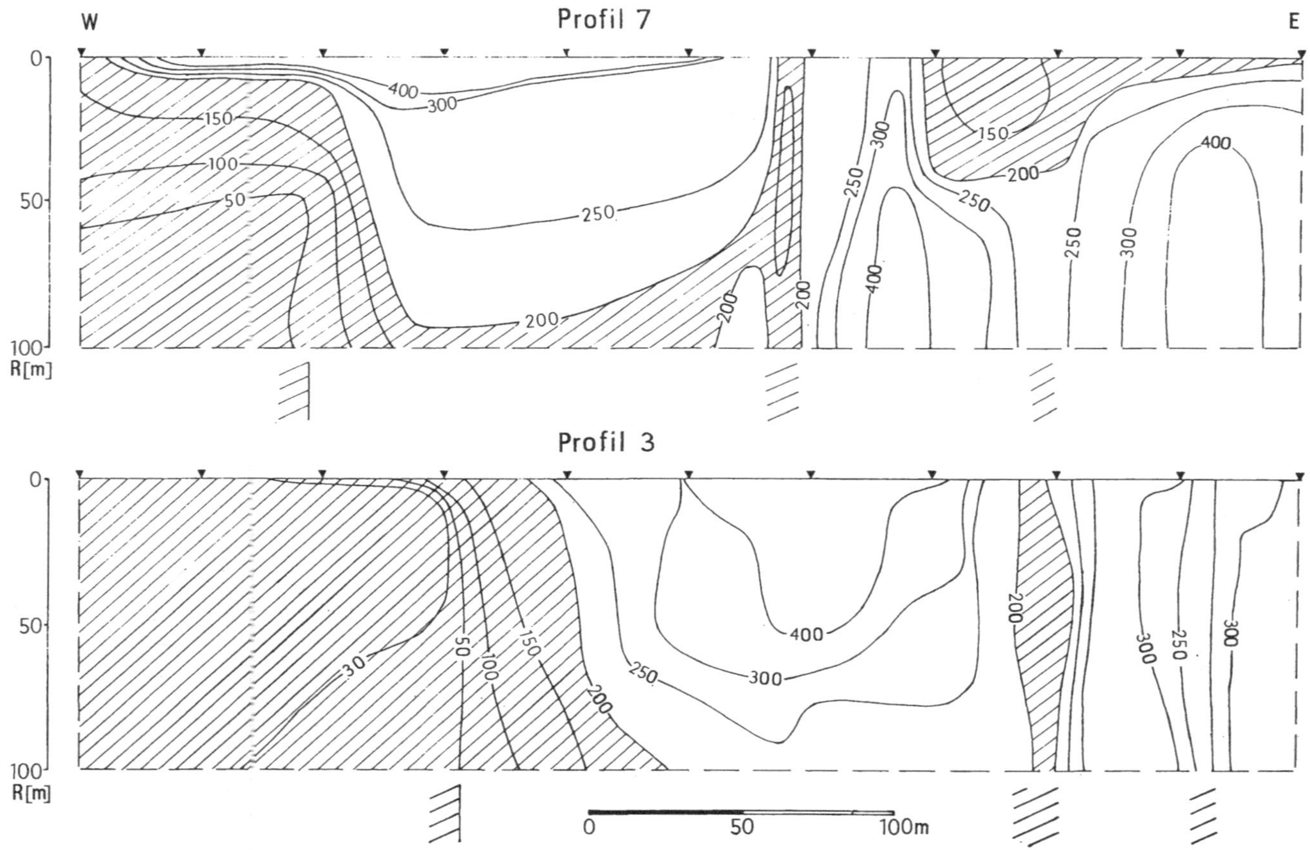

Abb. 5. 3-Elektrodensondierungen zur Abgrenzung eines Basaltvorkommens — Bestimmung der Mächtigkeit des Basalts — Nachweis von Kluft- und Störungszonen

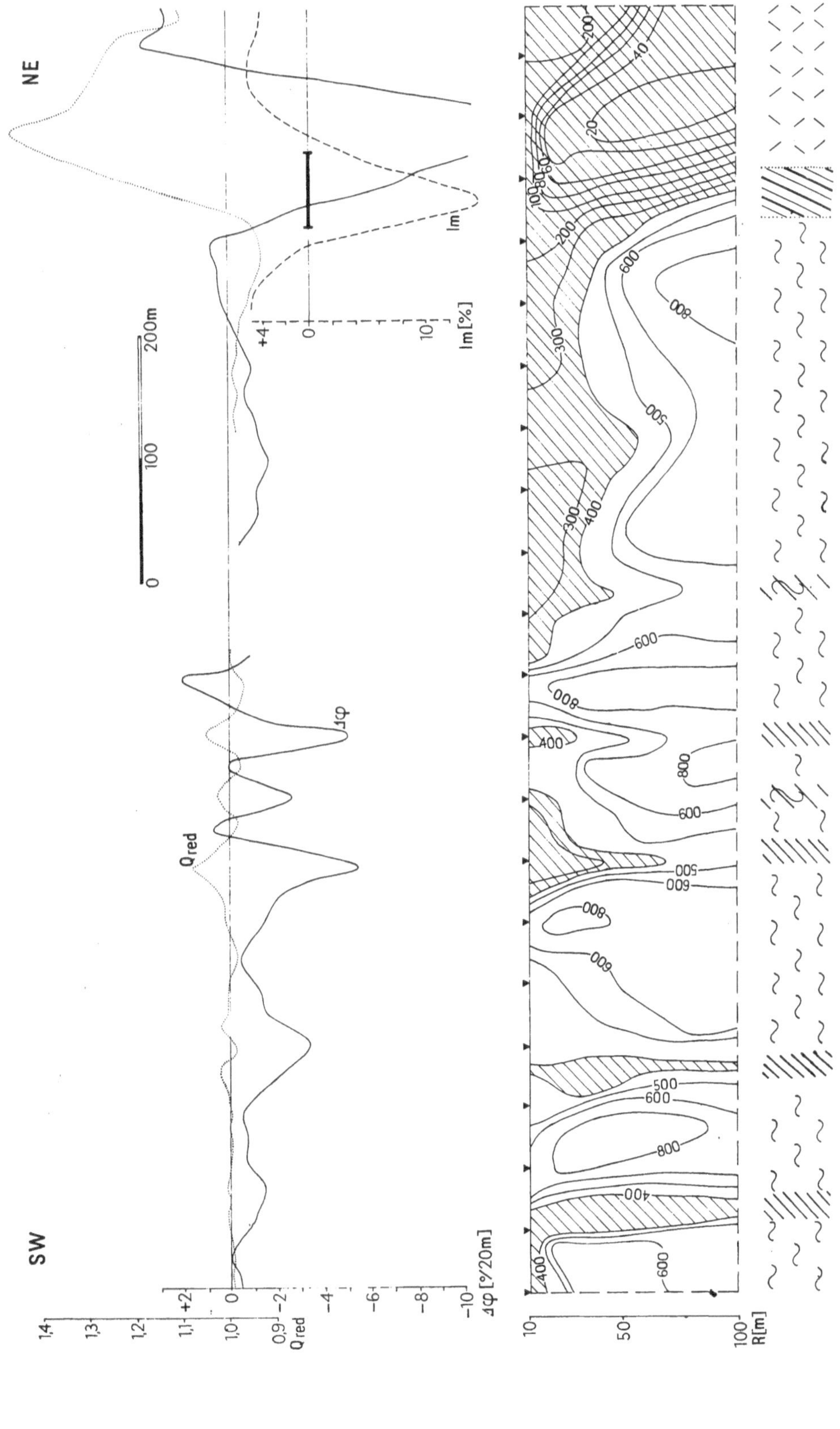

Abb. 6. Komplexgeophysikalische Untersuchungen zur Erkundung von tektonischen Störungen und lithologischen Grenzen

Die Anwendbarkeit dieser geophysikalischen Meßverfahren geht aus der Tabelle hervor. Sie enthält die Werte der petrophysikalischen Parameter beider Meßverfahren für die in Betracht kommenden Erdstoffe.

Tabelle

	spezifischer Widerstand ϱ (Ω m)	natürliche Rohdichte ϱ_n (g/cm³)
Sand—Kies (wasserführend)	> 100	1,8—2,2
Sand—Kies (Schüttmaterial)	> 100	1,6—1,9
Geschiebemergel	40—80	2,1—2,3
Torf, Faulschlamm	15—20	1,1—1,6
Wiesenkalk, Mudde	20—40	1,3—1,5

Hiernach lassen sich organogene Erdstoffe auf Grund niedriger spezifischer Widerstände ϱ (Ωm) und geringer natürlicher Rohdichten ϱ_n (g/cm^3) von mineralischen Lockergesteinen geophysikalisch unterscheiden. Dabei ist jedoch zu beachten, daß die radiometrisch bestimmten ϱ_n-Werte für organisches Material meist aus Kalibrierkurven für mineralischen Erdstoff durch Extrapolation des Kalibrierkurvenverlaufs nach niedrigen ϱ_n-Werten gewonnen werden. Hieraus können Fehler in der Bestimmung des absoluten ϱ_n-Wertes als bodenmechanischem Kennwert resultieren. Die Aussagen der Strukturgliederung (Schichtgrenzen, -mächtigkeiten) werden dadurch nicht beeinträchtigt.

Die geophysikalische Bearbeitung der Erkundungsaufgabe erfolgt meist durch den komplexen Einsatz der genannten geoelektrischen Oberflächenmeß- und radiometrischen Sondenverfahren, da geoelektrischen Oberflächenmessungen allein wegen des Problems der Relativmächtigkeit Grenzen im Auflösungsvermögen gesetzt sind, jedoch auch geringmächtige Organogenschichten für die Fragen eines notwendigen Baugrubenaushubs bzw. für Standsicherheitsberechnungen interessieren.

Zur flächenhaften Erkundung von geplanten Verkehrstrassen auf dem Festland wird gewöhnlich als erstes eine geoelektrische Widerstandskartierung geringer Wirkungstiefe ($L/2 \sim 5—10$ m) zur raschen qualitativen Erfassung der Verbreitung organischer Erdstoffe in horizontaler Richtung vorgenommen. Mit den nach dem Widerstandskartierungsbild angesetzten geoelektrischen Widerstandssondierungen (Schlumberger) und radiometrischen Dichte-Tiefen-Sondierungen mit Isotopensonden in gerammten Stahlrohren erfolgt die quantitative Bestimmung der Schichtenmächtigkeit der organogenen Ablagerungen. Dabei werden die radiometrischen Messungen mit Isotopensonden in gerammten Stahlrohren besonders in Bereichen mit nur dezimetermächtigen Organogenschichten durchgeführt, die auf Grund der ungünstigen Relativmächtigkeit von der Erdoberfläche aus durch geoelektrische Messungen nicht mehr sicher ausgehalten werden können.

Bei der Untersuchung wasserbedeckter Gebiete (z. B. Trassenführung als Damm durch Seen oder für Brückenbauwerke) haben sich der kombinierte Einsatz zweiseitiger geoelektrischer 3-Elektroden-Sondierungen ($R \sim 100$ m) von der Wasseroberfläche aus und radiometrischer Dichte-Tiefen-Sondierungen bewährt. Die geoelektrischen Sondierungen werden längs Profilen mit schwimmenden Kabelbäumen ausgeführt, wobei die zweiseitige Anordnung mit zentraler Elektrode A mittels Booten an dem jeweiligen Sondierungspunkt eingeschwommen wird. Die Meßergebnisse spiegeln, als Vertikalschnitte des scheinbaren spezifischen Widerstandes dargestellt, qualitativ das Relief der Grenze tragfähiger Untergrund/Organogen wider. Die weiterführende quantitative Auswertung der gemittelten Kurven der zweiseitigen Messungen erfolgt wie bei normalen Schlumberger-Kurven.

Die radiometrischen Dichtesondierungen werden als „Eichung“ zur Bestimmung des Widerstandsansatzes für die quantitative Auswertung der geoelektrischen Sondierungen sowie zur Untersuchung unklarer Profilbereiche (Zonen geringer Relativmächtigkeit des Organogens) angesetzt. Sie erfolgen von einer schwimmenden Arbeitsplattform aus (3 m × 3 m), die eine Mittellücke zum Rammen und zum Ziehen des Sondengestänges besitzt.

Zur Überprüfung der Dammkontur und des Reibungsschlusses bestehender älterer Verkehrsdämme bzw. bei der Kontrolle von Verdrängungsschüttungen und -sprengungen an im Bau befindlichen Dämmen werden von geophysikalischer Seite im allgemeinen nur radiometrische Dichte-Tiefen-Sondierungen wegen der zu fordernden hohen Genauigkeit in der Teufen- und Mächtigkeitsbestimmung und der meist geringen Relativmächtigkeit der interessierenden Organogenschichten durchgeführt. Diese Sondierungen erfolgen auf Querprofilen über den Damm, die Dammflanke bis in das Dammvorland zur Ermittlung der Lagerungsverhältnisse unter dem Damm und zur Verfolgung der Erstreckung des seitlichen Dammfußes. Die Messungen werden zu verschiedenen Zeiten während bzw. nach Verdrängungsschüttungen bzw. Verdrängungssprengungen durchgeführt. Sie gestatten die zeitliche Kontrolle des Erfolgs derartiger Gründungsmaßnahmen und damit der Güte des Reibungsschlusses zwischen Dammfuß und tragfähigem mineralischem Baugrund.

Es sollen hier drei Erkundungsbeispiele aus der Praxis des VEB Geophysik zur Verdeutlichung der dargelegten Untersuchungsmethodik erläutert werden.

3. Erkundungsbeispiele

3.1. Untersuchungen für Verkehrstrassen auf dem Festland

Bei der Planung des Neubaus eines Containerbahnhofs im Norden der DDR war mit den für dieses Gebiet typischen, nicht tragfähigen organogenen Ablagerungen zu rechnen, die hier häufig in sehr engräumigen aber recht tiefen Rinnen bzw. Muldenstrukturen auftreten. In die vorzubereitende Baugrunderkundung sind deshalb geophysikalische Untersuchungen als wesentliches Element aufgenommen worden. Vorgesehen war eine qualitative flächenhafte Erkundung mittels einer geoelektrischen Widerstandskartierung nach Wenner sowie die gezielte quantitative Untersuchung der hiermit aufgefundenen Strukturen mittels geophysikalischer Punktaufschlüsse (Widerstandssondierungen, radiometrische Dichte-Tiefen-Sondierungen) im Hinblick auf Vorkommen und Tiefenerstreckung organischer Ablagerungen. Durch die flächenhafte Untersuchung sind die in Abb. 1 dargestellten Widerstandsminima A, B und C ausgegliedert worden. Entsprechend der Arbeitshypothese können diese Minimalzonen als Gebiete erhöhter Organogenmächtigkeit interpretiert werden. Der Form nach handelt es sich bei den Indikationszonen A und B um zwei etwa W—E verlaufende, organogen gefüllte Senken, die den Bahndamm unterqueren. Eine sehr viel schmalere und flachere Struktur (C) mit gleichem Verlauf wurde westlich des Damms nachgewiesen.

Das Ergebnis der komplexen quantitativen Erkundung der Strukturen mittels radiometrischer und geoelektrischer Sondierungen ist in Abb. 1b als Isobathenkarte der Organogenunterkante dargestellt. Es ergaben sich für den ϱ_s-Minimalbereich A im Nordteil der Meßfläche Maximalteufen der Unterkante der organogenen Ablagerungen von 11,5 m unter Gelände, jedoch nehmen diese östlich des Damms mit zunehmender Dammentfernung rasch ab, was nicht zuletzt die zunehmenden ϱ_s-Werte der Widerstandskartierung andeuten.

Für den ϱ_s-Maximalbereich B ergaben sich östlich des Bahndamms Organogenmächtigkeiten von zunächst 6—7 m. Im Rinnenverlauf setzt dann ein nach W an

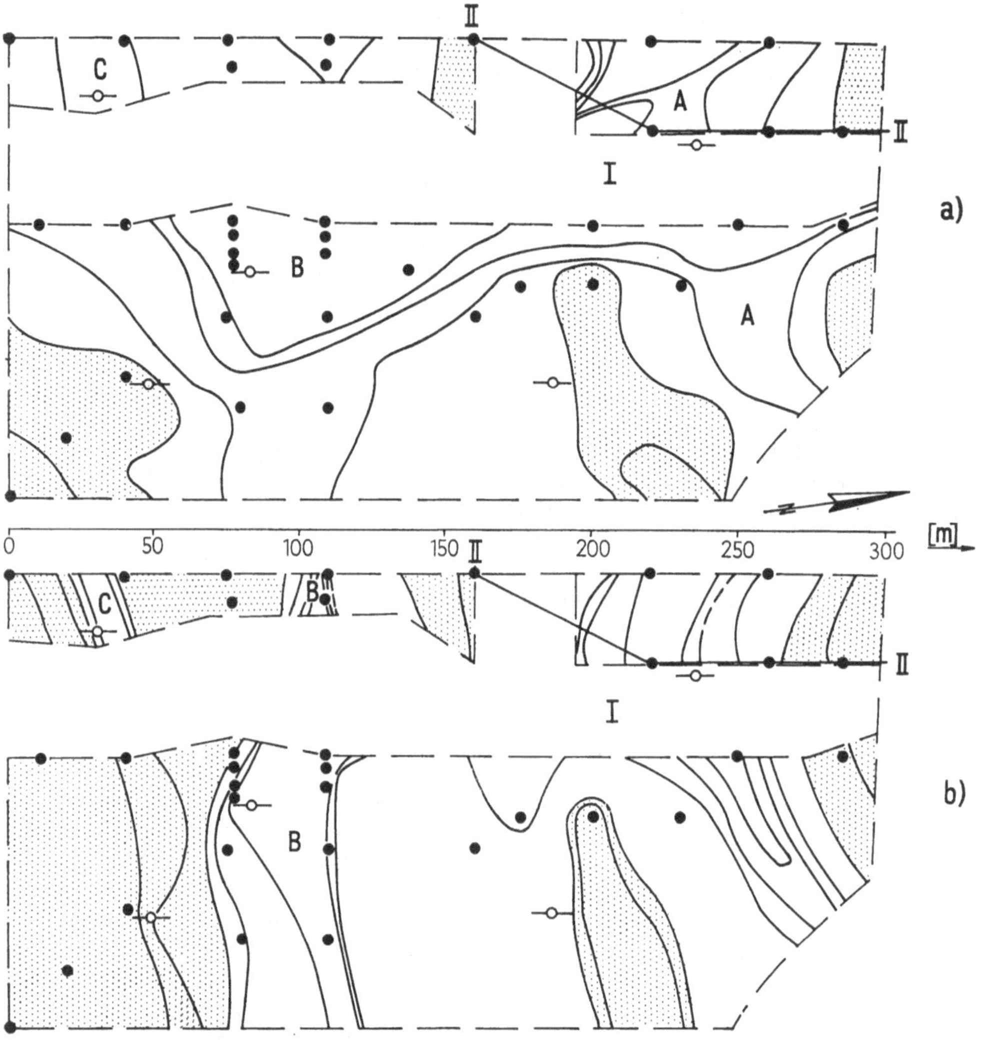

Abb. 1. Untersuchung einer Verkehrstrasse auf dem Festland
a) elektrische Widerstandskartierung
b) Tiefenlinienkarte der Oberkante des tragfähigen Baugrunds

• – radiometrische Dichte-Tiefen-Sondierung; -○- – geoelektrische Sondierung; I – Damm; II – Profil; A, B, C – Rinnenstrukturen; Weiße Flächen: ϱ_s [Ω] = < 25–50, Tiefe des mineralischen Untergrunds = 1–4 m; gerasterte Flächen: ϱ_s (Ω) = 63–80, Tiefe des mineralischen Untergrunds 6–8 m

Mächtigkeit zunehmendes Zwischenmittel ein. Deshalb und wegen einer teilweise vorhandenen mineralischen, schlechter leitfähigen Deckschicht sind im Bereich dieser Senke die in Abb. 1a dargestellten ϱ_s-Werte geringer als im Bereich der Senke *A*, obwohl die Teufen des mineralischen Untergrunds für die Senke *B* keinesfalls geringer sind (maximal 10,5 m).

Die Organogenmächtigkeiten im Bereich der Senke *C* liegen maximal bei etwa 4,5 m. Diese Werte aus den geophysikalischen Untersuchungen stimmen gut mit den Ergebnissen durchgeführter Peilstangensondierungen überein. Die Abb. 2 zeigt als Beispiel einen geophysikalischen Profilschnitt etwa in N–S-Richtung, der die organogen gefüllte Senke *A* quert und die Hochlage des tragfähigen Baugrunds am Nord- und Südrand der Indikation *A* gut verdeutlicht.

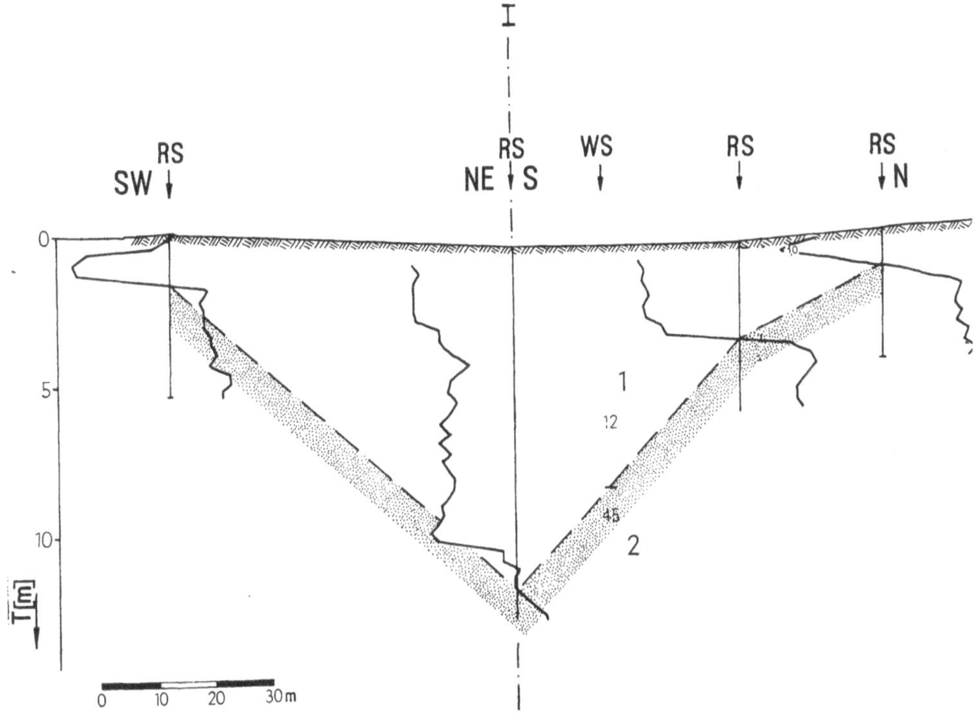

Abb. 2. Untersuchung einer Verkehrstrasse auf dem Festland; radiometrische Messungen, Profil II

1 – organogenes Material; 2 – mineralisches Material; – Profilknick; RS ↓ – radiometrische Dichte-Tiefen-Sondierung; WS ↓ – geoelektrische Sondierung

3.2. Untersuchungen für Verkehrstrassen durch wasserbedeckte Gebiete

Die Neugestaltung der Ortsdurchfahrt einer Fernverkehrsstraße erfordert die Überquerung eines Sees mittels Erddamm oder Brücke. Da Bohrungen in der ersten Erkundungsphase im Seebereich hier sehr mächtige organogene Ablagerungen erkennen ließen, mußten in der zweiten Erkundungsphase zum Variantenentscheid der Trassenführung intensive Baugrunderkundungen vor allem mit geophysikalischen Untersuchungsverfahren durchgeführt werden.

Die geophysikalischen Untersuchungen umfaßten geoelektrische Widerstandssondierungen in Form von 3-Elektroden-Sondierungen, und radiometrische Dichte-Tiefen-Sondierungen auf sechs Untersuchungsprofilen, die den See querten (s. Abb. 4). In Abb. 3 sind die Meßergebnisse auf einem Meßprofil dargestellt. Dabei zeigt die Abb. 3a die Sondierungskurven der geoelektrischen 3-Elektroden-Sondierungen, die mit einer uferparallelen Standlinienrichtung gemessen wurden. Das sehr gut leitfähige organogene Material bewirkt das ϱ_s-Minimum im Kurvenverlauf; mit der zu den Ufern hin abnehmenden Mächtigkeit der organogenen Ablagerungen, wie sie die Abb. 3b zeigt, wird dieses Minimum geringer und verschwindet schließlich. Da in unmittelbarer Ufernähe eine Verfälschung der geoelektrischen Meßergebnisse zu erwarten ist, sind hier nur

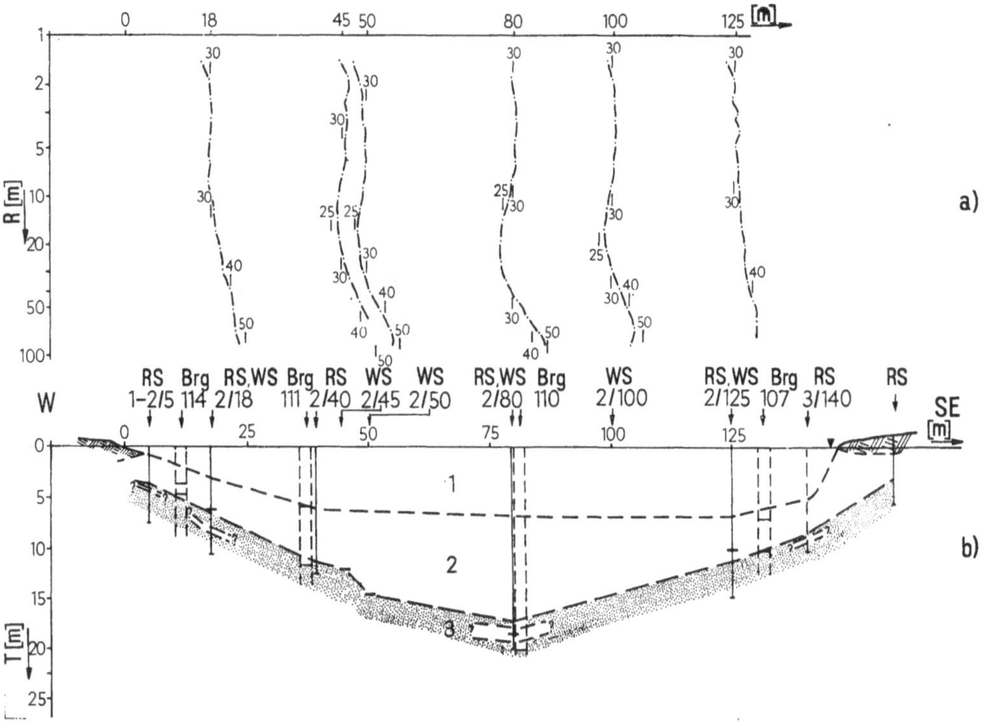

Abb. 3. Untersuchung einer Verkehrstrasse, die einen See durchquert
a) Kurven von 3-Elektroden-Sondierungen mit ϱ_a-Intervallen
b) geologisch-geophysikalische Komplexinterpretation (Profil B)

I – See; II – Land; 1 – Wasser; 2 – organogenes Material; 3 – mineralisches Material; ▼ – Seewasserspiegel; RS ↓ – Dichte-Tiefen-Sondierung; WS ↓ – geoelektrische Sondierung; Brg – Baugrundbohrung; – -- geoelektrische bestimmte Schichtgrenze

radiometrische Dichte-Tiefen-Sondierungen durchgeführt worden. Weitere auf den Profilen vorgenommene Dichte-Tiefen-Sondierungen werden wegen der hohen Genauigkeit in der Abgrenzung des organischen Materials als Eichmöglichkeit zur Bestimmung des Widerstandsansatzes für die quantitative Auswertung der 3-Elektroden-Sondierungen benutzt.

Das bereits genannte hohe Auflösungsvermögen der radiometrischen Dichte-Tiefen-Sondierungen zeigte sich darin, daß eine relativ geringmächtige Schicht organogenen Materials in den meisten Messungen nachgewiesen werden konnte. Diese gründungstechnisch interessierende Schicht, deren Maximalmächtigkeit knapp 1,5 m beträgt, ist von dem organogenen Hauptkomplex durch eine 1—3 m mächtige mineralische Zwischenlage getrennt. Ihre Lokalisierung war weder mittels der geoelektrischen Widerstandssondierungen noch mittels der Baugrundbohrungen gelungen. Aus Abb. 3b geht hervor, daß die maximal ermittelte Teufe des mineralischen Untergrunds etwa in der Mitte des Sees rund 19 m beträgt. Sie nimmt nach den Ufern hin stetig ab, jedoch erstrecken sich die organogenen Ablagerungen über die Uferlinie hinaus bis in den Festlandsbereich hinein.

Die Abb. 4 gibt eine flächenhafte Darstellung der Organogenmächtigkeit im Seebereich nach dem Ergebnis der komplex-geophysikalischen Untersuchungen in Verbindung mit Baugrundbohrungen zur Entnahme von Bodenproben. Die Sattelstruktur,

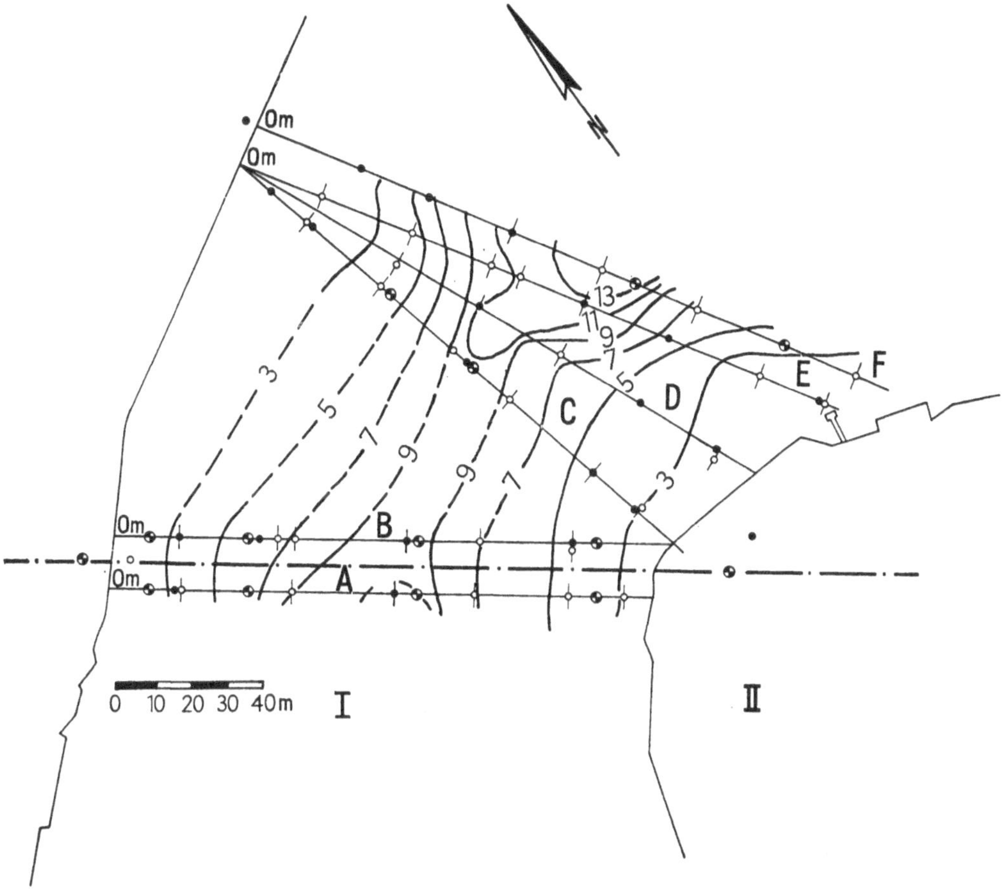

Abb. 4. Untersuchung einer Verkehrstrasse, die einen See durchquert; Mächtigkeit der organogenen Sedimente

I – See; II – Land; -o- – 3-Elektroden-Sondierung (Richtung der Elektrodenanordnung); • – radiometrische Dichte-Tiefen-Sondierung; Kreis mit zwei Dreiecken – Baugrundbohrung; —— – Profil A bis F; –9– – Isolinien der Organogenmächtigkeit

die innerhalb des mineralischen Untergrunds ausgebildet und mit organogenem Material angefüllt ist, wird durch die nach der Nord- und Südberandung der Meßfläche hin zunehmenden Organogenmächtigkeit deutlich.

3.3. Untersuchung von Kontur und Reibungsschluß im Bau befindlicher Dämme

Im Rahmen eines Verkehrsbauvorhabens sollte eine Eisenbahnlinie über einen an das Ufer eines Binnensees angeschütteten Erddamm geführt werden. Um die Standsicherheit des Damms beeinträchtigende organogene Materialien (Seebereich) zu beseitigen, sollte eine Verdrängungsschüttung in mehreren Schüttwellen durchgeführt werden.

Um den Erfolg der Schüttung zu kontrollieren sowie eine Beurteilung der Standsicherheit zu ermöglichen, mußten folgende Aufgaben gelöst werden:

1. Bestimmung der Dammkontur nach jedem Schüttzyklus;
2. Bestimmung der endgültigen Dammkontur;
3. Ermittlung der Teufe und der Lagerung des mineralischen Untergrunds.

Da diese Aufgabenstellung möglichst ökonomisch gelöst werden sollte, erfolgten anstelle von technisch aufwendigen Baugrundbohrungen radiometrische Dichte-Tiefen-Sondierungen. Diese Messungen wurden jeweils nach Beendigung eines Schüttzyklus vor dem wasserseitigen Dammfuß von einer schwimmenden Arbeitsplattform aus auf senkrecht zur Dammachse verlaufenden Profilen durchgeführt.

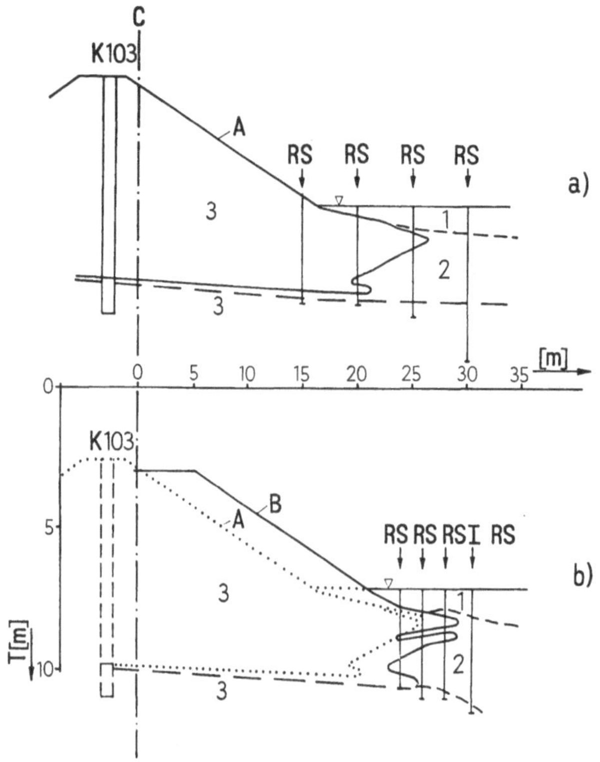

Abb. 5. Kontrolle der Dammkontur mittels radiometrischer Messungen Vertikalschnitt: a) nach der 2. Schüttung; b) nach der 3. Schüttung

▽ – Seewasserspiegel; A – Dammkontur nach der 2. Schüttung; B – Dammkontur nach der 3. Schüttung; C – Bezugsachse; 1 – Wasser; 2 – organogenes Material; 3 – mineralisches Material; RS – radiometrische Dichte-Tiefen-Sondierung; K103 – Baugrundbohrung 103

Die Abb. 5 zeigt die Ergebnisse solcher Kontrollmessungen auf einem Profil. Nach Abschluß des 2. Schüttzyklus ergab sich das in Abb. 5a gezeigte Bild. Im Ergebnis der radiometrischen Dichte-Tiefen-Sondierungen sind sowohl die Dammkontur als auch der Verlauf der Oberkante des mineralischen Untergrunds deutlich zu erkennen. Zwischen Damm und mineralischem Untergrund befindet sich organogenes Material geringer Dichte. Seine Mächtigkeit beträgt unter der Dammkrone weniger als 1 m (Bohrung K 103). Sie nimmt zum wasserseitigen Dammfuß hin kontinuierlich zu. Ein Reibungsschluß liegt nicht vor. Die stark gegliederte Kontur des Dammfußes im Seebereich ist vermutlich durch das Schüttmaterial der vorangegangenen zwei Schüttwellen entstanden.

Die Abb. 5b zeigt die Situation auf dem gleichen Profil etwa drei Wochen nach Schüttung der dritten Schüttwelle im Endzustand des Damms. Die Dammkontur von Abb. 5a ist zusätzlich angedeutet. Zu erkennen ist, daß sich die Begrenzung des Damms weiter in den See hinaus verlagert hat. Die Dammkontur im Bereich des wasserseitigen Dammfußes ist gegenüber der in Abb. 5a stärker gegliedert. Offenbar hat sich das Material der einzelnen Schüttwellen im Gefolge von Grundbrüchen innerhalb des Schüttkörpers gegeneinander bewegt und mit dem seitlich vorgelagerten organischen Erdstoff im Seebereich stärker verzahnt.

Wahrscheinlich ist es zu einem weiteren Grundbruch im organogenen Material unterhalb des Damms gekommen, der einen zumindest partiellen Reibungsschluß zwischen Dammkörper und mineralischem Untergrund herbeiführte. Darauf deutet

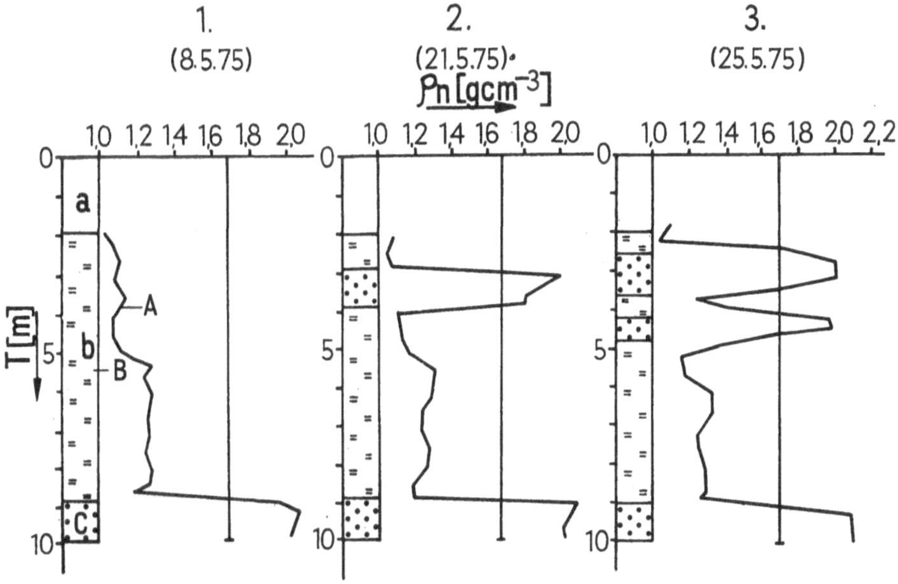

Abb. 6. Kontrolle der Dammkontur — Wiederholungsmessung

1 — erste Messung; 2 — Wiederholungsmessung nach 14 Tagen; 3 — zweite Wiederholungsmessung nach 18 Tagen; A — Dichte-Sondierungskurve; B — abgeleiteter geologischer Schnitt; a — Wasser; b — organogenes Material; c — mineralisches Material

das Ergebnis der ufernächsten Sondierung hin, in der organogenes Material im unmittelbaren Grenzbereich zum tragfähigen Untergrund nicht mehr erkennbar ist. Die Tendenz der seitlichen Verdrängung des organischen Materials durch den sich ausbreitenden Dammfuß wird anschaulich durch die in Abb. 6 dargestellten Meßergebnisse von Wiederholungsmessungen an einem Dichtesondierungsmeßpunkt des gezeigten Profils (Abb. 5) demonstriert. Während die Erstmessung noch keinerlei Hinweise auf mineralisches Schüttmaterial des Dammkörpers erbrachte, zeigt die Wiederholungsmessung nach 14 Tagen zwischen 3—4 m Tiefe Rohdichten ϱ_n, die eindeutig auf Schüttmaterial hinweisen. Eine zweite Wiederholungsmessung nach weiteren vier Tagen ergab mineralischen Erdstoff der Schüttung in noch größerer Mächtigkeit, wobei die Verzahnung mit den organischen Ablagerungen im Seebodenbereich deutlich zu erkennen ist. Dieses Meßergebnis weist nach, daß entgegen den bautechnischen Annahmen ein Gleichgewichtszustand zwischen Damm und Untergrund zum Zeitpunkt der Messungen noch nicht erreicht war.

Zusammenfassung

Bei der Baugrunderkundung für Verkehrstrassen in Pleistozängebieten mit organogenen Ablagerungen im Norden der DDR sind ingenieurgeologische und bautechnische Untersuchungen mit folgender Aufgabenstellung notwendig:

1. Untersuchung der Verbreitung nichttragfähigen Materials in horizontaler und vertikaler Richtung im Bereich geplanter Verkehrstrassen.
2. Untersuchung des Vorhandenseins und der Mächtigkeit organogener Erdstoffe unter bestehenden bzw. in Bau befindlichen Verkehrsdämmen zur Kontrolle der Dammkontur und des Reibungsschlusses.

Zur Lösung dieser Aufgaben hat sich als Hilfsmittel der herkömmlichen Baugrunderkundung der komplexe Einsatz geoelektrischer Widerstands- und radiometrischer Dichtemeßverfahren bewährt. Mit den genannten Verfahren läßt sich auf Grund der niedrigen spezifischen Widerstände und der geringen Rohdichte der nichttragfähige organische Erdstoff vom tragfähigen mineralischen Lockergestein geophysikalisch abgrenzen. Dabei gelangen geoelektrische Widerstandskartierungen zur flächenhaften qualitativen Baugrunderkundung und zweiseitige 3-Elektroden-Sondierungen längs Profilen, Widerstandssondierungen sowie Dichte-Tiefen-Sondierungen in gerammten Sondenrohren zur quantitativen Untersuchung der Mächtigkeit organischer Ablagerungen und des Reliefs des tragfähigen mineralischen Baugrunds zum Einsatz. An bestehenden bzw. im Bau befindlichen Verkehrsdämmen können derartige Messungen besonders in Form von Dichte-Tiefen-Sondierungen zur Ermittlung der Dammkontur und zur Kontrolle des Reibungsschlusses anstelle von Bohrungen zeit- und kostensparend eingesetzt werden. Vor allem bei der Untersuchung von wasserbedeckten Gebieten ist diese Erkundungsmethodik zur Lösung der genannten Aufgabenstellung Baugrundbohrungen ökonomisch überlegen.

Die aufgezeigten Einsatzgebiete und die möglichen Aussagen werden an Hand von drei Beispielen aus der Untersuchungspraxis des VEB Geophysik Leipzig näher behandelt.

Резюме

При разведке грунта для путей сообщения в плейстоценных областях с органогенными отложениями на севере ГДР необходимы инженерногеологические и строительные исследования со следующей постановкой задачи:

1. Исследование распространения непрочных органогенных материалов в горизонтальном и вертикальном направлениях в районах планируемых путей сообщения.
2. Исследование наличия и мощности органогенных грунтовых веществ под существующими или строящимися насыпями путей сообщения для контроля контуров насыпи и фрикционной связи.

Для решения этих задач оправдала себя, в виде пособия к обычной разведке грунта, комплексное применение способов измерения геоэлектрического сопротивления и радиометрического измерения плотности. С помощью указанных способов, благодаря низким удельным сопротивлениям и небольшой плотности можно разграничить геофизическими способами непрочную органическую почву от несущих минеральных рыхлых пород. Находят применение картирование электрического сопротивления с целью площадной качественной разведки грунта и двухсторонние 3-х электродные зондирования вдоль профилей, зондирования сопротивления, а также глубинные зондирования плотности в трамбованных зондовых трубах для количественного исследования мощности органических отложений и рельефа несущего минерального грунта. На существующих и строящихся насыпях путей сообщения можно проводить такие измерения, особенно в виде зондирования плотности, в зависимости от глубины для определения контуров насыпи и контроля фрикционной связи, вместо дорогостоящего и длительного бурения свкажины. Особенно при исследовании районов, покрытых водой, такую методику разведки, для решения указанных вопросов, следует предпочесть как более экономичную, бурению скважин для исследования грунта.

Названные области применения и возможные результаты обсуждаются подробнее на трех примерах из практики разведки, проведенной НП Геофизика, Лейпциг.

Summary

The investigation of the subsoil of projected highway routes in Pleistocene covered terrain containing organogenous sediments necessitates engineering-geological building technical studies as follows:

1. Investigation of the lateral and vertical extension of non-bearing organogenous material within the range of the planned highway routes.
2. Investigation of the existence and the thickness of organogenous material below existing highway dams or those under construction for checking the dam contour and the friction grip.

As a valuable aid for the implementation of these tasks proved the combined use of resistivity measurements and radioactive density determinations. By means of the mentioned techniques and due to the low resistivity and density of the non-bearing organogenous material it is possible to mark off the latter against the bearing mineral soil. The applied geophysical techniques comprise resistivity mapping for the areal qualitative subsoil evaluation, bilateral three-electrode soundings on lines, resistivity soundings as well as density depth soundings in percussion probes for the quantitative estimation of the thicknes of organogenous sediments and of the relief of the bearing mineral subsoil.

Such investigations are particularly expedient in connection with the above under article 2 mentioned tasks, for which preferably density depth soundings may be applied instead of expensive drillings. This methodics is economically advantageous especially in subsoil investigation of water covered areas.

Three examples from surveys conducted by VEB Geophysik Leipzig illustrate its capabilities.

Manuskripteingang: 2. Februar 1977

Anschrift der Autoren:

Dr. rer. nat. L. Fröhlich, Dipl.-Geophys. K.-A. Kamilli, VEB Geophysik
DDR - 701 Leipzig, Schließfach 370

Schriftenr. geol. Wiss. · Berlin 12 (1978) · S. 141–152

Maschinelle Bearbeitung von Bohrlochmeßergebnissen aus Flachbohrungen

Von GUNDOLF THIELE, Leipzig

Mit 9 Abbildungen

Im VEB Geophysik wurden im Prozeß der Automatisierung des Interpretationsprozesses von Bohrlochmeßdaten verschiedene Algorithmen erweitert bzw. neu erarbeitet und getestet. Diese Algorithmen flossen in zwei Bearbeitungssysteme ein. Das System zur maschinellen Bearbeitung von Bohrlochmeßdaten aus Erdöl-Erdgasbohrungen wurde von ENGELMANN u. a. (1975) bereits vorgestellt. Das System HYDROMAT wurde speziell für die Bearbeitung von Bohrlochmeßergebnissen aus Flachbohrungen geschaffen. Dabei ist die Beschränkung auf die Bearbeitung von Meßdaten aus Flachbohrungen nicht prinzipieller Natur, sie resultiert hier aus Besonderheiten der Datenorganisation.

Folgende grundsätzliche Forderungen und Bedingungen mußten bei der Konzipierung des Systems HYDROMAT Berücksichtigung finden:

1. Bei der Bearbeitung von Flachbohrungen fallen gewöhnlich Messungen aus zahlreichen Einzelbohrungen mit jeweils geringer Endteufe an. Trotz relativ kleinen Datenanfalls bei der Einzelmessung (6000–12000 Daten) müssen dennoch sehr große Datenmengen für die Abarbeitung eines Objekts zwischengespeichert werden ($\leqq 10^6$ Daten).
2. Messungen in Flachbohrungen werden bis auf weiteres noch vorwiegend analog registriert; eine Orientierung auf A/D-Wandlung ist erforderlich.
3. Zur rationellen Bewältigung der umfangreichen In- und Output-Operationen ist einfache Steuerung bei hohem und informativem Output-komfort notwendig.
4. Das System muß außer für Routineaufgaben für methodische Arbeiten einsetzbar und leicht erweiterungsfähig sein (offenes System).
5. Die Auswertung muß zu Schichtmodellen führen, die mit extrem hohem Auflösungsvermögen berechnet werden können.

Abbildung 1 zeigt das prinzipielle Datenlaufschema für die Routineanwendung des Systems HYDROMAT. Die A/D-gewandelten Meßkurven liegen als Lochstreifen vor, die neben den Meßamplituden Informationen über Teufenmarken sowie Maßstabs- und Kompensationsangaben enthalten. An eine schematische manuelle schließt eine automatische Kontrolle der Lochstreifen beim Einlesen an. Für Lochstreifen, die maschinell nicht korrigierbare Fehler aufweisen, erfolgt der Ausdruck einer entsprechenden Fehlerbotschaft. Bei diesen Lochstreifen müssen die in der Fehlerliste ausgewiesenen Fehler manuell korrigiert und in einem späteren Rechenlauf erneut eingelesen werden. Bei den fehlerfreien bzw. maschinell korrigierbaren Lochstreifen wird eine Teufenkorrektur angebracht. Dazu werden die Abtastwerte jedes Meßverfahrens entsprechend der in jedem Abtastpunkt bekannten Werte von Vorkompensation und Registrierempfindlichkeit zuvor in kontinuierliche Kurven mit einem einheitlichen Grundmaßstab umgewandelt. Die so korrigierten Daten werden auf einem Plattenfile für eine direkte anschließende Bearbeitung bereitgestellt, gleichzeitig erfolgt deren Ausgabe auf Magnetband. Den Meßdaten jeder Einzelbohrung wird ein Kopf mit allen notwendigen Zusatzinformationen vorangestellt. Dadurch wird einmal eine kontinuierliche Datenredaktion gewährleistet, indem die über einen größeren Zeitraum anfallenden Meßergebnisse aus einem Meßgebiet auf einem Arbeitsband auflaufend bereitgestellt werden, zum anderen muß bei eventuell notwendigen Varianten-

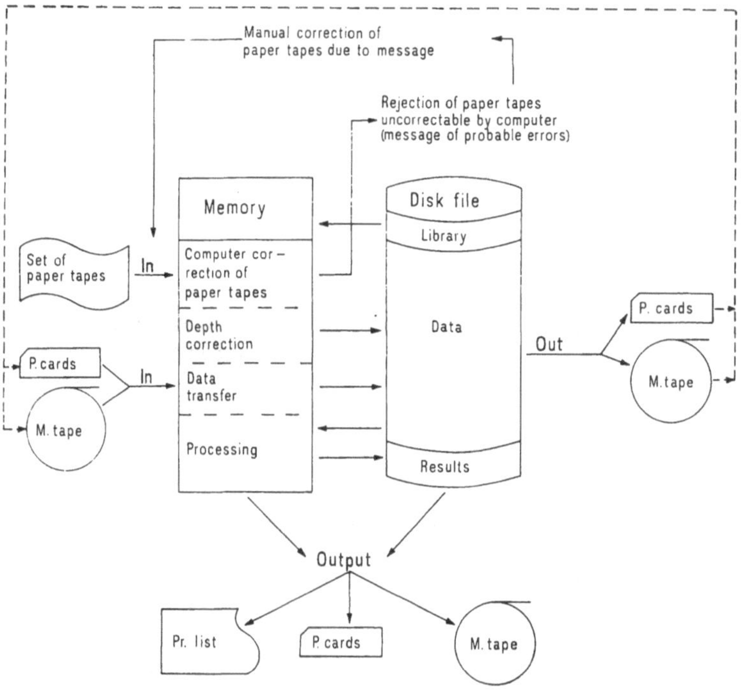

Abb. 1. Prinzipielles Datenlaufschema für das Bearbeitungssystem HYDROMAT

rechnungen nicht auf den zeitaufwendigen Lochstreifeninput zurückgegriffen werden. Der Output der Bearbeitungsergebnisse kann auf Lochkarte, über den Drucker oder auf Magnetband zur anschließenden Ausgabe über den Plotter erfolgen. Die weitaus günstigste und rationellste Darstellung der Ergebnisse wird dabei mit der Ausgabe über den Plotter erreicht. Auf diese Outputform wird daher bei Routinearbeit mit dem System HYDROMAT orientiert, während die anderen Ausgabemöglichkeiten weitgehend methodischen Arbeiten vorbehalten bleiben.

Bei der durchgeführten Teufenkorrektur erfolgt keine Synchronisation der mit verschiedenen Meßfahrten gezogenen Meßkurven — eine solche Korrektur ist bei Messungen in Flachbohrungen normalerweise auch nicht notwendig — es erfolgt vielmehr eine Korrektur, bei der Teufendifferenzen zwischen benachbarten Teufenmarken ausgeglichen werden. Das Prinzip dazu zeigt Abb. 2.

Abbildung 2, A zeigt einen Kurvenausschnitt, bei dem zwischen dem theoretischen Teufenmarkenabstand (Abstand bis zur gestrichelten Linie) und der zwischen den Marken registrierten Meßkurve die positive Differenz ΔH besteht, um die das Kurvensegment gestaucht werden muß. Abbildung 2, B verdeutlicht den umgekehrten Fall, bei dem das gemessene Kurvenstück zwischen den Teufenmarken um den Betrag ΔH gedehnt werden muß. Stauchung und Dehnung erfolgen linear („Gummikorrektur"). Die Abb. 2, C und 2, D stellen das gleiche Meßbeispiel dar; Abb. 2, C zeigt die unkorrigierten Meßwerte mit den eingezeichneten Teufenmarken, zwischen denen die Meßkurve dann so gedehnt bzw. gestaucht werden, daß die Teufenmarken in die geforderte theoretische Lage kommen (Abb. 2, D).

Als eine der ersten Informationen erhält der Auftraggeber gewöhnlich eine Dokumentation der Meßkurven. Das Bearbeitungssystem HYDROMAT bietet dazu variable Outputmöglichkeiten. Dabei können die Meßverfahren wahlweise linear oder logarith-

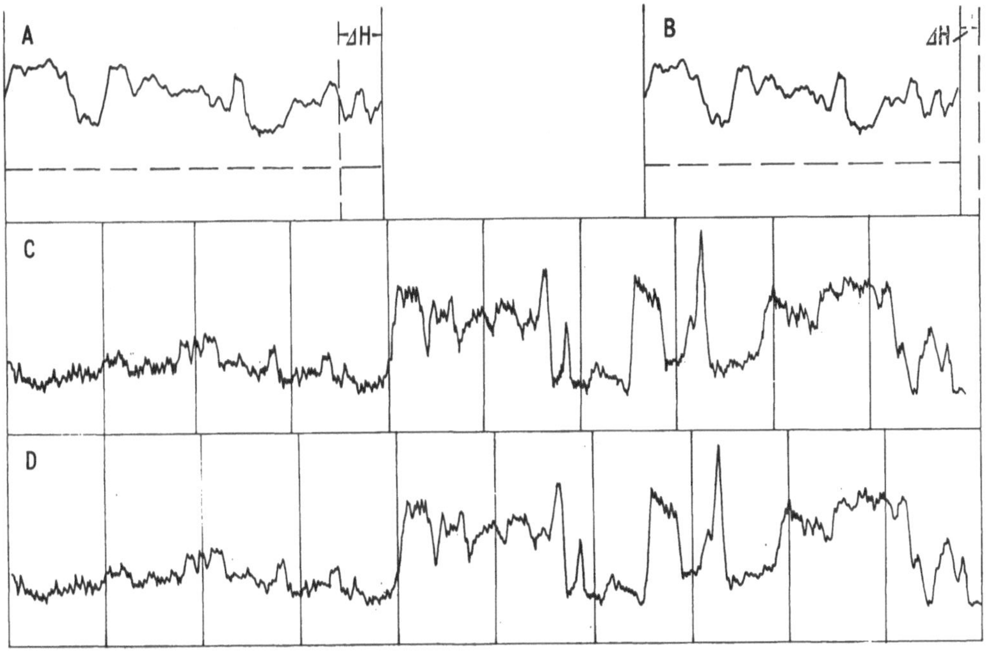

Abb. 2. Teufenkorrektur

A — „Stauchen" eines um ΔH zu langen Kurvenstücks; B — „Dehnen" eines um ΔH zu kurzen Kurvenstücks; C — Meßkurve mit eingezeichneten Teufenkurven; D — teufenkorrigierte Meßkurve

misch als durchgezogene, gestrichelte, strich-punktierte oder punktierte Kurven dargestellt werden, wobei die Strichlängen und die freien Abstände zwischen den Strichen bzw. Punkten ebenfalls vorgebbar sind. Routinemäßig erfolgt die Meßkurvendokumentation von Messungen in Flachbohrungen auf Vordrucke. Um das dadurch fixierte Blattformat einhalten zu können, wird für jedes auszuzeichnende Verfahren neben der Ausgabeempfindlichkeit eine Maximalhöhe vorgegeben. Alle auszugebenden Amplituden, die bei linearer Ausgabe diese Maximalhöhe übersteigen, werden mit einer automatisch bestimmten Empfindlichkeit mit geringer Überlappung eingezeichnet (s. Abb. 3 Gamma-Gamma-Log). Die Skalenbeschriftung erfolgt für beide Empfindlichkeiten. Für logarithmische Kurvenausgabe wird aus der Schar der üblichen Moduln für logarithmische Teilung der größtmögliche Modul bestimmt, in dem die Meßkurve entsprechend der vorgegebenen Maximalhöhe vollständig dargestellt werden kann. Die überlagerte Ausgabe mehrerer Meßkurven ist möglich. Ein Beispiel für die Meßkurvenausgabe über den Plotter zeigt Abb. 3. Die Meßkurve der Verfahren Kaliber, Gamma und Gamma-Gamma wurden linear, die Kurve der Neutron-Gamma-Registrierung logarithmisch ausgegeben.

Die zur Ausgabe verwendeten Vordrucke sind sich weder untereinander vollkommen gleich, noch stimmen die Eckkoordinaten der Vordrucke mit den entsprechenden Plotterkoordinaten überein. Im Durchschnitt treten zwischen Vordruck- und Plotterkoordinaten Differenzen von 0,1—0,6% auf, wobei beide Koordinatensysteme meist noch gegeneinander verdreht sind. Vor der Ausgabe erfolgt daher eine Transformation von Plotter- auf Vordruckkoordinaten.

Die wesentlichen Schritte des eigentlichen Processing der Meßkurven zeigt Abb. 4. Die vom Arbeitsband eingelesenen teufenkorrigierten Meßdaten werden bei Meßkurvenlängen > 100 m in Segmente zerlegt. Die Segmentlängen entsprechen den üblichen Aus-

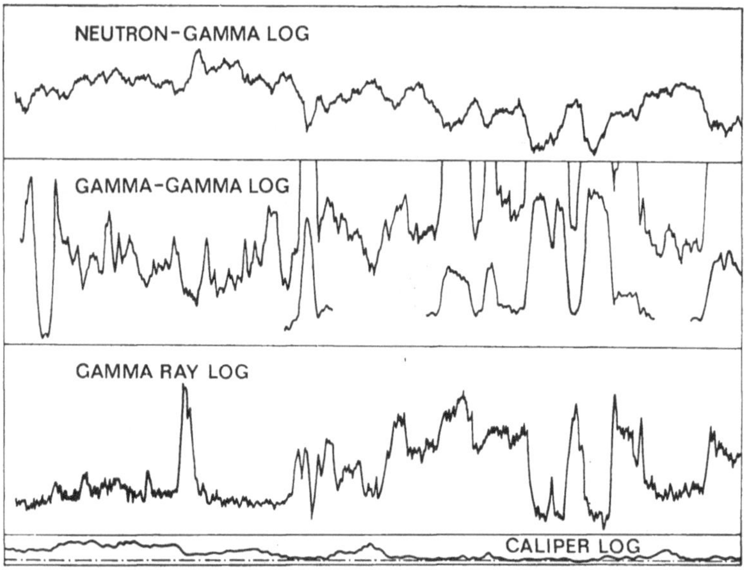

Abb. 3. Dokumentation der korrigierten Meßkurven über den Plotter

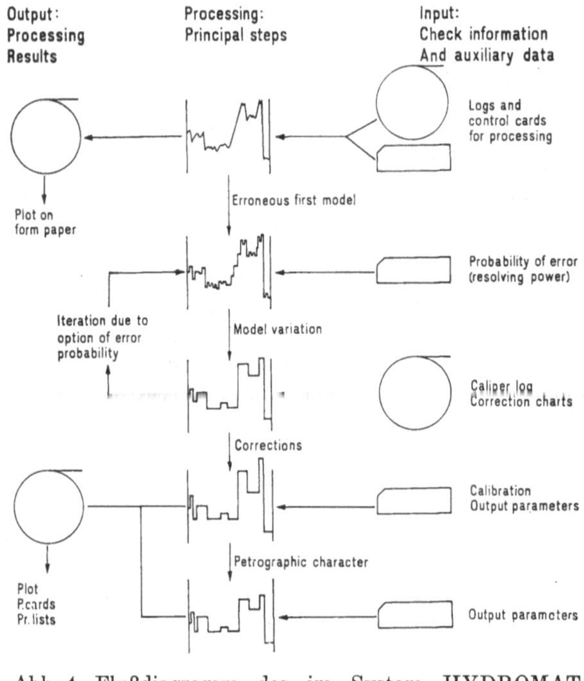

Abb. 4. Flußdiagramm des im System HYDROMAT verwendeten Auswerteverfahrens

gabelängen von je 100 m Meßstrecke auf den Anlagen zur Dokumentation von Meß- und Ergebniswerten. Die Kurvenbearbeitung geschieht segmentweise ohne Meßwertüberlappung. Eine Verfälschung der Ergebnisse in der ersten bzw. letzten Schicht nach und vor einem Segmentschnitt wird hierbei zugunsten einer spürbaren Vereinfachung der Datenorganisation bewußt in Kauf genommen. Das wird nicht zuletzt dadurch gerechtfertigt, daß die meisten Flachbohrungen eine Teufe von 100 m nicht oder nur unwesentlich überschreiten.

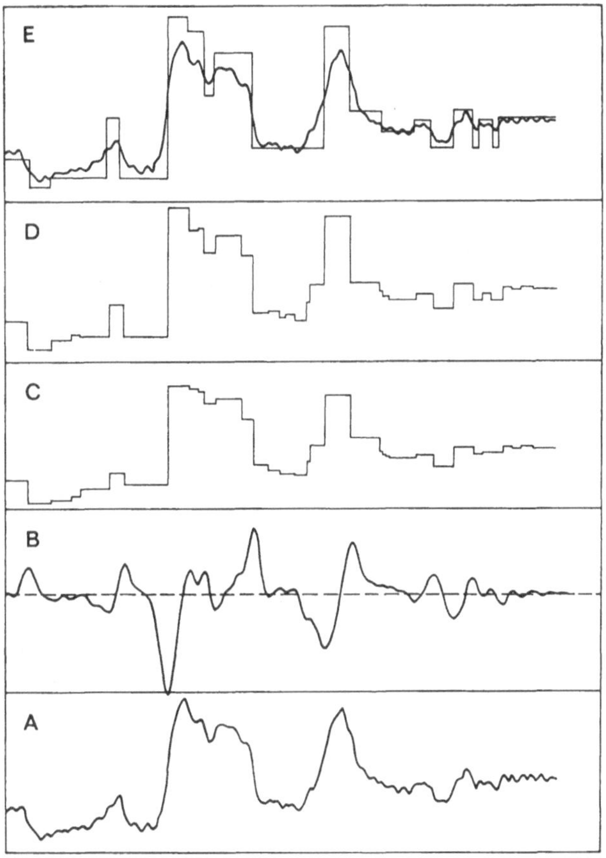

Abb. 5. Verfahren der Modellvariation

A — 12 m langer Kurvenausschnitt einer Gamma-Kurve; B — Differenzen 1. Ordnung; C — 1. Näherung für die Intensitätswerte des fehlerhaften Modells (Mittelwerte innerhalb der Schichtgrenzen); D — unkorrigierte Intensitätswerte für das fehlerhafte Modell (Mittelwerte über schichtcharakteristische Intervalle); E — korrigierte Intensitätswerte für eine Ergebnissicherheit von 90%

Der Transformationsprozeß Meßkurve—Stufenkurve (Schichtmodell) beginnt damit, daß aus der Meßkurve zunächst ein fehlerbehaftetes Schichtmodell berechnet wird. Dieses Modell wird mit extrem hohem Auflösungsvermögen unter der Annahme bestimmt, daß sämtliche Meßwertänderungen real sind, es wird nicht zwischen Störeffekten, Meßwertstatistik der radiometrischen Verfahren und echten Meßwertänderungen unterschieden. Für jede Schicht wird dann entsprechend einer vorzugebenden Aussagesicherheit ein Intervall möglicher Schichtwerte berechnet. In aufeinanderfolgenden Iterationsschritten werden alle benachbarten Schichten des fehlerhaften Schichtmodells zusammengefaßt, bei denen sich die möglichen Streubereiche für die Intensitätswerte der Schichten überlappen. Dieses Verfahren wurde als Modellvariation bezeichnet und gestattet eine quantitative Steuerung der Auswertequalität, wobei das Ergebnis mit der vorgebbaren Sicherheit frei von solchen Fehlern ist, die durch die Meßwertstatistik hervorgerufen werden. Nach der sich anschließenden Korrekturetappe, bei der mit Hilfe von Korrekturtabellen die Einflüsse von Bohrlochkaliber, Meßgeschwindigkeit und Integrationszeit entfernt werden, erfolgt über die zulässige Irrtumswahrscheinlichkeit noch einmal ein Existenztest für alle Schichten des Modells. Wahlweise kann nach dieser Etappe ein Mächtigkeitsfilter aufgerufen werden, der alle Schichten, die unterhalb einer Grenzmächtigkeit liegen, unterdrückt. Dieser Filter, der keinerlei physikalische Berechtigung hat, liefert ein für gewisse Aufgabenstellungen günstigeres Ergebnis.

In einer letzten Bearbeitungsetappe erfolgt über Näherungslösungen, Eich- oder Regressionsbeziehungen die Umwandlung der Stufenkurven der Schichtwerte in Parameterkurven.

Die Abb. 5 zeigt ausgewählte Etappen des Verfahrens der Modellvariation. Aus der Meßkurve wird zunächst die Kurve der Differenzen 1. Ordnung als Näherung für die 1. Ableitung berechnet. In den Projektionen der relativen Extremwerte dieser Differenzenkurve, die bestimmten Kriterien genügen, werden Schichtgrenzen angenommen. Diese Annahme, die für nichtpunktförmige Detektoren zunächst falsch ist, wird für Messungen mit diesen Detektoren am Ende des Bearbeitungsprozesses durch eine Schichtgrenzenanpassung wieder berichtigt. In den so bestimmten Grenzen des fehlerhaften Schichtmodells werden die schichtcharakteristischen Werte in verschiedenen Schritten bestimmt, von denen in Abb. 5 der erste (Abb. 5, C) und der letzte (Abb. 5, D) dargestellt sind. Als erste Näherung werden die Mittelwerte zwischen den Schichtgrenzen bestimmt. Der Übergang zu den wahren schichtcharakteristischen Werten erfolgt über Relativwerte, mit deren Hilfe Schichtstufen erkannt werden, und über Extremwertdifferenzen benachbarter relativer gleichsinniger Extremalwerte (Minima oder Maxima) auf der Meßkurve innerhalb der Schichtgrenzen. Mit Hilfe der Extremwertdifferenzen werden schichtcharakteristische Intervalle ausgegliedert, wobei wieder die zulässige Irrtumswahrscheinlichkeit für das Ergebnis eingeht. Innerhalb des schichtcharakteristischen Intervalls wird der Schichtwert bestimmt. Das schichtcharakteristische Intervall kann im Grenzfall aus nur einem Punkt bestehen.

Das Verfahren der Modellvariation vermeidet die Nachteile aller Varianten von Filterverfahren, deren wesentlichster die starke Abhängigkeit von einem einmal gewählten Modell ist. Für die Ergebnisse ist eine Aussagesicherheit vorgebbar, die die Ergebnisqualität quantitativ beschreibt.

Welche Wirkung die Variierung der Aussagesicherheit auf das Auflösungsvermögen hat, demonstrieren Abb. 6 und 7. Generell wird das Auflösungsvermögen mit steigender Anforderung an die Sicherheit der Ergebnisse, also die Sicherheit des Schichtmodells, geringer. Die Abb. 6, A, B, C und Abb. 7, A, B, C zeigen die mit einer Wahrscheinlichkeit von 60, 70 und 90% berechneten Schichtmodelle. Den Effekt der Verringerung des Auflösungsvermögens mit wachsender Aussagesicherheit zeigt Abb. 7 besonders deutlich; hier sind lediglich die Stufenkurven dargestellt.

Den Mechanismus der Teufenanpassung für eine Meßkurve, die mit einer Zählrohrsonde gezogen wurde, für die die Annahme von Schichtgrenzen in den Wendepunkten also nicht gerechtfertigt ist, zeigt Abb. 8. Dargestellt wurde ein Ausschnitt aus einer Gamma-Gamma-Registrierung. Abbildung 8, A ist das normale Auswerteergebnis nach dem Verfahren der Modellvariation für eine Sicherheit von 90%. Das Ergebnis für das angepaßte Schichtmodell zeigt Abb. 8, B. Darin wird zugleich deutlich, wie sich durch die Schichtgrenzenanpassung die Mächtigkeiten der ausgegliederten Bereiche des Modells ändern.

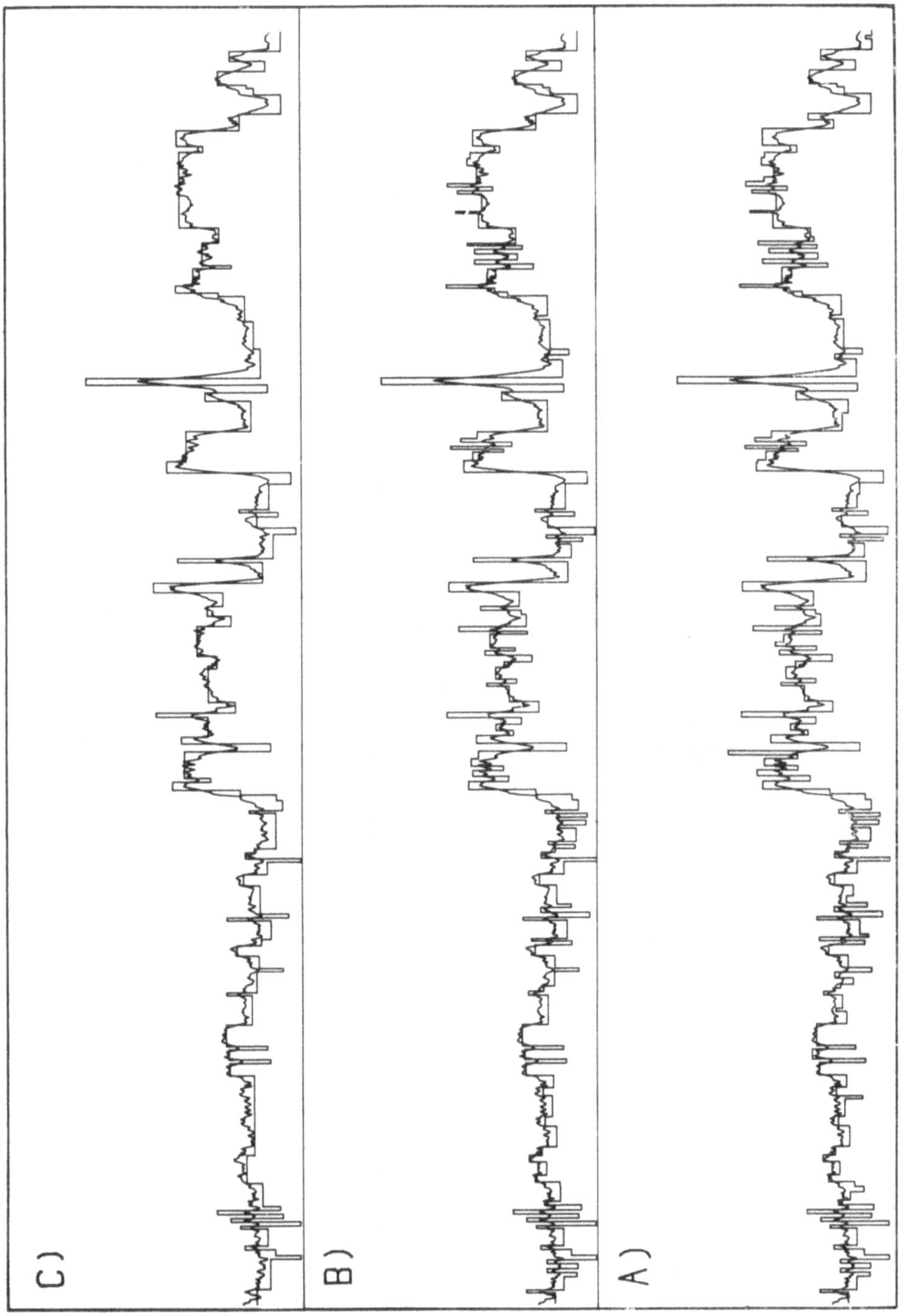

Abb. 6. Beispiel für die Auswertung einer Gamma-Kurve mit verschiedenen Sicherheiten

A — 60%ige Sicherheit; B — 70%ige Sicherheit; C — 95%ige Sicherheit

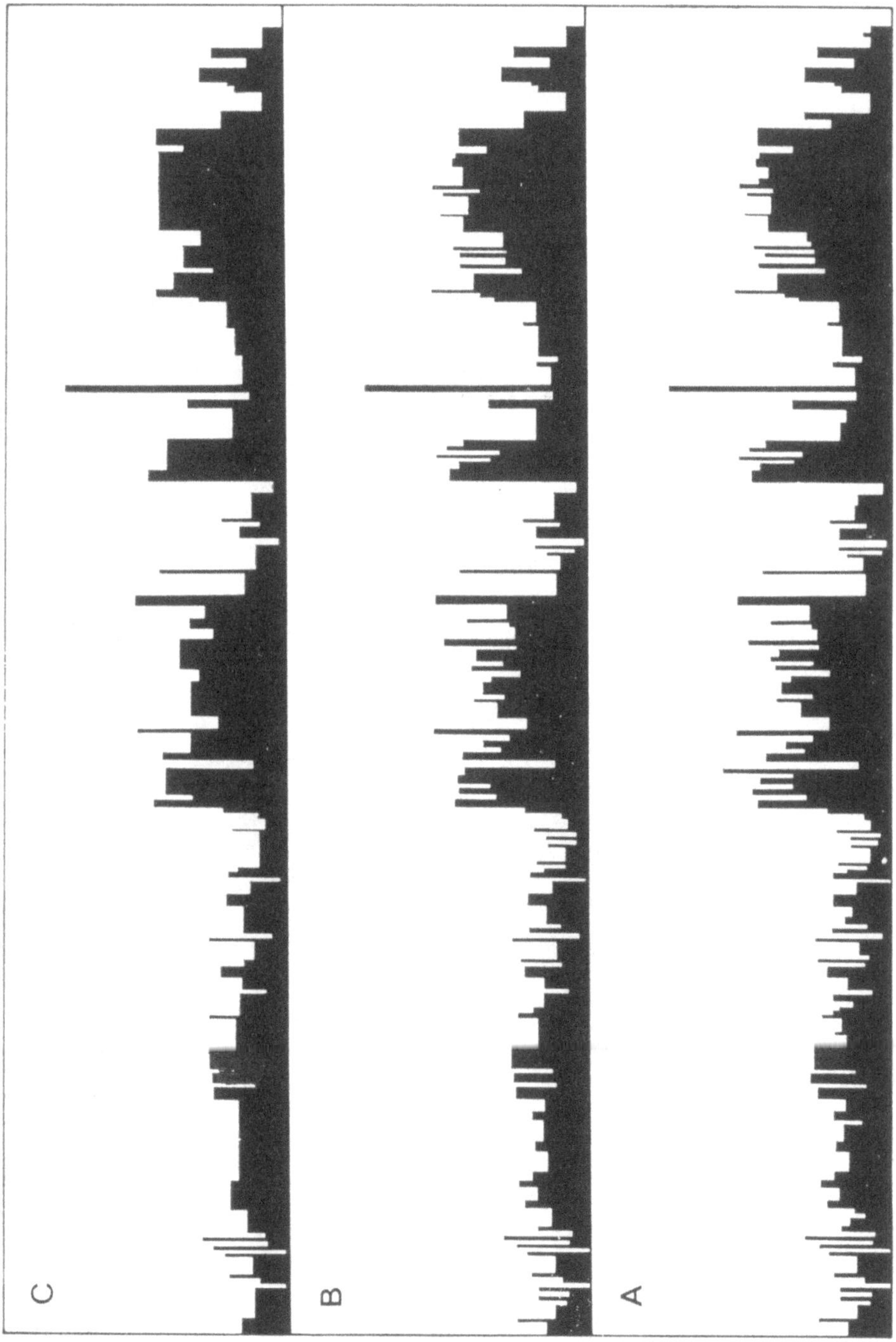

Abb. 7. Beispiel nach Abb. 6 ohne überlagerte Meßkurven

A bis C wie Abb. 6 A bis C

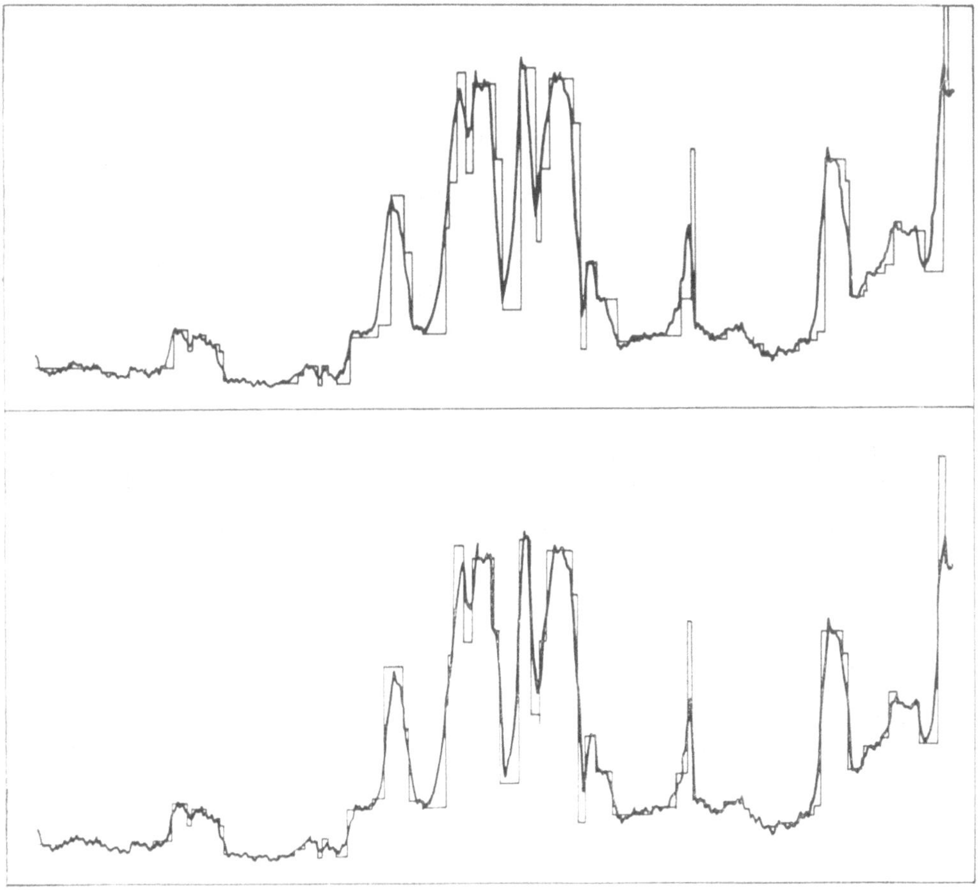

Abb. 8. Beispiel der Schichtanpassung für eine Gamma-Gamma-Registrierung
A – Bearbeitungsergebnis vor Schichtanpassung; B – Bearbeitungsergebnis nach Schichtanpassung

In Anlehnung an das in Flachbohrungen übliche Meßprogramm, das im allgemeinen aus Kaliber, Gamma, Gamma-Gamma und Neutron-Gamma oder Neutron-Neutron sowie zwei verschieden langen Normalsonden besteht, wurde das Bearbeitungssystem in erster Linie auf die Auswertung der radiometrischen Verfahren ausgerichtet. Neben der maschinellen Bestimmung der Intensitätsverteilungen von natürlicher und provozierter Strahlung in den ermittelten Schichtmodellen können aus diesen Modellen über Eichbeziehungen Tongehalt, Dichte und Porosität berechnet werden.

Die Ausgabe der Ergebnisse erfolgt über den Plotter im Teufenmaßstab 1 : 200 auf Millimeterpapier in Anlagenform. Einen möglichen Ausschnitt einer solchen Anlage bringt Abb. 9, bei der allerdings nur die Stufenkurven ausgegeben wurden. Die Abbildung zeigt in der Reihenfolge von A nach E die Verteilung der natürlichen Gamma-Strahlung, die Verteilung von Gamma-Gamma und Neutron-Gamma-Intensität und die aus Gamma-Gamma abgeleiteten Verteilungen von Dichte und Porosität.

Das System HYDROMAT hat sich im Routinebetrieb bei der Bearbeitung mehrerer hundert Bohrungen bewährt. Die vor der Bearbeitung notwendige Datenredaktion und ein Teil der einfach aufgebauten Systemsteuerung, die über Lochkarten erfolgt, kann von Auswerterinnen wahrgenommen werden. Dem Geophysiker vorbehalten bleiben

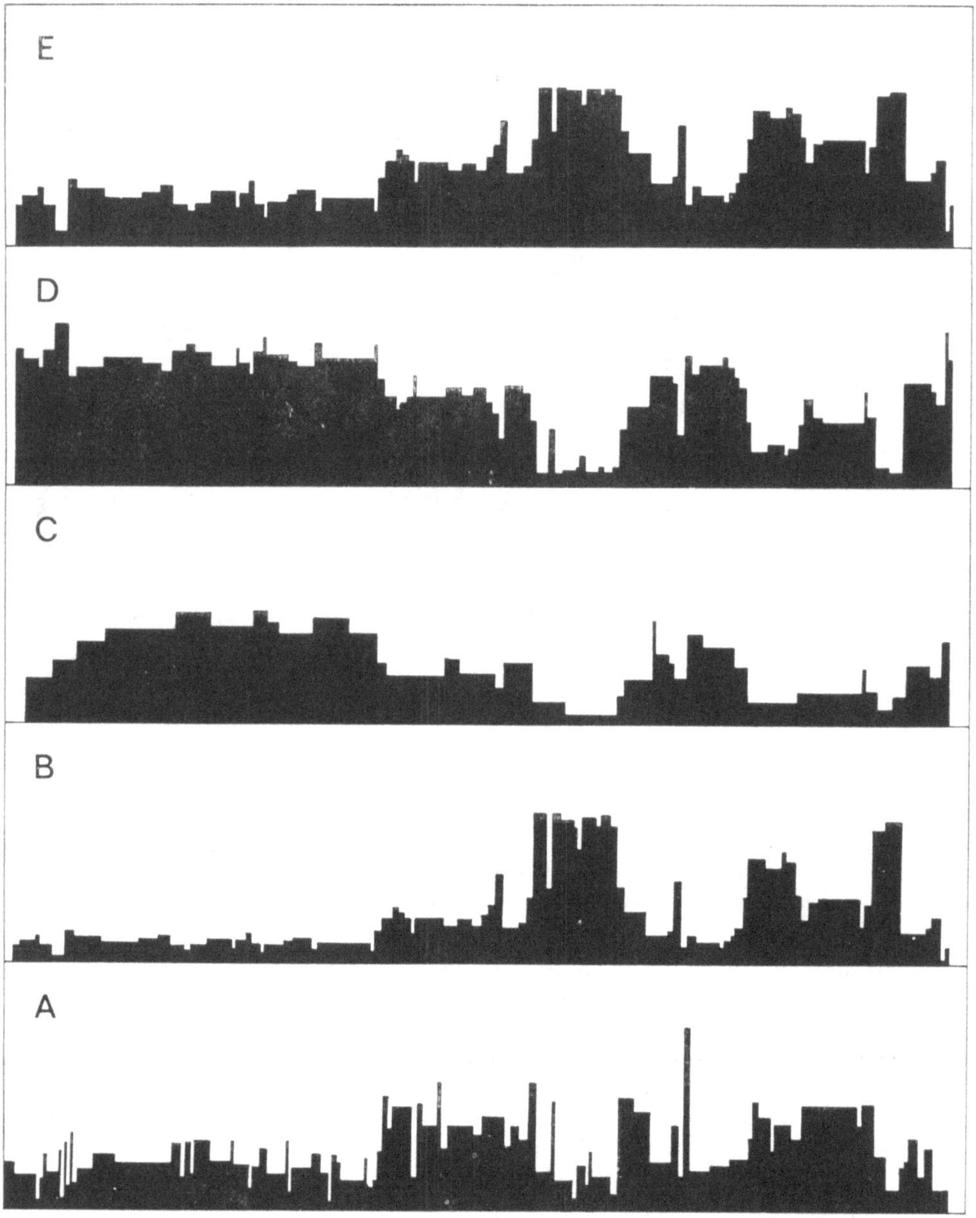

Abb. 9. Beispiel einer möglichen Ergebnisdarstellung über den Plotter

A – Intensitätsverteilung der natürlichen Gamma-Strahlung; B – Verteilung der Gamma-Gamma-Intensität; C – Verteilung der Neutron-Gamma-Intensität; D – Dichteverteilung nach Gamma-Gamma; E – Porositätsverteilung nach Gamma-Gamma neben der Kontrolle die Vorgabe der Ergebnissicherheit und die Festlegung der Eichbeziehungen.

An der Vervollständigung des Systems zur maschinellen Auswertung von Ergebnissen aus Flachbohrungen wird weiter gearbeitet. Der Schwerpunkt liegt gegenwärtig bei der Erarbeitung eines Programms zur maschinellen Auswertung der konventionellen Widerstandsmessungen mit Normalsonden.

Zusammenfassung

Vorgestellt wird das Programmsystem HYDROMAT zur maschinellen Auswertung von Bohrlochmeßergebnissen aus Flachbohrungen. Das System ist entsprechend der Aufgabenstellung gegenwärtig zur Bearbeitung sämtlicher radiometrischer Meßverfahren geeignet und wird dazu im Routinebetrieb eingesetzt.

Digitalisierte Meßkurven werden über Lochstreifen eingelesen, teufenkorrigiert und auf ein Arbeitsband geschrieben. Die teufenkorrigierten Meßkurven können über den Plotter in verschiedenen Darstellungsarten linear oder logarithmisch auf Formblätter (Vordrucke) ausgegeben werden.

Das Kurvenprocessing führt zu Schichtmodellen, wobei die Transformation Meßkurve-Stufenkurve nach dem Verfahren der Modellvariation durchgeführt wird. Mit sehr hohem Auflösungsvermögen wird zuerst ein fehlerhaftes (statistikbeeinflußtes) Schichtmodell berechnet, das anschließend mit einer vorgebbaren Sicherheit von den Einflüssen der Zerfallsstatistik befreit wird. Die schichtcharakteristischen Werte werden über nomografische Korrekturverfahren in wahre Intensitätsverteilungen überführt. Der Übergang zu Verteilungen gesteinsphysikalischer Eigenschaften geschieht über Eichbeziehungen.

Das Verfahren der Modellvariation gestattet eine einfache quantitative Steuerung und Kontrolle der Auswertequalität über die Vorgabe der Existenzwahrscheinlichkeit der berechneten Schichtmodelle. Die Ausgabe der Ergebnisse geschieht über den Plotter in einer solchen Form, daß sie direkt als Berichtsanlagen verwendet werden können.

Das System wird auf die maschinelle Auswertung von Normalsonden erweitert.

Резюме

Предлагается программная система HYDROMAT для машинной обработки каротажных данных по скважинам мелкого бурения. Система в соответствии с заданием в настоящее время позволяет проводить обработку данных всех радиометрических способов наблюдения и применяется также на производстве.

Преобразованные в цифровую форму кривые измерения вводятся с перфолент и выводятся на рабочую ленту после глубинной поправки. Кривые измерения, исправленные по глубине можно выводить на графопостроитель в виде изображений, на бланки в линейном или логаритмическом масштабе.

Обработка кривых приводит к слоистым моделям, причем преобразование кривой измерения в ступенчатую кривую проводится по способу вариации модели. Сначала рассчитывается слоистая модель с погрешностями (влияние статистики) при высокой разрешающей способности, которая потом при заданной надежности освобождается от влияний статистики распада. Характерные для слоев значения переводятся с помощью номографических способов поправки в истинные распределения интенсивностей. Переход к распределениям петрофизических свойств производится по эталонам.

Способ вариации модели позволяет производить простое количественное управление и контроль за качеством обработки по заданной вероятности существования рассчитанных моделей слоев. Вывод результатов переводится на графопостроитель в виде графиков, пригодных для непосредственного использования их в качестве приложений к отчетам.

Система дополняется для машинной обработки данными, полученными с помощью нормальных зондов.

Summary

The paper deals with the program system HYDROMAT designed for the computational processing of well-logging results from shallow wells. At present, the system is applied routinely to the processing of all radioactive logs according to the respective problems.

The digitized logs are put in by means of punched tapes, corrected for depth, and transcribed on a processing tape. The depth corrected logs may be put out by means of a plotter and drawn on from sheets in a different manner either in a linear or logarithmic scale.

The log processing leads to a layer model, where the conversion from the log curve to a step curve is accomplished by the technique of model variation. Firstly, an erroneous (statistically influenced) layer model is computed with a high resolving power, from which in the following the influences of the statistical radioactive decay are eliminated according to a given certainty.

The characteristic values for the layers are converted by means of nomographic correction techniques into true intensity distributions. The conversion to distributions of petrophysical properties is accomplished by respective calibration relations.

The technique of model variation enables a simple quantitative control of the processing quality by means of the given existence probability of the computed layer models. The results are plotted in such a way that they can be used directly as report annexes.

The system shall be expanded for the computational processing of normal sonde logs.

Literatur

Engelmann, D. u. a.: Maschinelle Bearbeitung von Bohrlochmeßdaten aus Erdöl-Erdgasbohrungen. — Vortrag, gehalten auf dem XX. geoph. Symp., Budapest 1975.

Gerstenberger, W.: Sistema detalnoj avtomatičeskoj interpretacii promyšlovo-geofizičeskich dannych v neodnorodnych kollektorach. — Moskva, Gubkin-Institut, Diss., 1973.

LOCMATIC computer programs for log interpretation. — Geopetrole, Paris, Geop. 1138, Nov. 1968.

Schmidt, A. W. u. a.: Applications of the CORIBAND technique to complex lithologies. — The Log Analyst, **XIII** (1972) 1, S. 19—36.

Thiele, G.: Selbstregulierendes Verfahren zur automatischen Auswertung digital vorliegender radiometrischer Messungen. — Patentschr. Nr. 112000.

Manuskripteingang: 2. Februar 1977

Anschrift des Autors:

Dr. rer. nat. G. Thiele, VEB Geophysik
DDR - 701 Leipzig, Schließfach 370

Schriftenr. geol. Wiss. · Berlin 12 (1978) · S. 153–163

Untersuchung der dynamischen Verhältnisse in hydrogeologischen Bohrungen mit Hilfe der geophysikalischen Bohrlochmessung

Von Karl-Norbert Lux; Jost Tita; Leipzig

Mit 7 Abbildungen

Die Aufgabe der Bohrlochmessung in der Hydrogeologie besteht darin, einen Beitrag zur Erschließung, Bilanzierung und Nutzung von Grundwasservorräten zu leisten, der optimale Ergebnisse mittels dem Untersuchungsobjekt Grundwasser angepaßten Methoden liefern soll. Das setzt in erster Linie die volle Ausschöpfung der im herkömmlich eingesetzten Verfahrenskomplex enthaltenen Information und nicht die Einführung neuer und damit unausgereifter Meß- und Interpretationsmethoden voraus. Die Aussagemöglichkeiten der derzeitig angewandten Meßverfahren sollen nachfolgend an einigen Beispielen erläutert werden.

Bei der geophysikalischen Vermessung hydrogeologischer Bohrungen, die Erkundungs- und Erschließungsbohrungen sind, ist es üblich, den Verfahren die größte Bedeutung beizumessen, die Aussagen über das im Bohrloch herrschende dynamische Regime liefern. Demzufolge gelangt in den Wasserbohrungen des Festgesteinsbereichs ein Standardmeßprogramm zum Einsatz, das neben den klassischen Aussagen der Bohrlochmessung (Lithologie, Schichtgrenzen, Gesamtporosität, technischer Bohrlochzustand usw.) solche ermöglicht, die quantitative Abschätzungen der Ergiebigkeit bzw. des Schluckvermögens diskreter permeabler Intervalle, deren Einengung auf der Wirklichkeit nahekommende Teufenbereiche und gegebenenfalls Transmissibilitätsabschätzungen zulassen.

Das ist natürlich nicht nur in den standfesten, großkalibrigen Bohrungen des Festgesteins möglich, sondern auch in ausgebauten Lockergesteinsbohrungen — Voraussetzung für die Einsetzbarkeit nachfolgend beschriebener Verfahren ist in jedem Fall die Standfestigkeit der zu untersuchenden Bohrung.

Das Standardmeßprogramm für Festgesteinsbohrungen setzt sich aus folgenden Verfahren zusammen:

Kalibermessung, Kb;
Messung der natürlichen Gammastrahlung, G;
Messungen des spezifischen elektrischen Gebirgswiderstandes (Gradientsonden), R;
Messungen des spezifischen elektrischen Spülungswiderstandes, R_m;
Temperaturmessungen des Wasserspiegels im Bohrloch am Anfang und am Ende der Manipulationen, T_A, T_E.

Die Messungen des spezifischen elektrischen Gebirgswiderstandes und der natürlichen Gammastrahlung erlauben die „klassischen" Aussagen, die Kalibermessung die Untersuchung des technischen Bohrlochzustands.

Die Messungen des spezifischen elektrischen Spülungswiderstandes R_m und die Temperatur T sind zwar ihrer Natur nach statische Verfahren, aber beide Meßmethoden sind qualitativ und quantitativ korrelierbar und ermöglichen dynamische Untersuchungen; das resultiert aus der Meßtechnologie. Für R_m sei das am Beispiel der Abb. 1 erläutert. Dargestellt ist neben dem γ-Log das Meßergebnis einer Zuflußmessung. Aus dem γ-Log läßt sich in diesem Buntsandsteinprofil eine Sandstein/Tonstein-Wechselfolge

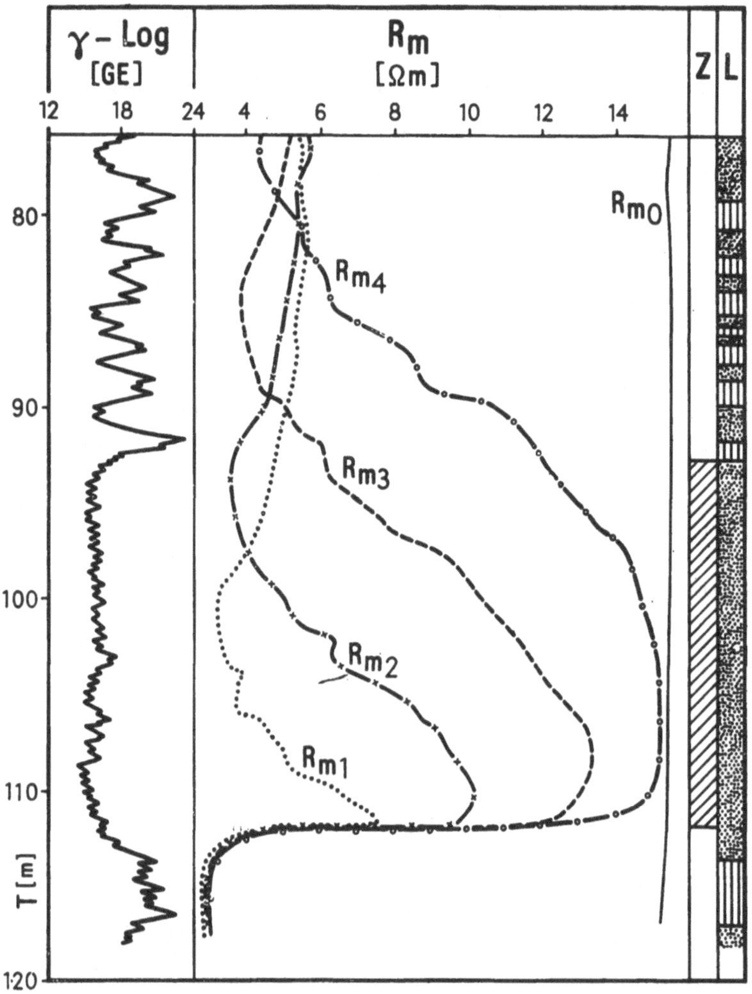

Abb. 1. Ortung eines produzierenden Bereichs in einer Wasserbohrung mittels „Zuflußmessung“

R_{mi} – spezifischer Spülungswiderstand (Messungen zu den Zeiten t_i mit $i = 0, \ldots, 4$); Z – Zuflußprofil; L – Lithologie

aushalten. Bereits an Hand dieser Kurve ist ein höher permeabler Bereich (Sandsteinpaket) zwischen 92 und 111 m zu erkennen. Eine eindeutige Aussage über den Zuflußbereich liefert allerdings erst die Zuflußmessung, nämlich die Registrierung der zeitlichen Änderung von R_m selbst. Nach einer 0-Messung (R_{m0}) wird die Bohrlochflüssigkeit versalzen (Erniedrigung des spezifischen Spülungswiderstandes auf ca. 1/10 des ursprünglichen Werts) und nach Einbau einer geeigneten Pumpe das Bohrloch entlastet. Während dieses „Pumpversuchs“, der einen verstärkten Zufluß von Süßwasser provoziert, wird mehrmals hintereinander R_m gemessen. Die Abb. 1 zeigt deutlich den Anstieg der Süß-/Salzwassergrenze in der Zeit. Die allen nach R_{m0} gemessenen R_m-Kurven gemeinsame steile untere Flanke der Meßindikationen markiert scharf die Unterkante des Zuflußbereichs. Darunter tritt kein Süßwasser zu, was die durchweg niedrigen R_m-Werte beweisen. Die Festlegung der Oberkante des Zuflußbereichs unterliegt einem

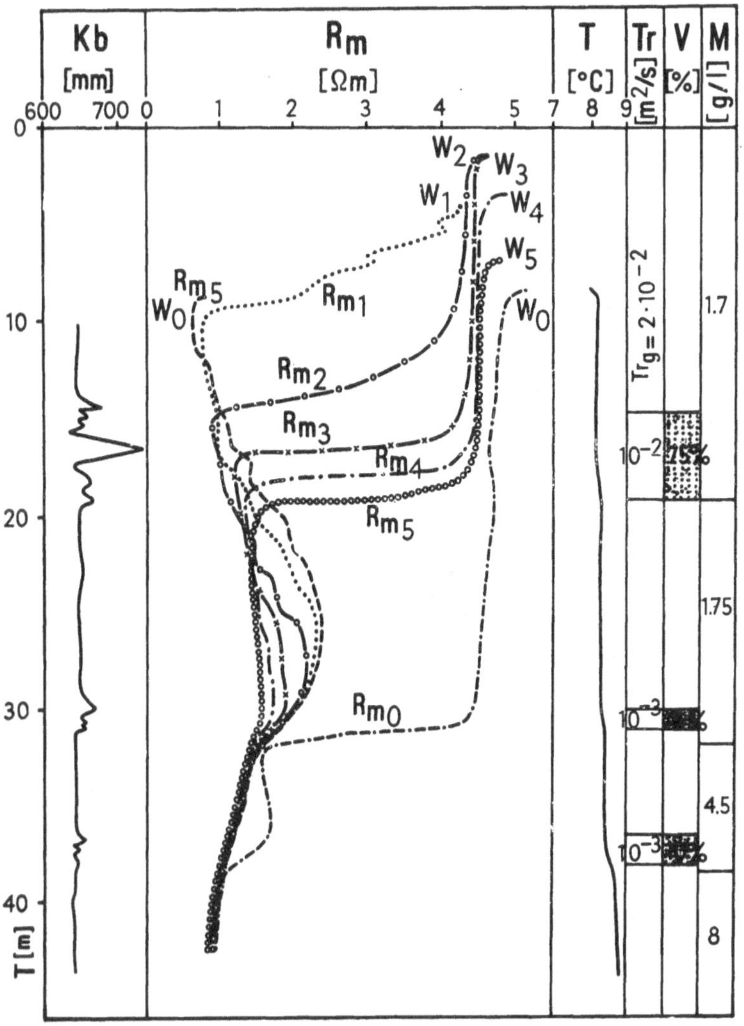

Abb. 2. Ortung permeabler Bereiche in einer Wasserbohrung mittels „Verlustmessung"

Kb – Kaliber; R_{mi} – spezifischer Spülungswiderstand (Messungen zu den Zeiten t_i mit i = 0, 3, ..., 5; s = versalzene Bohrlochflüssigkeit); W_i – Flüssigkeitsspiegel im Bohrloch zu den Zeiten t_i mit i = 0, 1, ..., 5; T – Temperatur; Tr – Transmissibilität (g = Gesamttransmissibilität); V – Verlustprofil; M – NaCl-äquivalente Mineralisation der Bohrlochflüssigkeit

gewissen subjektiven Faktor, da die R_m-Fronten oberhalb des Zuflusses durch das aufsteigende Wasser stark verwischt werden und deshalb eindeutige Zuordnungen R_m-Kurven/Zuflußobergrenze nicht möglich sind. Im hier vorliegenden Fall wurde die obere Grenze an Hand der aus der G-Kurve ermittelten Lithologie, die oberhalb 92 m Teufe ein erhöhtes Niveau (tonig, weniger permeabel) aufweist, festgelegt.

Äquivalent zum Meßergebnis bei Entlastung des Bohrlochs ist das der Belastung, wobei die zeitliche Änderung des spezifischen Spülungswiderstands während Süßwassereingabe nach vorherigem Versalzen der Bohrlochflüssigkeit registriert wird. Diese Verlustmessung wird im allgemeinen bei tief im Bohrloch liegendem Wasserspiegel angewandt, während Zuflußmessungen bei hoch liegendem Wasserspiegel bzw. Artesern durchgeführt werden. Ein Beispiel für Verlustmessungen bietet Abb. 2.

Während im Beispiel der erläuterten Zuflußmessung die Lithologie des durchteuften Profils für den Wasserzulauf in das Bohrloch maßgebend war, ist in Abb. 2 der technische Zustand der Bohrung ein Indikator für permeable Intervalle. Da es sich um ein Bohrloch im Festgestein handelt, ist damit zu rechnen, daß die Wasserführung im Gebirge auf Klüften oder Auflockerungszonen erfolgt — der unruhige Verlauf der Kaliberkurve verweist auf derartige Bereiche. Diese Intervalle werden durch entsprechende Anomalien in den Meßkurven des R_m-Komplexes und in der Temperaturkurve bestätigt.

Bereits die Messung von R_{m0} weist auf durchlässige Horizonte zwischen 30 und 40 m Teufe hin, da in diesem Bereich markante Änderungen der Gesamtmineralisation, die durch Bohrlochmeßmethoden nur in NaCl-Äquivalent bestimmt werden kann, auftreten. Die Bohrlochflüssigkeit befindet sich zum Zeitpunkt der R_{m0}-Messung in Ruhe (keine oder nur vernachlässigbar kleine vertikale Flüssigkeitsbewegungen) — die Mineralisationsänderungen müssen deshalb durch Wasserzu- bzw. Wasserdurchflüsse geringeren Salzgehalts, bezogen auf die hochmineralisierte Zone unterhalb 40 m, verursacht sein.

Während des Einpumpens von Süßwasser nach dem Versalzen wird durch zeitlich aufeinanderfolgende Messungen von R_m das Absinken der Süß-/Salzwasserfront beobachtet. Es kommt zur Ausbildung einer markanten Unterkante (R_{m5}) im Hauptverlustbereich. Weniger deutlich sind die Meßindikationen in den tieferen, höher mineralisierten Abschnitten des Bohrlochs; unterhalb 40 m Teufe versagt die R_m-Messung wegen des bereits erwähnten hohen Salzgehalts völlig.

Die auf Wasserbewegungen zurückzuführenden Meßausschläge in der Temperaturkurve korrelieren gut mit denen der R_m-Kurven.

Die teufenmäßige Festlegung der permeablen Bereiche in Abb. 2 („Schichtgrenzen“) erfolgt für deren untere Grenze nach den Meßindikationen in R_m, T und Kb, für die oberen Grenzen nach Kb, T, wobei wiederum die Untergrenze im Vergleich zur oberen sicherer ist.

Aus den Sinkgeschwindigkeiten der R_m-Fronten und den sich in der Zeit bewegenden Volumina wurden unter Berücksichtigung der Wasserspiegeländerungen für die drei ausgehaltenen Verlustbereiche die für das zur Zeit der Messung herrschende Wassereingaberegime gültigen Schluckraten ermittelt — das Ergebnis ist aus Abb. 2 ersichtlich; es wurde durch die quantitative Interpretation der T-Kurve bestätigt.

Die Registrierung der zeitlichen Bewegung des Wasserspiegels im Bohrloch und die ermittelten Schluckraten gestatteten es, die Gesamttransmissibilität gemäß TGL 23864 (Hydrogeologie, Pumpversuche), Blatt 4, und die Transmissibilitäten der einzelnen Verlustbereiche größenordnungsmäßig abzuschätzen.

Wie diese beiden Beispiele (Abb. 1, Abb. 2) gezeigt haben, ist in standfesten hydrogeologischen Bohrlöchern, speziell in den großkalibrigen Löchern im Festgestein, die Interpretation des R_m/T-Meßkomplexes das Hauptverfahren zur Klärung der dynamischen Verhältnisse. Beide Meß- und Interpretationsmethoden sind einander äquivalent. Änderungen des normalen Temperaturverlaufs (geothermischer Gradient) stehen in direktem Zusammenhang mit Vorhandensein und Größe von Zuflüssen bzw. Verlusten. Direkt nachweisbar ist das durch je eine Temperaturmessung vor (T_A) und nach (T_E) den Manipulationen des Wasserspiegels im Bohrloch. Die Indikationen in der T-Kurve sind quantitativ auswertbar und gestatten selbst dann noch sichere Aussagen, wenn R_m-Messungen versagen. Das beweist Abb. 3 sehr deutlich (Zuflußmessung).

Die R_{m0}-Kurve (Bohrloch in Ruhe) ist mehrfach abgestuft und weist zur Bohrlochsohle hin eine steigende Mineralisation aus. Die weiteren R_m-Messungen (während der Wasserentnahme) bestätigen nur den obersten Widerstandsabfall in R_{m0} — sie zeigen lediglich den Hauptzufluß. Darunter sind Meßindikationen nicht mehr zu erkennen. Die Temperaturkurve weist dagegen auch unterhalb des Hauptzuflusses Meßausschläge auf, die mit denen in R_{m0} gut übereinstimmen. Sie wird deshalb zur quantitativen Interpretation herangezogen.

Beide Verfahren (R_m, T) komplex interpretiert ergeben für das jeweilig herrschende Fließregime ein sicheres Bild der dynamischen Verhältnisse im Bohrloch. Diese Interpretationsmethode nach zwei voneinander unabhängigen statischen Meßverfahren, die bei richtiger Handhabung der Meßtechnologie dynamische Aussagen erlaubt, ist um so

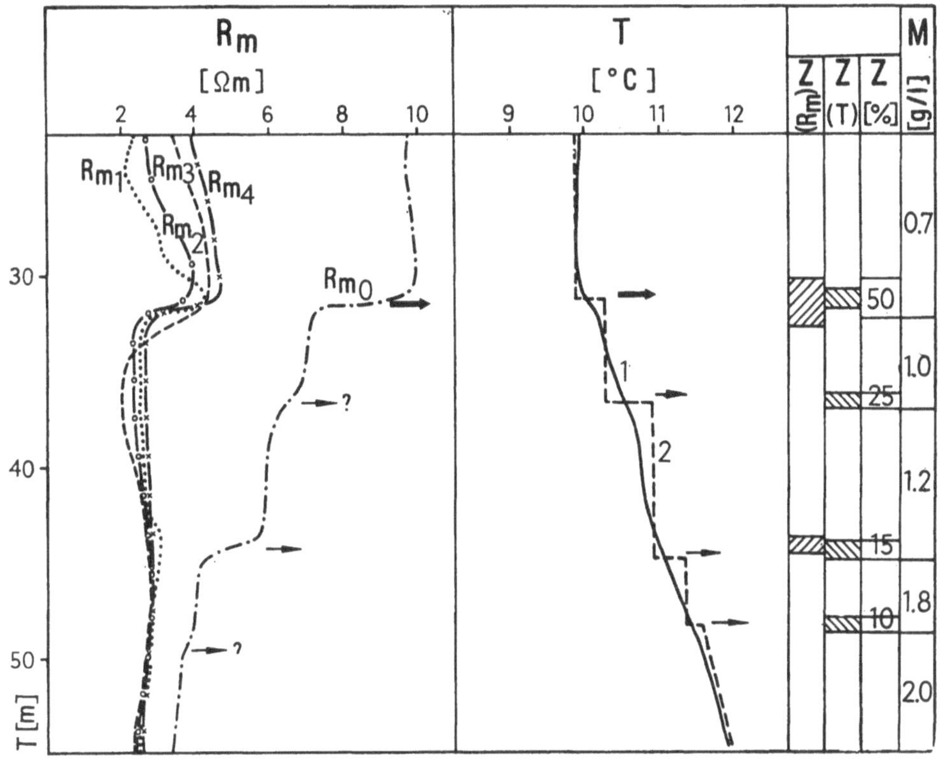

Abb. 3. Zuflußprofilierung durch Komplexauswertung von R_m- und T-Meßkurven in einer Wasserbohrung des Festgesteins

R_{mi} – spezifischer Spülungswiderstand (Messungen zu den Zeiten t_i mit $i = 0, \ldots, 4$); T – Temperatur (1 = gemessene Kurve, 2 = idealisierte Kurve); Z(R_m) – Zuflußprofil nach R_m; Z(T) – Zuflußprofil nach T; Z – endgültiges Zuflußprofil; M – NaCl-äquivalente Mineralisation der Bohrlochflüssigkeit; breiter Pfeil – Hauptzufluß; dünner Pfeil – Zufluß; dünner Pfeil? – Zufluß (nicht eindeutig)

notwendiger, da gegenwärtig direkte dynamische Messungen (Flowmeter) in unverrohrten, großkalibrigen Festgesteinsbohrungen (Durchmesser im allgemeinen > 500 mm) aus technischen und teilweise methodischen Gründen nicht möglich sind.

Der auf der Abb. 4 wiedergegebene Fall zeigt eine Zuflußmessung im gespannten Grundwasser. Die Grundwasseroberfläche liegt unterhalb der Basis eines hängenden Stauers (Tonstein) – der Ruhegrundwasserspiegel im Bohrloch stellt sich wegen der Druckdifferenzen zwischen Grundwasserleiter und offenem Loch ca. 4 m höher ein.

Die Wasserzutritte in das Bohrloch erfolgen auf ausgewählten Auflockerungszonen bzw. Klüften (siehe Kaliberkurve) eines Sandsteinkomplexes. Dies wird durch die Interpretation der R_m- und T-Meßkurven bestätigt.

Die Messung T_E verdeutlicht, verglichen mit der Messung T_A, die durch die provozierten Wasserbewegungen im Bohrloch hervorgerufenen Temperaturänderung, ferner die qualitative Reproduzierbarkeit der bereits im Ruhezustand vorhandenen Anomalien. Die prozentuale Abschätzung der diskreten Zuflußraten erfolgte durch Interpretation dieser Temperaturkurven.

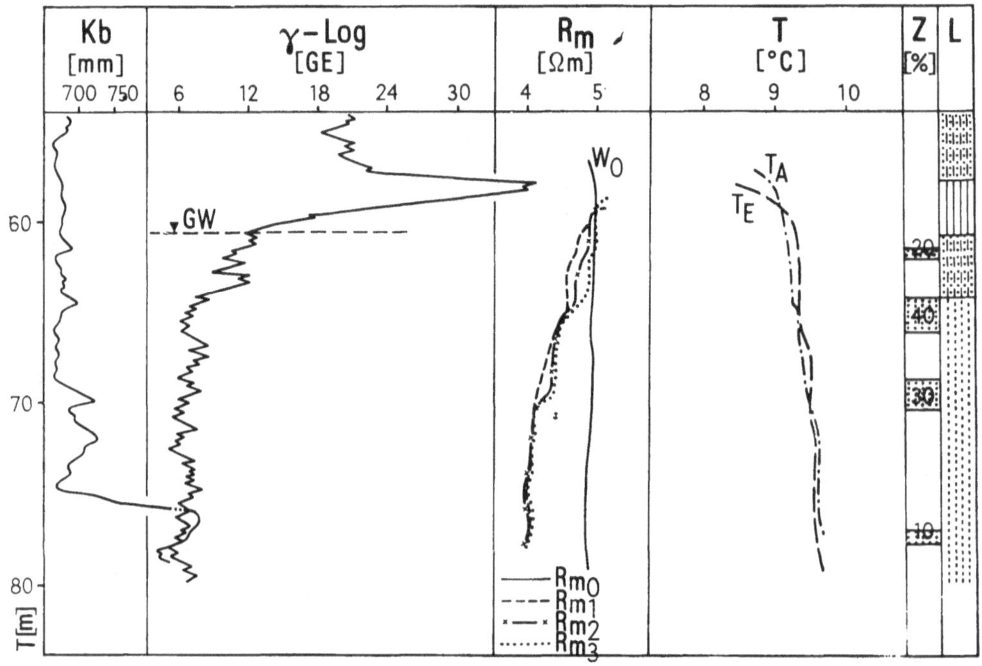

Abb. 4. Zuflußnachweis im gespannten Grundwasser

Kb – Kaliber; R_{mi} – spezifischer Spülungswiderstand (Messungen zu den Zeiten t_i mit $i = 0, \ldots, 3$); T – Temperatur (T_A – Anfangsmessung, T_E – Messung nach Abschluß der Manipulationen des Flüssigkeitsspiegels im Bohrloch); Z – Zuflußprofil; L – Lithologie; ▼GW – Grundwasseroberfläche; W_0 – Flüssigkeitsspiegel im Bohrloch

Durch die geschilderten Meß- und Interpretationsmethoden ist nicht nur die Ortung permeabler Bereiche schlechthin möglich, sondern darüber hinaus mittelbar die Kontrolle des Ausbaus. Es lassen sich richtiger Filtereinbau, Hinterrohrzirkulation und defekte Vollrohrtouren nachweisen. Das demonstrieren die Abb. 5a, 5b und 6.

In Abb. 5a erfolgt der Wasserzutritt in den Brunnen unmittelbar unterhalb des Rohrschuhs der Vollrohrtour; das wird eindeutig durch die R_m-Messungen nachgewiesen. Die Temperaturkurve zeigt dagegen weiter oben eine signifikante Anomalie, die auf beträchtliche Hinterrohrzirkulation deutet, d. h. der Zufluß liegt hinter dem Vollrohr, und das Wasser fließt dort (Rohr nicht zementiert) bis zur Eintrittsstelle in den Brunnen.

Auf Abb. 5b stimmen die Meßindikationen in R_m und T überein – die Ausbauskizze weist indes den Vollrohrbereich nach. Der Hauptzufluß erfolgt hier durch eine defekte Stelle der Verrohrung; am Rohrschuh tritt zusätzlich ein geringer Restzulauf, bedingt durch hinter dem Rohr herabfließendes Wasser, auf. Der Nachweis größerer Defektstellen (Verrohrungslücken) ist gegebenenfalls durch Messungen des spezifischen, elektrischen Gebirgswiderstandes möglich (im Rohr $R = 0$, Defektstelle $R > 0$). Zusätzlich können Kalibermessungen erste Hinweise auf schadhafte Rohrtouren geben.

Abbildung 6 zeigt eine Kombination von Kaliber- und Flowmetermessungen (in relativ kleinkalibriger Bohrung), die zur Ausbauschadenserkennung eingesetzt wurden. Die Kaliberkurve deutet auf ausgebeulte Stellen in den Filterrohren; die Flowmetermessung vor der entsprechenden Sanierungsmaßnahme verweist auf die Kolmation der Filter. Den erfolgreichen Abschluß der Brunnenregenerierung beweist die Flowmeter-

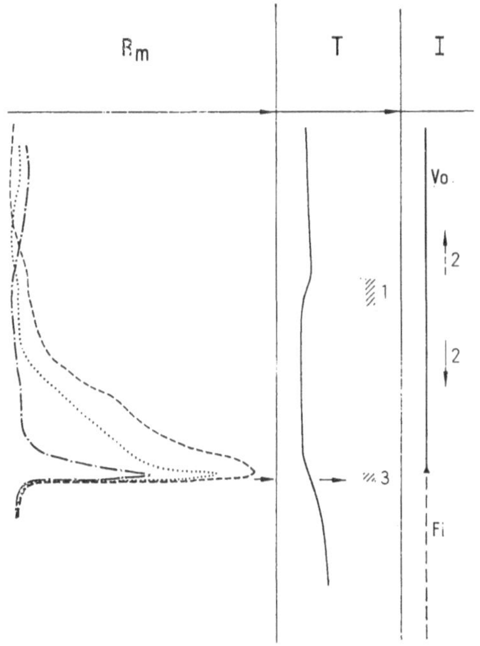

Abb. 5a. Ausbaukontrolle durch R_m- und T-Messungen

R_m – spezifischer Spülungswiderstand; T – Temperatur; I – Installation (Vo = Vollrohr, F = Filter); 1 – Hauptzufluß hinter dem Vollrohr; 2 – Wasserbewegung hinter dem Vollrohr; 3 – Wasserzutritt in den Brunnen

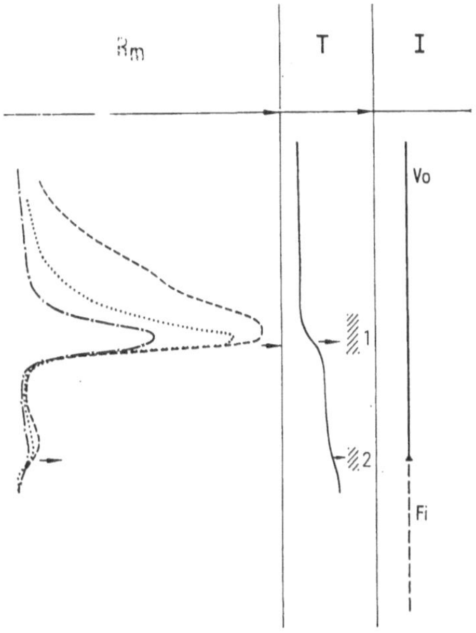

Abb. 5b. Ausbaukontrolle durch R_m- und T-Messungen

R_m – spezifischer Spülungswiderstand; T – Temperatur; I – Installation (Vo = Vollrohr, Fi = Filter); 1 – Wasserzutritt in den Brunnen durch defekte Vollrohrtour; 2 – Restzulauf in den Brunnen

messung nach der Sanierung — das Meßergebnis stimmt mit der Ausbauskizze überein, die Kolmation ist beseitigt.

Auf diese an Hand obiger Beispiele (Abb. 5a, 5b, 6) geschilderte Weise lassen sich Brunnenschäden frühzeitig erkennen und durch die Bohrlochmessung wirksame Beiträge zur Regenerierung von Altbrunnen leisten.

In diesem Zusammenhang und zur Klärung von Fragen der Grundwasserdynamik allgemein haben die Bohrlochmeßmethoden Bedeutung, die die Bestimmung von Grundwassergeschwindigkeiten gestatten; Abb. 7 zeigt das Prinzip derartiger Verfahren. Dargestellt ist der zeitliche Verlauf des spezifischen Spülungswiderstandes (R_m) und der daraus ermittelten NaCl-äquivalenten Mineralisation (c) bei einer Temperatur von 10 °C. Dieses Bild ergibt sich bei der Ermittlung von Filtrations- und Abstandsgeschwindigkeiten.

Ein elektrolytischer Tracer (NaCl, $MgCl_2$) wird in einen oberstromigen Pegel ein-

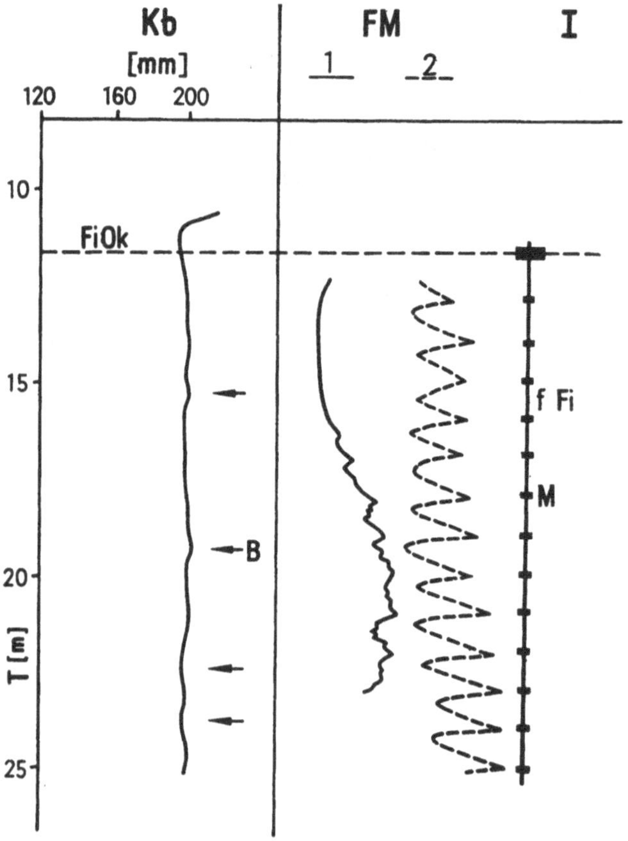

Abb. 6. Ausbaukontrolle durch Kaliber- und Flowmetermessungen bei Brunnensanierungsmaßnahmen

Kb — Kaliber vor Regenerierungsmaßnahmen (B = ausgebeulte Stahlfilterrohre); FM — Flowmeter (1 = vor, 2 = nach Sanierungsmaßnahme); I — Installation (f Fi = freie Filterfläche, M = Muffe, FiOk = Filteroberkante)

gegeben, die R_m-Messungen erfolgen im unterstromigen Pegel. Auf diese Weise lassen sich bei bekannter Entfernung zwischen den Bohrungen die maximale, intensive und mittlere Abstandsgeschwindigkeit (s. Abb. 7) bestimmen. Es ist weiterhin möglich, nach Einstellung der maximalen Tracerkonzentration im unterstromigen Bohrloch die Beobachtungen fortzusetzen und den durch das durchströmende Wasser bewirkten Widerstandsanstieg in Abhängigkeit von der Zeit zu registrieren. Aus der Tracerverdünnung läßt sich dann die Filtrationsgeschwindigkeit abschätzen. Das ist auch durch Verdünnungsbeobachtungen lediglich im Eingabepegel möglich.

Nachteilig können sich auf diese Verfahren der Grundwassergeschwindigkeitsermittlung eventuell im Bohrloch auftretende Vertikalströmungen auswirken, die dem Meßergebnis und den darauf fußenden Berechnungen dann nur Näherungscharakter verleihen.

Der Beitrag erläutert an einigen Beispielen aus der Praxis des VEB Geophysik den Stand geophysikalischer Bohrlochmessung und deren Interpretationsmöglichkeiten in bezug auf die Ermittlung dynamischer Verhältnisse in hydrogeologischen Erkundungsbohrungen und in Brunnen wie er zu Ende des Jahres 1975 erreicht war. Die dynamischen Aussagen werden in großkalibrigen Bohrungen aus technischen und zum Teil metho-

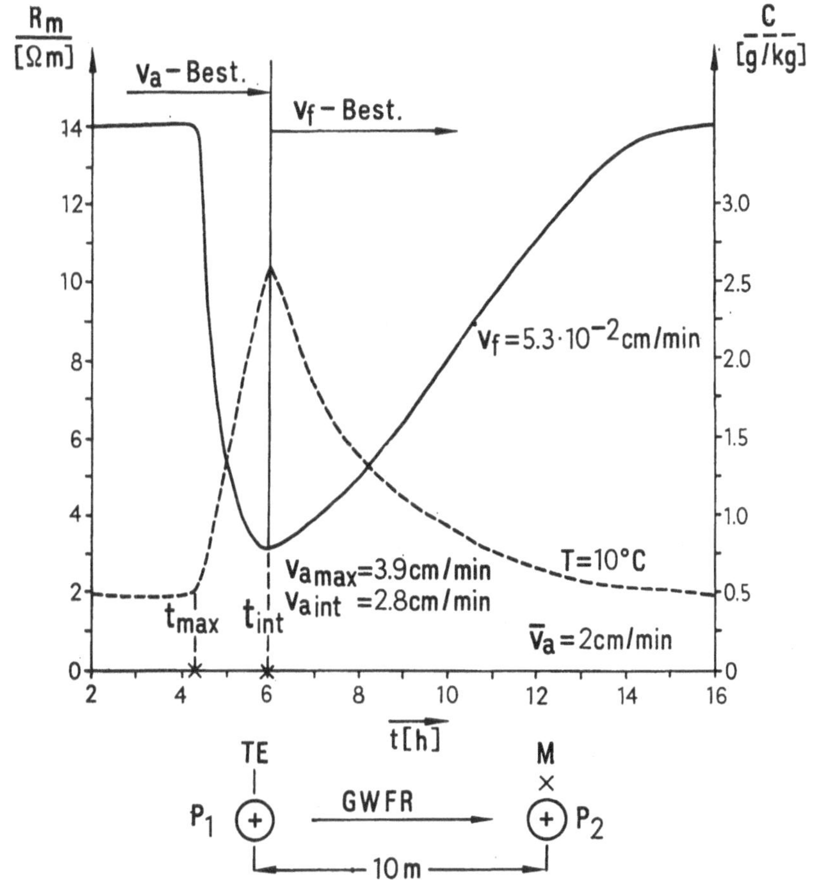

Abb. 7. Ermittlung von Abstandsgeschwindigkeiten und der Filtrationsgeschwindigkeit

R_m – spezifischer Spülungswiderstand; C – NaCl-äquivalente Konzentration der Spülungsflüssigkeit; t – Meßzeit (t_{max} = Eintritt des Tracers in den Meßpegel; t_{int} = Zeit, bei der der Tracer im Meßpegel seine höchste Konzentration hat); V_a – Abstandsgeschwindigkeit (V_{amax}, V_{aint}, $\overline{V}_a$ – maximale, intensive, mittlere Abstandsgeschwindigkeit); V_f – Filtrationsgeschwindigkeit nach MATVEEV; P_1 – Eingabepegel; TE – Tracereingabe; M – Messung; GWFR – Grundwasserfließrichtung; T – Wassertemperatur während der Messung; P_2 – Meßpegel

dischen Gründen indirekt über der Aufgabenstellung angepaßte Meßtechnologien durch den Einsatz statischer Meßverfahren gewonnen. In kleinkalibrigen Bohrlöchern sind daneben direkte dynamische Messungen möglich.

Zusammenfassung

Bei geophysikalischen Messungen in Festgesteinsbohrungen, die im allgemeinen nach der Erkundungsetappe zu Erschließungsbohrungen ausgebaut werden, ist es üblich, den Verfahren die größte Bedeutung beizumessen, die Aussagen über das im Bohrloch herrschende dynamische Regime liefern.

Es gelangt deshalb ein Verfahrenskomplex zum Einsatz, der unter anderem die quantitative Abschätzung von Zufluß- und Schluckraten diskreter permeabler Intervalle, deren Einengung auf der Wirklichkeit nahekommende Teufenbereiche und unter Umständen Transmissibilitätsabschätzungen gestattet.

Der Einsatz derartiger Verfahren ist auf standfeste Bohrungen beschränkt, zu denen neben den Bohrungen im Festgestein die ausgebauten Brunnen des Lockergesteins gehören. Für letztere haben insbesondere die Methoden Bedeutung, die zur Untersuchung der Brunnenalterung (Kolmation, Ausbauschäden etc.) herangezogen werden können.

Als Hauptverfahren zur Lösung dieser Aufgaben werden Messungen des spezifischen elektrischen Spülungswiderstands und der Temperatur eingesetzt. Bei richtiger Handhabung der Meßtechnologie und der Interpretationsmethodik liefern sie für das zum Zeitpunkt der Messung in der Bohrung herrschende Fließregime ein sicheres Bild der hydraulischen Verhältnisse im Bohrloch bzw. Brunnen. Direkte dynamische Messungen (Flowmetrie) sind wegen der oftmals zu großen Kaliber (> 500 mm) aus technischen Gründen nicht möglich.

An mehreren Beispielen aus der Meßpraxis des VEB Geophysik werden die aufgeführten Probleme erläutert und die Möglichkeiten ihrer Lösung mittels entsprechender Interpretationsmethoden aufgezeigt.

Резюме

При геофизических измерениях в скважинах, пробуренных в плотных породах, которые чаще всего после завершения разведочного этапа расширяются на скважины вскрытия, принято приписывать наибольшее значение тем способам измерения, по которым можне получить данные о динамическом режиме в скважине.

Поэтому находит применение такой комплекс способов, который позволяет дать количественную оценку притока и поглощения в дискретных, проницаемых интервалах, получить данные о глубине залегания этих интервалов с точностью, приближающейся к действительности, а также дать оценку проницаемой способности.

Применение таких способов ограничивается устойчивыми скважинами, к которым относятся кроме скважин, пробуренных в плотных породах, также и закрепленные колодцы в рыхлых породах. Для последних имеют особое значение те методы, которые можно применять для исследования старения колодцев (кольматаж, повреждения во внутренней отделке и др.).

В виде основного способа для решения выше указанных задач применяются измерения электрического сопротивления и температура промывочного раствора. При правильном использовании технологии измерения и методики интерпретации, они дают для режима потока, который существует в момент измерения в скважине, достоверное изображение гидравлических условий в скважине или в колодце. Непосредственные динамические измерения (потокометрия) по техническим причинам невозможны из-за частых случаев слишком большого калибра (> 500 мм).

На ряде примеров практических наблюдений, приведенных НП Геофизика рассматриваются выше указанные проблемы и показаны возможности их применения с помощью соответствующих методов интерпретации.

Summary

At well-loggings in exploratory boreholes which will be converted to development wells at a later stage, those techniques are most significant which provide informations on the dynamic regime occurring in the borehole.

Therefore, we use a complex of well-logs which permit a quantitative estimation of the inflow and swallow rates respectively of discrete permeable intervals. When restricting the latter to approximately the true depths it is possible to estimate the transmissibility.

The application of such techniques is limited to stable boreholes either in solid rock or in cased wells in loose rock. For the latter those methods are important which can be used for the study of well ageing (colmation, lining damage).

The main logging techniques for that purpose are mud resistivity and temperature logs. Appropriate measuring and interpretation procedures supply sufficient data about the prevailing flow regime as well as the hydraulic conditions in the well. Direct dynamic measurements by means of a flowmeter are very often not possible for technical reasons owing to the frequently great diameters (> 500 mm) of the wells.

Some examples from well investigations performed by VEB Geophysik Leipzig demonstrate the problems and the ways of their solution.

Manuskripteingang: 2. Februar 1977

Anschrift der Autoren:
K.-N. Lux, J. Tita, VEB Geophysik
DDR - 701 Leipzig, Schließfach 370

Schriftenr. geol. Wiss. · Berlin 12 (1978) · S. 165–172

Ein akustisches Verfahren zur Bohrlochwandinspektion

Von Konrad Förster; Frank Schmitz, Leipzig

Mit 6 Abbildungen

1. Geologische Aufgabenstellung

Mit Hilfe geophysikalischer Bohrlochmeßverfahren werden physikalische Parameter in von Bohrungen durchteuften Gesteinsschichten bestimmt, die nach Transformation in petrophysikalische bzw. lagerstättenkundliche Parameter Auskunft über wichtige Gesteinseigenschaften geben. Beim Meßprozeß selbst müssen der Einfluß von Größe und Form des Bohrlochs sowie der es ausfüllenden Spülung berücksichtigt werden. Einige petrophysikalische Parameter, wie zum Beispiel die Festigkeit, spiegeln sich direkt in der Ausbildung der Bohrlochwand wider. Mit Hilfe von speziellen Bohrlochmeßgeräten, etwa Kalibermesser oder Bohrlochkameras, kann man Informationen über das Bohrloch und den Zustand der Bohrlochinnenwand erhalten. Allerdings reichen diese meist nicht für eine komplexe Einschätzung der Bohrlochverhältnisse aus.

Im folgenden wird ein akustisches Bohrlochmeßgerät beschrieben, mit dem man das Bild der Verteilung der Reflexionsverhältnisse entlang der Bohrlochinnenwand, das im wesentlichen einer Fotografie der Bohrlochinnenwand entspricht, erhalten kann.

Gleichzeitig läßt sich durch Messung der Laufzeit der Schallimpulse die genaue Form des Bohrlochquerschnitts an jeder beliebigen Stelle angeben.

In verrohrten Bohrlöchern interessiert in erster Linie der Zustand der Futterrohre sowie der Perforationsstrecken, die Lokalisierung von Zerstörungen, Deformationen usw. Diese Größen zeichnen sich in der Verteilung der Reflexionsverhältnisse deutlich ab und erlauben eine direkte Einschätzung des Zustands der Bohrlochinnenwand.

2. Gerätebeschreibung

2.1. Meßprinzip

Das Gerät besteht aus einer zentrierten Bohrlochsonde und einer Übertageapparatur. Die Bohrlochsonde wird über ein übliches Bohrlochmeßkabel mit der Übertageapparatur verbunden, wie es in Abb. 1 gezeigt wird. Die Sonde enthält einen drehbar angebrachten piezoelektrischen Wandler, der 2000mal in der Sekunde Ultraschallimpulse zur Bohrlochwand sendet und die Echos wieder empfängt. Gleichzeitig mit dem Wandler dreht sich die Nordorientierungseinrichtung, die beim Durchgang des Schallstrahls durch die Nordrichtung einen Impuls zur Triggerung des Oszillographen erzeugt. Die Baugruppe Antrieb bewegt den Wandler mit drei Umdrehungen je Sekunde. Sie besteht aus einem Motor mit Getriebe.

Die Baugruppe Sondenelektronik erzeugt die Sendeimpulse und wandelt die empfangenen Echosignale dergestalt um, daß sie für die Übertragung über das Bohrlochmeßkabel geeignet sind.

In der Übertageapparatur werden die von der Sonde kommenden Signale so aufbereitet, daß die Amplitude des Empfangssignals die Helligkeit des Oszillographen steuert. Der Kathodenstrahl beginnt beim Durchgang des Schallstrahls durch die Nordrichtung sich in horizontaler Richtung von links nach rechts über den Bildschirm zu

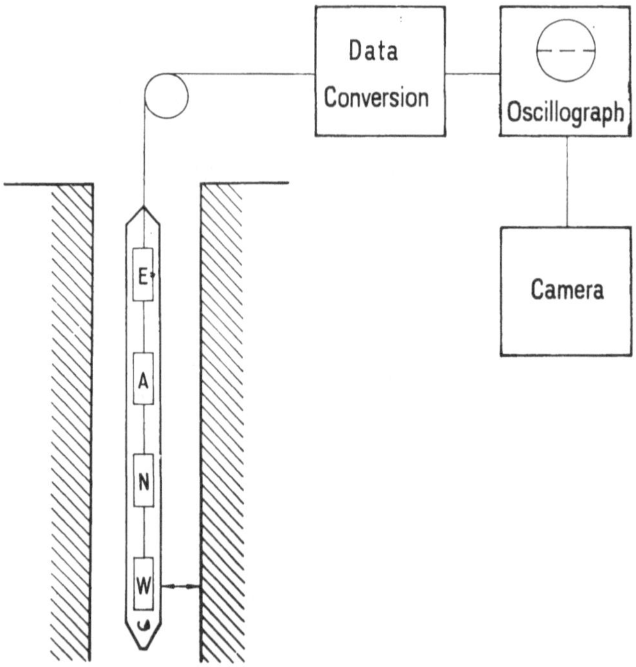

Abb. 1. Schematische Darstellung des Geräts
W – piezoelektrische Wandler; N – Nordorientierung; A – Antrieb; E – Sondenelektronik

bewegen. Der Weg des Elektronenstrahls über den Bildschirm wird von der Kamera so aufgenommen, daß auf dem Film die Abwicklung der Bohrlochwand entsteht. Es findet eine zeilenweise Abtastung wie bei der Fernsehtechnik statt.

2.2. Meßgrößen

Bei dem im Gerät verwendeten Prinzip der Impuls-Echo-Messung mit Ultraschall gibt es zwei Meßgrößen, die Echoamplitude und die Echolaufzeit. Die Echoamplitude hängt ab vom Reflexionskoeffizienten der Bohrlochwand und von der Dämpfung, die der Schall auf seinem Weg durch die Bohrspülung erfährt.

Der Reflexionskoeffizient der Bohrlochwand wird vom Material und von der Struktur der Oberfläche bestimmt. Die Dämpfung des Schalls beim Durchgang durch die Bohrspülung hängt ab von der Länge des Weges und von der Art der Spülung. Besonders hohe Dämpfung des Schalls hat die Spülung, wenn ihr Bohrkleingehalt hoch ist. Die Dämpfung üblicher Spülungen schwankt zwischen 1—5 dB/cm bei Frequenzen um 1 MHz.

Die Echolaufzeit wird vom Radius des Bohrlochs und von der Schallgeschwindigkeit in der Bohrspülung bestimmt. Wenn man die Schallgeschwindigkeit als bekannt voraussetzt, dann ist die Schallaufzeit jedes Echos ein Maß für den Abstand Wandler—Bohrlochwand. Mit jedem einzelnen Meßvorgang erhält man eine Information über den Radius des Bohrlochs an der Stelle, an der gemessen wird. Der Mittelwert der Laufzeit für eine Umdrehung des Wandlers entspricht dem Kalibermeßwert.

2.3. Registrierung

Um die anfallenden Meßgrößen gut interpretieren zu können, muß eine zweckmäßige Registrierung der Daten erfolgen. Bei diesem Gerät wird die Echoamplitude in Helldunkelschrift auf 16 mm Schmalfilm aufgezeichnet. Die Aufzeichnung der mittleren Laufzeit erfolgt mit dem in der Bohrlochmeßkabine vorhandenen Registriergerät.

Die Auswahl von 16 mm Schmalfilm für die Registrierung des Abbilds der Bohrlochwand erfolgte, weil damit der Filmverbrauch gegenüber den sonst in der Bohrlochmeßtechnik üblichen Filmen von 7 cm oder 14 cm Breite erheblich reduziert werden kann. Für eine Meßstrecke von 100 m wird ca. 1 m Film benötigt. Der Filmtransport erfolgt synchron zur Drehzahl des Wandlers in der Sonde. Die Teufenzuordnung wird durch Marken erreicht, wobei auf der einen Filmseite je 1 m Kabelbewegung eine Marke erscheint und auf der anderen Filmseite die Magnetmarken des Kabels aufgenommen werden.

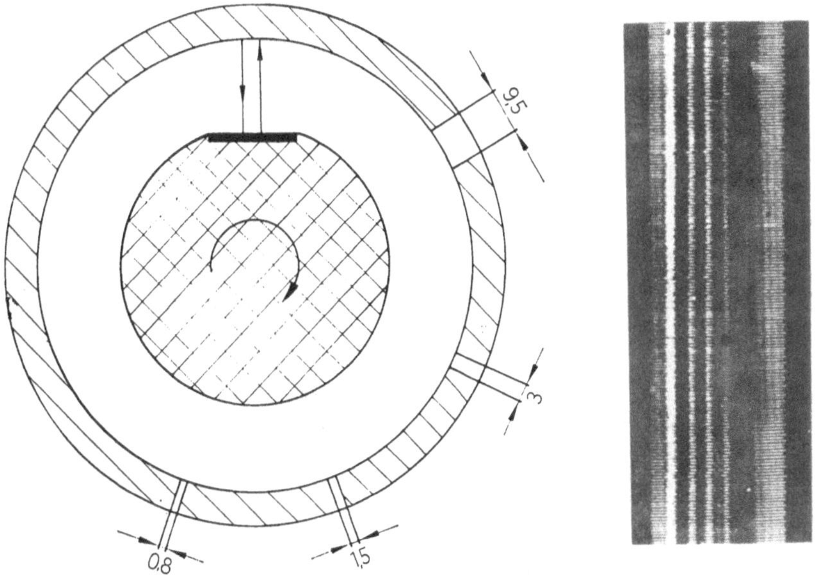

Abb. 2. Abtastung eines Stahlrohrs mit Schlitzen

Das auf dem 16-mm-Film erzeugte Bild stellt praktisch die Abwicklung der Bohrlochwand dar. Ein Beispiel für ein solches Bild, das mit Hilfe einer Modellanordnung gewonnen wurde, gibt Abb. 2. Das im Schnitt dargestellte Stahlrohr hat einen Innendurchmesser von 96 mm und eine Wandstärke von 7 mm. In der Mitte befindet sich drehbar der Wandler, der die Schallimpulse aussendet und empfängt. Das sich auf dem Film ergebende Abbild wird rechts daneben gezeigt. Man kann deutlich die Abwicklung des Rohrs erkennen, wobei die Schnittstelle, linke Filmseite, dort liegt, wo der Wandler gezeigt ist. Die einzelnen Schlitze sind deutlich auf dem Film zu erkennen, ihre verschiedene Breite markiert sich ebenfalls. Selbst ein Schlitz von nur 0,8 mm Breite wird sichtbar, was die Eignung des Verfahrens für Korrosionsuntersuchungen beweist.

3. Interpretation

3.1. Verrohrte Bohrlöcher

In verrohrten Bohrlöchern bestehen für die Schallausbreitung definierte Verhältnisse. Der hochfrequente Schallimpuls durchquert nach Aussendung aus dem Schwinger die Spülung, erreicht die Verrohrung und wird nach Reflexion an dieser als Echo wieder empfangen. Die Größe des Echos hängt ab von der Dämpfung des Ultraschallimpulses in der Spülung und dem Reflexionskoeffizienten an der Grenze Spülung/Verrohrung. Des weiteren hat die Oberflächenstruktur des Reflektors einen großen Einfluß auf die

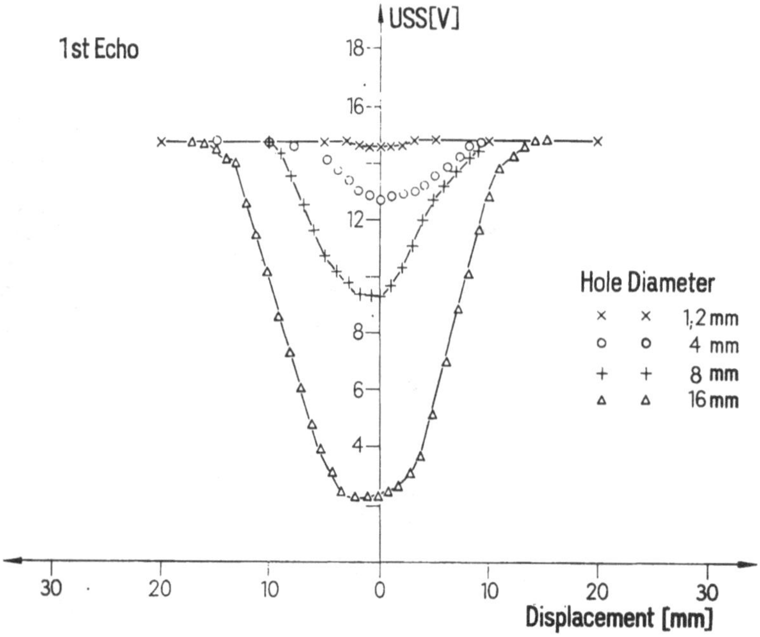

Abb. 3. Abhängigkeit der Echoamplitude vom Lochdurchmesser

Stärke des Echos. Amplitudenänderungen an sogenannten Durchlaßstellen treten auf Grund der relativen Breitbandigkeit des Ultraschallimpulses nicht auf. Löcher oder Risse in der Verrohrung zeichnen sich durch Abnahme oder Ausfall der Echoamplitude aus. Löcher können bis zu einem Durchmesser von ca. 4 mm, Risse bis zu einer Breite von 1 mm erkannt werden.

Auf Abb. 3 ist der Verlauf der Echoamplituden bei verschieden großen Löchern dargestellt. Auf der Ordinate ist die Spitzenspannung des Echos in Volt, auf der Abszisse die relative Verschiebung des Ultraschallschwingers zum Loch aufgetragen. Es ist deutlich die Abnahme der Echoamplitude in Abhängigkeit vom Durchmesser des Lochs zu erkennen. Auf Abb. 4 ist die Abhängigkeit der Echoamplitude von der Breite eines Spalts S im Reflektor bei wechselnden Schwinger—Reflektorabständen und unterschiedlichen Spülungsarten dargestellt. Als Spülungen wurden Wasser und eine Bentonitspülung mit einer Dichte von 1,4 g/cm³ verwendet. Der Abstand Ultraschallschwinger—Reflektor betrug 30, 60 und 80 mm. Die vorangegangenen Versuche wurden an Proben mit nahezu unverletzter Oberfläche durchgeführt. Verändert sich die Oberflächenstruktur des Reflektors, so hat das einen großen Einfluß auf die Echoamplitude. So wurde die Echoamplitude nach dem Einbringen von Kratzern mit einer Rauhtiefe von 0,05—0,1 mm um ca. 7% reduziert. Nach dem gleichmäßig verteilten Anbohren einer Stahlprobe mit einem 3-mm-Bohrer (1,2 mm tief) nahm die Echoamplitude um ca. 60% ab. Somit ist das Gerät auch zum Nachweis kleiner Oberflächenveränderungen, wie sie z. B. durch Korrosion hervorgerufen werden, geeignet.

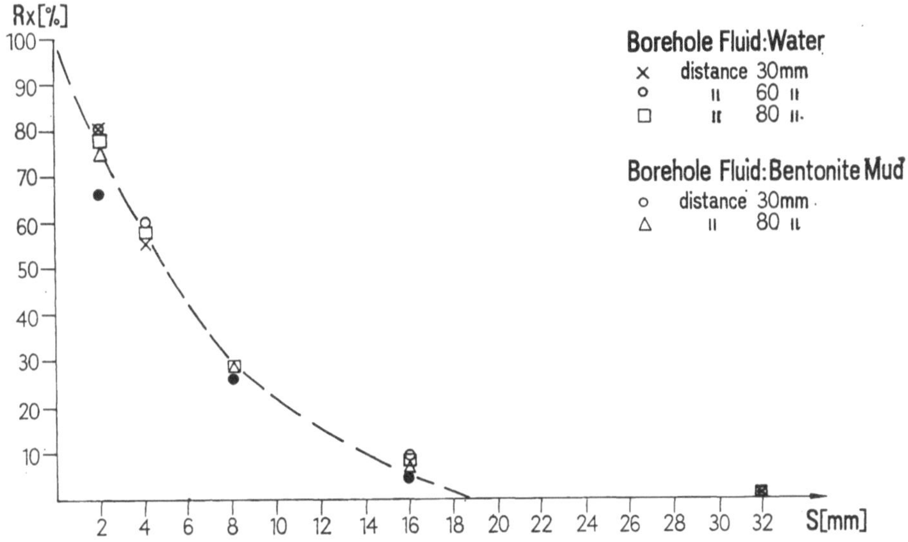

Abb. 4. Abhängigkeit der Echoamplitude von der Spaltbreite

3.2. Offene Bohrlöcher

In unverrohrten Bohrlöchern hängt die Größe der Echoamplitude von der Dämpfung des Schallimpulses in der Spülung und dem reflektierenden Gestein ab. Der Reflexionskoeffizient schwankt für die hier interessierenden Gesteine von 0,4—0,65. An Schichtgrenzen treten Unterschiede in den Reflexionskoeffizienten von 0,05—0,22 auf. Der Reflexionskoeffizient der durchteuften Gesteine hängt von der Gesteinsart (Dichte, Schallgeschwindigkeit), der Ausbildung der Gesteinsoberfläche und dem Vorhandensein von Filterkuchen ab. Modellversuche haben gezeigt, daß die Oberflächenstruktur die wohl wichtigste Einflußgröße ist. Sie bestimmt im wesentlichen die Verteilung der Größe der Echoamplituden. Im Echoabbild der Bohrlochinnenwand treten Kavernen, Klüfte und Schichtgrenzen deutlich hervor. Besondere Bedeutung kommt hierbei der Erkennung von Klüften zu, da gegenwärtig noch kein Bohrlochmeßverfahren existiert, durch das Klüfte mit ausreichender Sicherheit nachgewiesen werden können. Einzelne Schichten werden bis in den feinstrukturellen Bereich aufgelöst. Damit erhält der Geologe die Möglichkeit, ähnlich wie am Kern mit den Registraten zu arbeiten.

Beim Auftreten von dünnem Filterkuchen pausen sich die wahren Reflexionsverhältnisse durch und können erfaßt werden. Dicke Filterkuchen kommen bei Anwendung moderner Spülungstechnologien relativ selten vor. Ab etwa 5 mm Filterkuchendicke besteht zwischen Echoamplitude und Ausbildung der Bohrlochinnenwand kein auswertbarer Zusammenhang mehr.

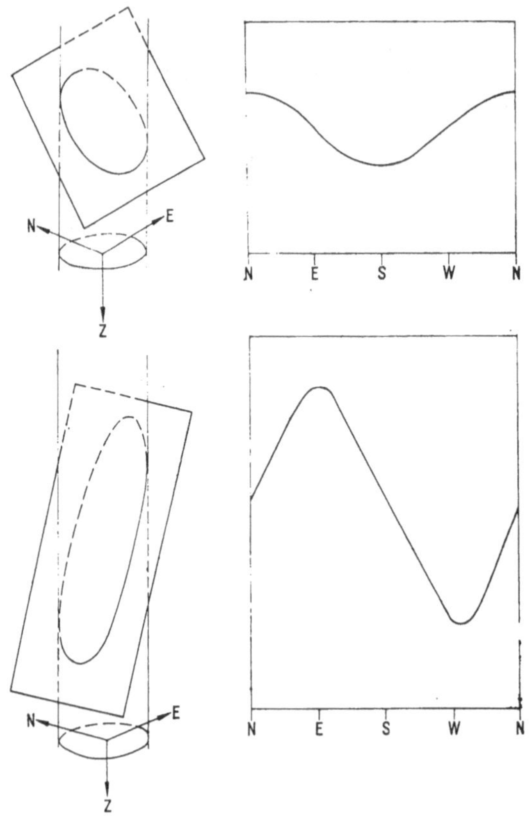

Abb. 5. Erscheinungsformen von Schnitten zwischen Bohrloch und Schicht

Beim Überstreichen von Schichtgrenzen zeichnen sich diese als Helligkeitsänderungen ab. Auf Abb. 5 sind zwei mögliche Erscheinungsformen von Schichtgrenzen dargestellt. Je nach Orientierung und scheinbarer Neigung der Schicht kommt es zu den aufgetragenen Schichtabwicklungen. Bei scheinbar horizontal liegender Schicht entsteht eine gerade Linie, bei scheinbar senkrecht stehender Schicht zeichnen sich zwei parallele Linien ab, die die verschieden geschwärzten Bereiche begrenzen. Mit Hilfe des Bohrlochdurchmessers, des vertikalen Abstands der Extremwerte der Abwicklung und der entsprechenden Winkel läßt sich sofort die scheinbare Schichtneigung angeben. Auf Abb. 6 sind die erforderlichen Größen im Ausschnitt einer Registrierung eingetragen worden. Man erhält den Winkel der scheinbaren Schichtneigung aus

$$\Theta = \text{arc tan } \frac{h}{d}$$

und das dazugehörige Azimut direkt aus der Registrierung. Bei kleiner Bohrlochneigung können die scheinbaren Schichtgrößen benutzt werden. Bei großer Bohrlochneigung müssen die scheinbaren Schichtgrößen mittels der Ergebnisse einer Bohrlochabweichungsmessung in wahre Schichtgrößen umgewandelt werden.

Das Gerät kann somit in Verbindung mit Bohrlochabweichungsmessungen als kontinuierlich arbeitender Schichtneigungsmesser eingesetzt werden.

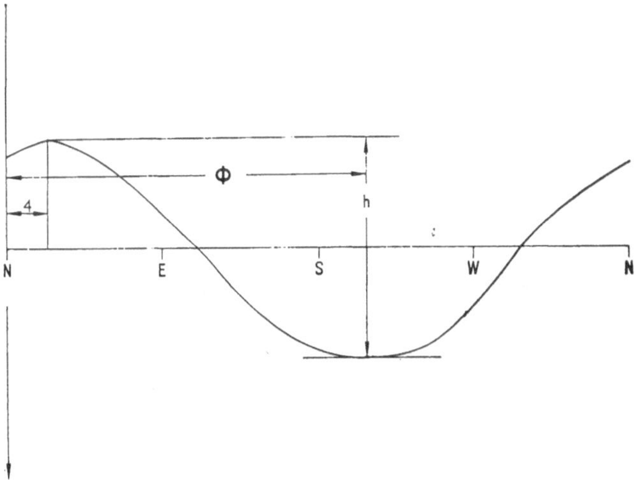

Abb. 6. Registrierung einer Schichtgrenze
Θ = arc tan h/d scheinbare Schichtneigung; Φ = scheinbares Azimut der Schichtneigung

3.3. Auswertung der Laufzeitinformation

Neben der Amplitude des Echos kann die Laufzeit jedes Ultraschallimpulses gemessen werden. Durch die Orientierung des Meßkopfs nach magnetisch Nord entsteht das genaue Abbild des Bohrlochquerschnitts. Je nach Aufgabenstellung können der Mittelwert des Bohrlochdurchmessers oder aber die Form des Bohrlochquerschnitts selbst registriert werden. Die Messung der Laufzeit des Ultraschallimpulses ermöglicht die Einschränkung der Mehrdeutigkeit der Amplitudenmessung. Daneben erhält man z. B. wertvolle Informationen über Schlüssellochbildung in unverrohrten Bohrungen oder Änderungen des Innendurchmessers von verrohrten Bohrungen.

Zusammenfassung

Mit dem hier vorgestellten Gerät wird es erstmals möglich sein, eine solche Vielzahl von Informationen aus unverrohrten Bohrlöchern zu gewinnen, daß selbst komplizierte (z. B. dichte oder klüftige) Profile, die mit anderen bohrlochgeophysikalischen Methoden nicht interpretierbar sind, exakt eingeschätzt werden können. Dadurch lassen sich unter bestimmten geologischen Verhältnissen einzelne Meßverfahren bzw. ganze Meßkomplexe einsparen.

In verrohrten Bohrungen besteht die Aufgabe in der Gewinnung detaillierter Informationen über die Beschaffenheit der Rohrinnenwand, d. h. Inspektion der Innenwand auf Risse, Korrosionsgruben, Perforationslöcher, Lage der Muffen, Abrißstellen, Lage und Zustand der Filterstrecken in hydrogeologischen Bohrungen.

Schließlich sei auf die Anwendung des Geräts als kontinuierlich arbeitender Schichtneigungsmesser hingewiesen. Die gewissermaßen nebenbei anfallenden Informationen über das wahre Einfallen der Schichten erlauben dem Geologen, Rückschlüsse über den strukturellen Aufbau ganzer Gebiete zu ziehen.

Резюме

Знание величины и формы сечения скважины, а также структуры стенки скважины позволяет сделать ряд выводов, связанных с одной стороны с техникой бурения, а с другой стороны с геологичесмики условиями. Необходимую информацию получают с помощью скважинного зонда, работающего по принципу импульсного эхолотирования, и данные измерения которого (эхо-амплитуда) регистрируются в виде модулированных по яркости световых точек в зависимости от азимута и от глубины залегания. Этот способ можно использовать также в обсаженных скважинах (без указания азимута), с целью контроля технического состояния обсадной колонны.

Summary

The knowledge of size and form of the borehole cross section and of the borehole wall structure enables to draw some conclusions regarding the drilling technology on the one side, and the geological conditions on the other. The required informations can be obtained with the aid of a well-logging sonde which operates on the pulse echo principle. The measured data (echo amplitude) are recorded in form of brightness modulated light dots depending on the north direction and the depth. The technique is also applicable in cased boreholes (without north orientation) for checking the technical condition of the casing.

Manuskripteingang: 2. Februar 1977

Anschrift der Autoren:

Dipl.-Geophys. K. Förster, Dipl.-Ing. F. Schmitz, VEB Geophysik
DDR - 701 Leipzig, Schließfach 370

Schriftenr. geol. Wiss. · Berlin 12 (1978) · S. 173–180

Einige reguläre Störwellen in der Seeseismik und Verfahren zu deren Unterdrückung

Von JURIJ A. BJAKOV; ALEKSANDR P. IVANOV; VLADIMIR N. TROJAN; HELFRIED GLÖSS; Leipzig

Mit 4 Abbildungen

Häufig werden bei seeseismischen Arbeiten auf den Primärseismogrammen quasiperiodische, über den gesamten Zeitbereich registrierte Schwingungen beobachtet, die von in der Nähe befindlichen Störquellen stammen und keine seismische Ursache haben (vorbeifahrende Schiffe, arbeitende Bohrgeräte und ähnliches). Durch Überlagerungen mit dem Nutzwellenfeld können diese Schwingungen die Korrelation der Nutzreflexionen sehr erschweren, eventuell sogar unmöglich machen. Somit wird deutlich, daß die von Störquellen angeregten Schwingungen sowohl hinsichtlich ihres Entstehungsmechanismus, als auch infolge des Fehlens von geologischen Nutzinformationen als Störwellen vom Typ regulären Rauschens betrachtet werden müssen.

Als typisches Beispiel für das Auftreten derartiger Störwellen können die Seismogramme dienen, die in Abb. 4a gezeigt werden. In diesem Beispiel ist mehr oder weniger deutlich eine Folge intensiver Phasenachsen mit einer Frequenz von 10–12 Hz inmitten eines quasiperiodischen Wellenfeldes mit der Vorzugsfrequenz von etwa 35–40 Hz zu sehen. Deutlich erkennbar ist die Hyperbelkrümmung der Phasenachsen der Störwellen besonders im Zeitbereich vor den ersten Einsätzen der Nutzwellen sowie von 1,8–2,0 s, d. h. in Zeitbereichen, in denen Nutzsignale fehlen oder gegenüber dem Rauschen eine geringe Amplitude aufweisen. Ausgehend von den Besonderheiten des genannten Störwellentyps kann für diesen somit ein kinematisches und dynamisches Modell entwickelt werden, das adäquat einem Modell direkter Wellen ist, die von irgendeiner ununterbrochen wirkenden Störquelle ausgehen. Wenn sich die Störquelle in einem Punkt mit den Koordinaten (x_0, y_0, z_0) und der Empfänger im Punkt (x, y, z) befindet, dann beträgt die „absolute“ Laufzeit der Rauschwellen (ab Beginn der seismischen Aufzeichnung):

$$t = t_0^{(i)} + \frac{1}{v_0} [(x - x_0)^2 + (y - y_0)^2 + (z - z_0)^2]^{1/2} \tag{1}$$

Hierbei ist:

t_0 = konstanter Wert für die Phase $i = 1, 2, \ldots n$; t_0 ist zeitlich gleich der minimalen Registrierzeit dieser Phase $t_{x=x_0}$

v_0 = Schallwellengeschwindigkeit im Wasser ($v_0 \simeq 1\,500$ m/s)

Aus (1) kann leicht der entsprechende Ausdruck für die Scheingeschwindigkeit der Wellen von Störquellen abgeleitet werden:

$$v_k = \frac{v_0^2}{x - x_0} \Delta t \tag{2}$$

Hierbei ist: $\Delta t = t_x - t_{x=x_0}$ – moveout-Zeit der Störwelle.

Aus Ausdruck (2) läßt sich gut erkennen, daß die Scheingeschwindigkeit der Phasenachsen des regulären Rauschens sehr breiten Schwankungen (von ∞ bis $\pm v_0$) unterworfen ist:

$$v_k = \begin{cases} \infty & \text{für } x = x_0 \\ \pm v_0 \text{ für } (x - x_0) \to \pm \infty \end{cases} \tag{3}$$

Dieses Ergebnis stimmt mit den Ergebnissen einer Analyse der kinematischen Eigenschaften der Störwellen überein, die in Abb. 1 als Funktion $\Delta_t(x)$ und $v_k(x)$ (Rec. 14—18) dargestellt sind. Die analysierten sechs benachbarten See-Seismogramme sind in Abb. 4a dargestellt.

Ein dynamisches Modell des Rauschens kann in erster Näherung unter Berücksichtigung der äußerst geringen Schallabsorption im Meereswasser und des Mechanismus der geometrischen Divergenz der Energie bei Entfernung von der Störquelle aufgestellt werden. Wir können also für die Amplitude $A(r)$ in gegebener Entfernung r von der Störquelle aufschreiben:

$$A(r) = \frac{A_0}{\sqrt{\pi} \cdot r} \tag{4}$$

wobei A_0 die Amplitude der Störwellen an ihrem Entstehungsort ist.

Da die Registrierung der Schwingungen in der Praxis durch filternde Empfangs-Registriereinrichtungen erfolgt, die eine Richtwirkung besitzen, wird die Intensität der Störwellen von ihrer Ankunftsrichtung abhängen. Deshalb gilt die Gesetzmäßigkeit (4) mehr oder weniger nur für $x = x_0$. Für $x \neq x_0$ wird sich die Störwellenintensität nach einem komplizierteren Gesetz ändern, wie dies in Abb. 2b sichtbar wird.

Nach experimentellen Daten, die in Abb. 2a dargestellt sind, kann man die Intensität der beschriebenen Störwellen im Bereich der einzelnen Registrierzyklen als konstant ansehen, während die Amplitude der reellen und multiplen Reflexionen ständig mit der

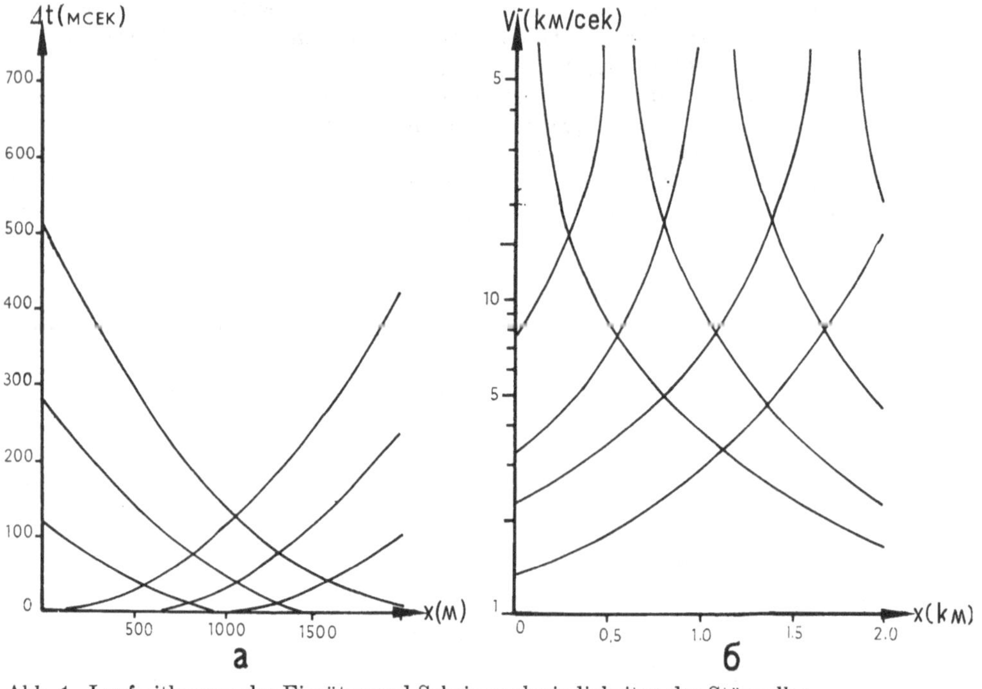

Abb. 1. Laufzeitkurven der Einsätze und Scheingeschwindigkeiten der Störwellen

Laufzeit t abnimmt. Infolgedessen erfährt das Nutz-/Störverhältnis ebenfalls eine ständige Veränderung. Im betrachteten Fall kann man als Grenzbereiche dieser Änderung angeben:

$$S/N \gg 1 \quad \text{für} \quad t \leqq 1 - 1{,}5\ \text{s}$$
$$S/N \simeq 1 \quad \text{für} \quad 1{,}5 \leqq t \leqq 2{,}5\ \text{s}$$
$$S/N < 1 \quad \text{für} \quad t > 2{,}5\ \text{s}$$

In den Spektren der Störwellen dominieren deutlich drei Maxima bei den Frequenzen 6 Hz, 36—38 Hz und 48—52 Hz, wie aus den gemittelten Spektren $S(f)$ (s. Abb. 3) hervorgeht. Das erste Maximum hängt mit Kabelschwingungen zusammen und hat keine direkte Beziehung zu dem untersuchten Störwellentyp. Die beiden folgenden Maxima sind dagegen mit dem untersuchten Störwellentyp verbunden. Dabei sehen wir, daß sich die Spektren der Nutzwellen und der Störwellen stark überlappen, was deren Unterdrückung durch Frequenzselektion beträchtlich erschwert.

Unter Berücksichtigung des Dargelegten wurde zur Unterdrückung dieser Störwellen ein Algorithmus erarbeitet, der auf der Grundlage der statistischen Empfangstheorie regulärer Signale beruht (Trojan 1971).

Betrachten wir das Modell des experimentellen Materials, das in unserem Falle ein CRP-Seismogramm darstellt. Wir wollen annehmen, daß es die additive Überlagerung einer determinierten und einer zufälligen Komponente darstellt. Dabei besteht die determinierte Komponente aus einer Überlagerung von regulären Störwellen und von regulären Wellen die eine Nutzinformation über das Medium enthalten:

$$U_{ki} = \sum_{\nu=1}^{N} A_{k\nu}(t_i)\, \varphi_\nu(t_i - \tau_{k\nu}) + \sum_{\mu=1}^{M} f_{\mu ki}(t_i - \tau_{k\mu}) + n_{ki} \qquad (5)$$

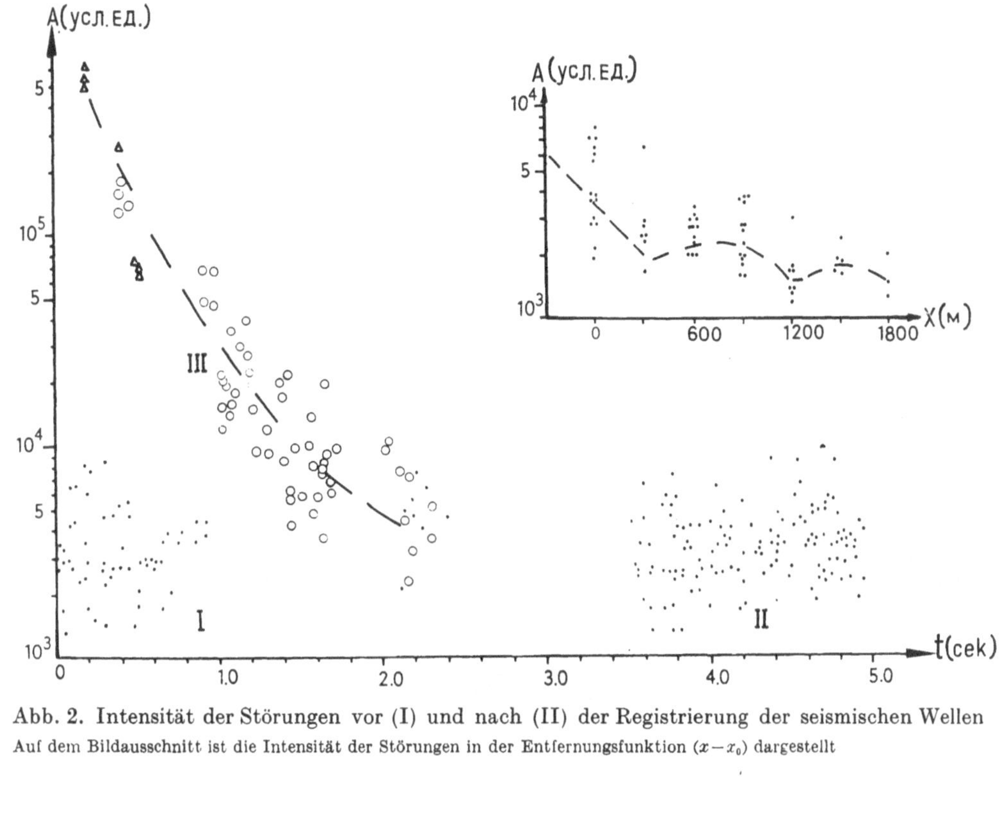

Abb. 2. Intensität der Störungen vor (I) und nach (II) der Registrierung der seismischen Wellen
Auf dem Bildausschnitt ist die Intensität der Störungen in der Entfernungsfunktion $(x-x_0)$ dargestellt

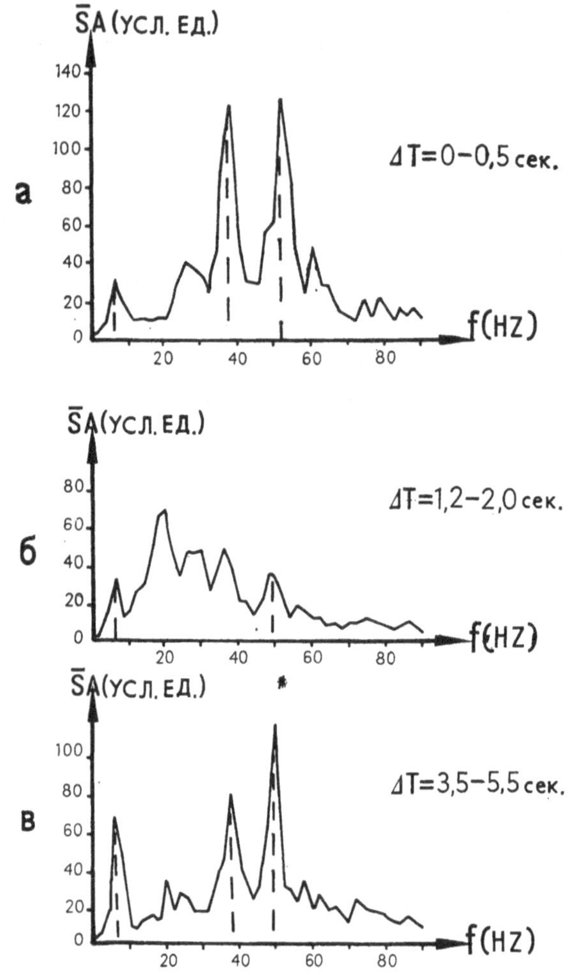

Abb. 3. Spektren der Störungen (a) im Vergleich zu den Spektren des summierten Feldes beim großen (б) und geringen (в) N-S-Verhältnis

wobei $A_{k\nu}(t_i)$ = Amplitudenfaktor } auf der Spur k in Abhängigkeit von der Registrierzeit t_i
$\tau_{k\nu}(t_i)$ = Ankunftsmoment } der Störwellennummer ν

φ_ν = Wellenform der Störwelle ν
$f_{\mu k}$ = Form der Nutzwelle μ } auf der Spur k
$\tau_{k\mu}$ = Ankunftsmoment der Nutzwelle }
n_{ki} = Zufallskomponente

Die Wellenform der Störwellen wollen wir als unbekannt annehmen und begrenzen ihre effektive Länge durch eine positive und zwei negative Halbschwingungen. Die Funktionen $A_{k\nu}(t_i)$ und $\tau_{k\nu}(t_i)$ werden entweder aus dem experimentellen Material bestimmt oder aus a-priori-Vorstellungen über die physikalische Natur der Störwellen abgeleitet. Speziell kann man im praktisch interessierenden Falle, wo $A_{k\nu}$ und $\tau_{k\nu}$ nicht von der Registrierzeit abhängen, sie im Anfangsteil der Aufzeichnungen vor den ersten Einsätzen der Nutzwellen abschätzen. Die Anzahl der Störwellenpakete N wird vorläufig als unbekannt angenommen.

Eine genaue Lösung der Aufgabe erfordert die gemeinsame Betrachtung der Wellenparameter der Stör- und Nutzwellen. Wir beschränken uns jedoch auf die Abschätzung der Parameter der Störwellen, um sie zu unterdrücken; dabei bedienen wir uns der Methode der größten Wahrscheinlichkeit. Wenn wir die Verteilung der zufälligen Komponente als normal und nach x und t als nicht korrelierbar annehmen, kann man die Funktion des ausreichenden Empfangs in der Form (6) aufschreiben:

$$\lambda = \sum_k \sum_i \left\{ U_{ki} - \sum_{\nu=1}^{N} \hat{A}_{k\nu}(t_i)\, \varphi_\nu(t_i - \hat{\tau}_{k\nu}(t_i)) \right\}^2. \tag{6}$$

Als $\hat{A}_{k\nu}$ und $\hat{\tau}_{k\nu}$ werden die Abschätzungen $A_{k\nu}$ und $\tau_{k\nu}$ verwendet, die aus den a-priori-Vorstellungen gewonnen wurden. Die Aufgabe besteht nunmehr in der Abschätzung der Signalform φ_ν der Störwelle, die wir im Bereich der effektiven Länge durch eine KOTELNIKOV-Reihe annähern:

$$\varphi_{\nu i} = \sum_{e=-L}^{L} a_{\nu i} \frac{\sin \frac{\pi}{\Delta t}(t_i - t_l - \tau_{k\nu})}{\frac{\pi}{\Delta t}(t_i - t_l - \tau_{k\nu})}, \tag{7}$$

wobei $a_{\nu l}$ = momentane Amplitudenwerte.

Da vorerst die Anzahl N der Störwellenzüge unbekannt ist und die gemeinsame Bestimmung ihrer momentanen Werte eine komplizierte Aufgabe darstellt, nehmen wir zunächst vereinfachend an, daß es nur eine Welle gibt und ihre Länge gleich dem Analysenintervall ist.

In diesem Fall wird die Abschätzung der Momentanamplituden durch die Formel ausgedrückt:

$$\hat{a}_i = \frac{\sum_k \sum_i U_{ki}(t_l + \hat{\tau}_k)\, A_{ki}}{\sum_k \sum_i A_{ki}^2} \qquad l = 1, 2 \ldots L. \tag{8}$$

Zur Bestimmung eines Schwellwerts wählen wir S Schnitte aus, die sich in ihren Richtungen wesentlich hinsichtlich der Kinematik von den Nutz- und regulären Störwellen unterscheiden, und bestimmen die mittlere Amplitude des faktischen irregulären Rauschpegels A_R. Ein zweites Verfahren zur Vorgabe einer Schwellwertbedingung führt zur Berechnung der Zuverlässigkeitsfunktion der Aussonderung einer einzelnen regulären Welle aus dem Rauschpegel bei vorgegebener Fehlerwahrscheinlichkeit (TROJAN 1975):

$$\alpha_\nu = \frac{1}{\hat{\sigma}} \left[\sum_k \sum_l \hat{A}_k{}^2 a_{l\nu}^2 \right]^{1/2} \tag{9}$$

wobei $\hat{\sigma}$ die mittlere quadratische Rauschamplitude ist.

Somit wird also als Abschätzung der Anzahl N der Wellenpakete die Anzahl der Signale genommen, die die vorgegebene Schwellwertbedingung überschreiten.

Die folgende Etappe des Algorithmus führt zur Konstruktion des Störwellenmodells über alle Seismogrammspuren im Zeitintervall einer Analyse. Das erhaltene Modell wird vom Seismogramm U_{ki} abgezogen.

Falls eine zufällige zeitliche Streuung existiert, muß man vor der Subtraktion eine Korrektur der Zeitverschiebungen vornehmen. Das kann man durch Berechnung der Kreuzkorrelationsfunktion zwischen der Modell- und einer Experimentalspur im vorgegebenen Zeitfenster realisieren.

Das nach der Subtraktion des Störwellenmodells erhaltene Material kann zur Gewinnung eines Stapelzeitschnitts verwendet oder auf den Eingang eines Programms zur Bestimmung der Parameter der Nutzwellen gegeben werden. Auf Abb. 4a sind sechs Seismogramme dargestellt, die auf See registriert wurden und die eine quasiperiodische

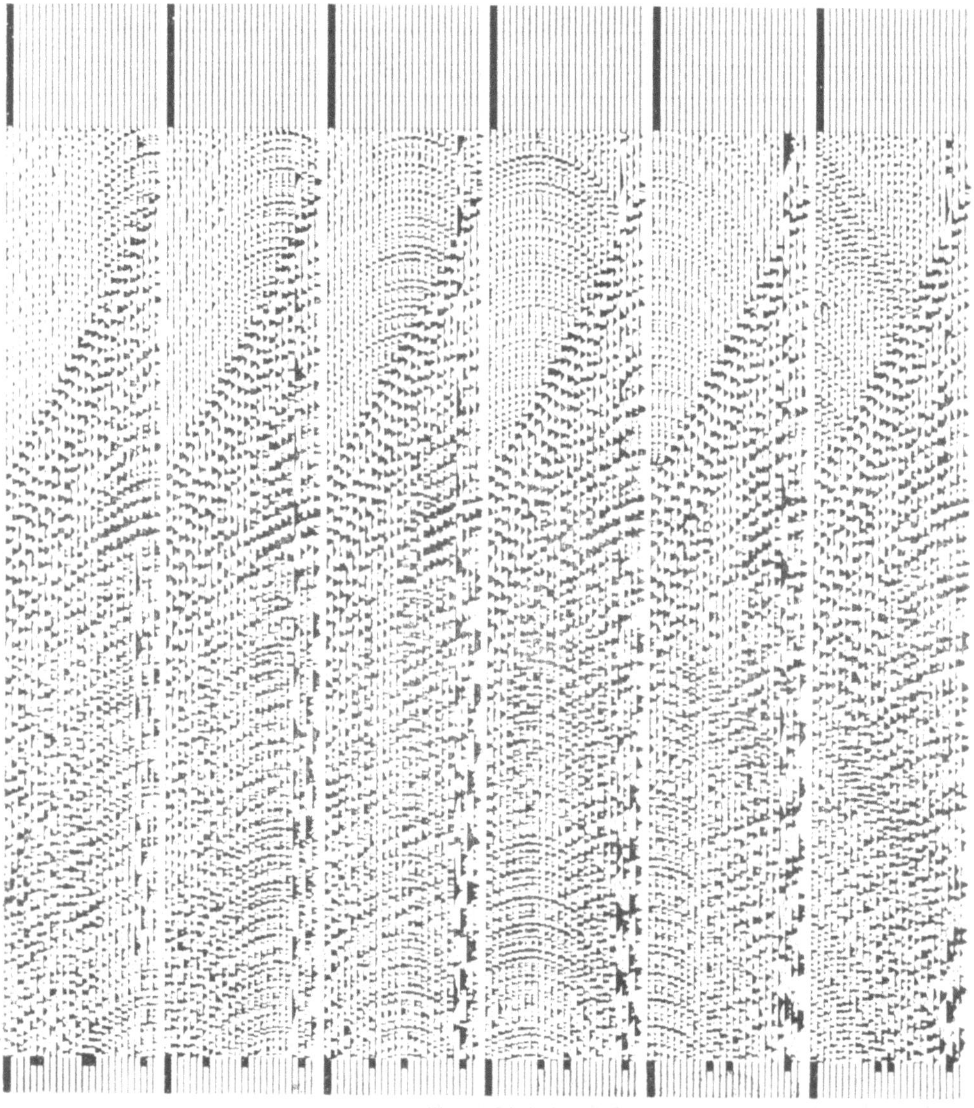

Abb. 4. Ausgangsseismogramme mit den Störungen (a) und dieselben Seismogramme nach der Anwendung der Subtraktionsprozedur (b)

reguläre Störwelle enthalten. Die kinematischen Parameter der Störwelle wurden im Anfangsteil der Seismogramme abgeschätzt und in das Bearbeitungsprogramm eingegeben. Das Ergebnis der Subtraktion der Störwellen aus den Seismogrammen wird in Abb. 4b gezeigt. Wie aus den Abbildungen ersichtlich, ist die Störwelle wesentlich abgeschwächt, wodurch eine sichere Korrelation der Nutzwellen von Tiefenhorizonten ermöglicht wird.

Die ersten Ergebnisse der Erprobung des Algorithmus lassen die Schlußfolgerung über die Perspektivität seiner Anwendung zur Unterdrückung regulärer Störwellen verschiedener physikalischer Natur zu.

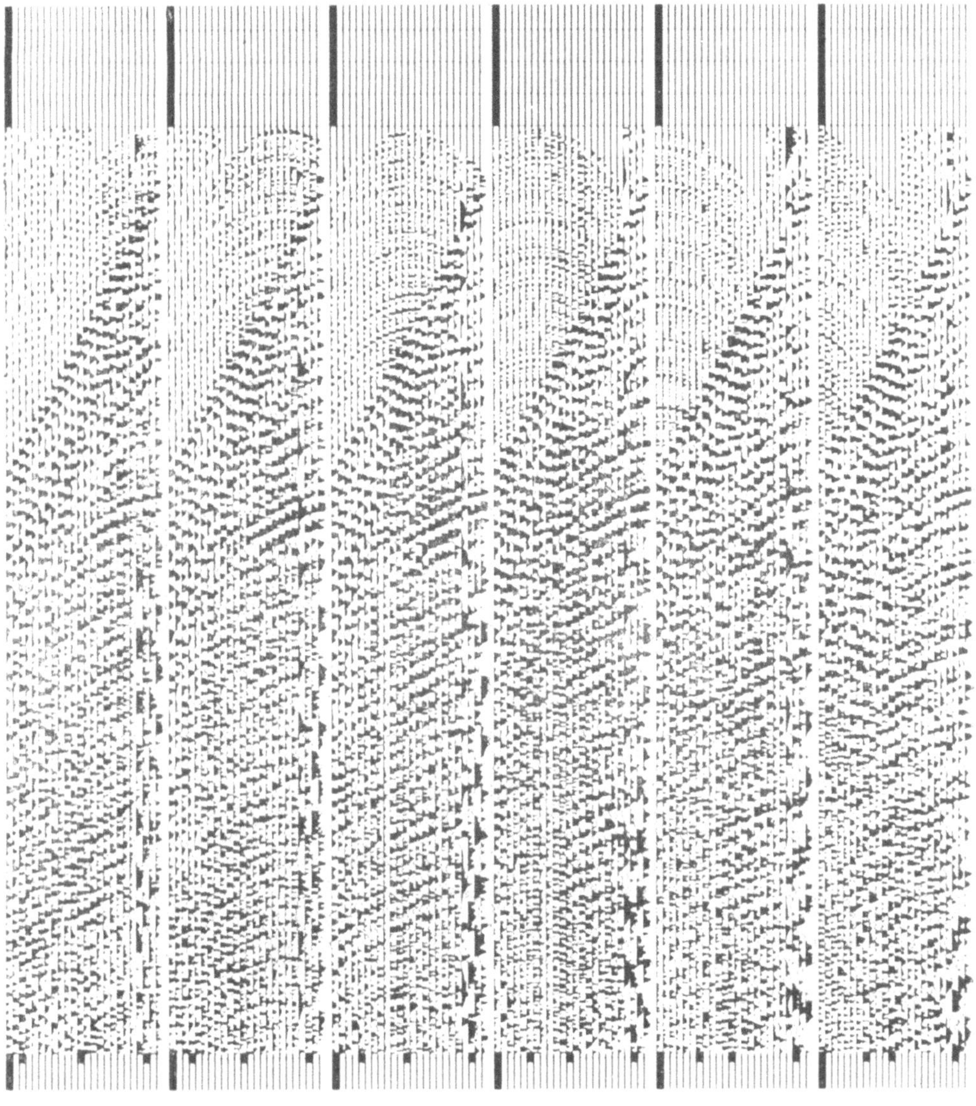

Abb. 4b

Zusammenfassung

Bei der Durchführung seeseismischer Messungen werden die Registrierungen reflektierter Wellen durch intensive quasiperiodische Störwellen mit hyperbelförmigen Laufzeitkurven überlagert, deren Ursachen vorbeifahrende Schiffe, Bohranlagen usw. sein können. Der Frequenzbereich dieser Störwellen überdeckt sich weitgehend mit den Spektren der Nutzwellen, was eine effektive Unterdrückung der ersteren durch die Methoden zur Frequenzfilterung beeinträchtigt.

Zur Unterdrückung dieser regulären Störwellen wurde ein auf der statistischen Empfangstheorie beruhender Algorithmus entwickelt, mit dessen Hilfe die kinematischen und dynamischen Parameter des Störwellenfelds abgeschätzt werden. Mit diesen Parametern wird ein Modell des Störwellenfelds konstruiert und vom Ausgangsseismogramm subtrahiert.

Im Algorithmus ist ebenfalls eine Korrektion der statischen Korrekturen vorgesehen. Die Erprobung an realen und an Modellseismogrammen belegte die Effektivität der Anwendung des vorgeschlagenen Algorithmus sowohl für die Unterdrückung dieser als auch anderer regulärer Störwellen (Wasserreverberation, See-Bodenwellen usw.).

Резюме

При проведении сейсмической разведки на акватории в зонах напряженного судоходства, на записи отраженных волн часто накладывается интенсивное шумовое поле квазипериодического типа с гиперболическим годографом, источником которого служат проходящие суда, работающие буровые установки и т. д. Диапазон частот шумового поля значительно перекрывается со спектрами полезных волн, что снижает эффективное подавление помех методами частотной фильтрации.

Для подавления регулярного шумового поля описанного типа был разработан алгоритм, построенный на основе статистической теории приема. В результате работы алгоритма оцениваются кинематические и динамические параметры шумового волнового пакета, далее по этим параметрам строится модель шумового поля и вычитается из исходной сейсмограммы. В алгоритме предусмотрена также коррекция статических поправок. Опробование на модельном и реальном сейсмических материалах показало перспективность применения предлагаемого алгоритма, как для подавления регулярных помех рассмотренного типа, так и других волн-помех (водная реверберация, донные волны и др.).

Summary

At offshore seismic measurements the records of reflection waves are frequently superimposed by strong quasi-periodic noise, the cause of which may be passing ships, drilling rigs or other sources.

The frequency range of this noise coincides vastly with the signal spectra which fact impairs an effective noise suppression by means of frequency filtering.

For the elimination of that regular noise an algorithm was developed basing on the statistical theory of reception, with the aid of which the kinematic and dynamic parameters of the noise field may be estimated. Using these parameters, a model of the noise field can be designed and in the following subtracted from the original seismogram.

The mentioned algorithm comprises a statics improvement. By several tests executed with real and model seismograms, the efficiency of the proposed algorithm with regard to the cancellation of the noise in question as well as of other kinds of disturbances (water reverberations, sea-floor waves etc.) was proved.

Literatur

Trojan, V. N.: Modifikationen des optimalen Algorithmus zur Trennung interferierender seismischer Wellen. — Učenie zap. Leningr. goz. univ., Leningrad **21** (1971), (russ.).

— Statistische Methoden zur Wellenerkundung und Trennung interferierender seismischer Wellen. — Beitr. Theorie Komplexinterpret.; geowiss. Inform., Berlin 3 (1975), Sonder-H. 9.

Manuskripteingang: 2. Februar 1977

Anschrift der Autoren:

Dr. Ju. Bjakov, Dr. A. Ivanov, Dr. V. Trojan, Dr. H. Glöss, VEB Geophysik
DDR - 701 Leipzig, Postschließfach 370

Kolibri 360 GmbH
Ferdinand-Jühlke-Straße 7
99095 Erfurt, Deutschland
produktsicherheit@kolibri360.de